線性代數學習手冊

暨｜習｜題｜解｜答

Solutions Manual of Linear Algebra

容志輝　吳柏鋒　著

五南圖書出版公司 印行

序

　　數學中最重要的是什麼?美國數學教育家及研究學者 Halmos 曾如此自問,是概念(如向量空間, 線性映射)嗎?是定義(如維度)嗎?是定理(如維度定理)嗎?是演算法(如 Gram-Schmidt 正交化程序)嗎?這些東西都很重要, 但出人意料地, Halmos 認爲這些都不是數學之心, 數學家存在的目的就是要解決問題 (筆者相信工程師與科學家存在的目的亦同), 數學實際上是由問題及其解答所組成 (... none of them is at the heart of the subject, that the mathematician's main reason for existence is to solve problems, and that, therefore, what mathematics really consists of is problem and solutions)。基於這個理念, 筆者在拙著線性代數中的各章末編列了難度不一的習題。這些習題的目的不僅於讓學生做初階的練習以理解教材的內容, 更重要的目的是讓學生了解學習線性代數這門學科所能解決的問題, 以及發展這門學科所會遇到的問題。本書撰寫的目的就是要幫助學生達成這個目標。因此, 本書中解題的思緒與線性代數書一致; 本書中所有解題的方法與技巧, 都可以在線性代數書中找到。

　　本書的使用方式非常自由, 在思考證明題時, 讀者可以在苦思習題但是找不到解答方法時, 在本書中得到提示。或者先看完解答, 再找類似的習題思考。計算題則可先看完本書中的步驟, 再從頭獨立完成習題。值得注意的是在一到三章的習題中, 有一部分是有關於佈於有限域上的向量空間, 筆者建議在第一次閱讀時可略過這些習題, 略過這些習題並不會影響正文的閱讀。

　　此書非一人之力所能完成。特別要感謝海洋大學電機工程學系大學部的學生, 在與他們持續的討論之中, 筆者亦反覆修改證明的方法, 增加計算的細節, 期望本書能夠更貼近學生的問題。

筆者才疏學淺, 謬誤難免, 尚祈讀者不吝指正。

容志輝　吳柏鋒 謹識於國立台灣海洋大學電機系

本文目錄

第 1 章

預備知識

1.2節習題

習題 **1.1** $(*)$ 令 $a = 2$, $\mathbf{A} = \begin{bmatrix} 1 & 2 \\ 4 & 0 \\ -2 & 3 \end{bmatrix}$, $\mathbf{B} = \begin{bmatrix} -1 & 0 & 2 \\ 5 & 1 & -3 \end{bmatrix}$, $\mathbf{C} =$

$\begin{bmatrix} 3 & -1 & 2 \\ 1 & 2 & -1 \\ 0 & 1 & 1 \end{bmatrix}$, $\mathbf{D} = \begin{bmatrix} 2 & 1 & 0 \\ 0 & 4 & -3 \end{bmatrix}$, 試驗證命題1.5中所有性質。

解答：

1. $\mathbf{AB} = \begin{bmatrix} 9 & 2 & -4 \\ -4 & 0 & 8 \\ 17 & 3 & -13 \end{bmatrix}$, $(\mathbf{AB})\mathbf{C} = \begin{bmatrix} 29 & -9 & 12 \\ -12 & 12 & 0 \\ 54 & -24 & 18 \end{bmatrix}$, $\mathbf{BC} =$

$\begin{bmatrix} -3 & 3 & 0 \\ 16 & -6 & 6 \end{bmatrix}$, $\mathbf{A}(\mathbf{BC}) = \begin{bmatrix} 29 & -9 & 12 \\ -12 & 12 & 0 \\ 54 & -24 & 18 \end{bmatrix}$, 所以 $(\mathbf{AB})\mathbf{C} = \mathbf{A}(\mathbf{BC})$。

2. $\mathbf{B} + \mathbf{D} = \begin{bmatrix} 1 & 1 & 2 \\ 5 & 5 & -6 \end{bmatrix}$, $\mathbf{A}(\mathbf{B} + \mathbf{D}) = \begin{bmatrix} 11 & 11 & -10 \\ 4 & 4 & 8 \\ 13 & 13 & -22 \end{bmatrix}$, $\mathbf{AB} + \mathbf{AD} =$

$\begin{bmatrix} 9 & 2 & -4 \\ -4 & 0 & 8 \\ 17 & 3 & -13 \end{bmatrix} + \begin{bmatrix} 2 & 9 & -6 \\ 8 & 4 & 0 \\ -4 & 10 & -9 \end{bmatrix} = \begin{bmatrix} 11 & 11 & -10 \\ 4 & 4 & 8 \\ 13 & 13 & -22 \end{bmatrix}$, 所以 $\mathbf{A}(\mathbf{B} + \mathbf{D}) = \mathbf{AB} + \mathbf{AD}$。

1

3. $(\mathbf{B}+\mathbf{D})\mathbf{C} = \begin{bmatrix} 1 & 1 & 2 \\ 5 & 5 & -6 \end{bmatrix} \begin{bmatrix} 3 & -1 & 2 \\ 1 & 2 & -1 \\ 0 & 1 & 1 \end{bmatrix} = \begin{bmatrix} 4 & 3 & 3 \\ 20 & -1 & -1 \end{bmatrix}$,

$\mathbf{BC}+\mathbf{DC} = \begin{bmatrix} -3 & 3 & 0 \\ 16 & -6 & 6 \end{bmatrix} + \begin{bmatrix} 7 & 0 & 3 \\ 4 & 5 & -7 \end{bmatrix} = \begin{bmatrix} 4 & 3 & 3 \\ 20 & -1 & -1 \end{bmatrix}$,

所以 $(\mathbf{B}+\mathbf{D})\mathbf{C} = \mathbf{BC}+\mathbf{DC}$。

4. $2(\mathbf{AB}) = 2\begin{bmatrix} 9 & 2 & -4 \\ -4 & 0 & 8 \\ 17 & 3 & -13 \end{bmatrix} = \begin{bmatrix} 18 & 4 & -8 \\ -8 & 0 & 16 \\ 34 & 6 & -26 \end{bmatrix}$,

$(2\mathbf{A})\mathbf{B} = \begin{bmatrix} 2 & 4 \\ 8 & 0 \\ -4 & 6 \end{bmatrix} \begin{bmatrix} -1 & 0 & 2 \\ 5 & 1 & -3 \end{bmatrix} = \begin{bmatrix} 18 & 4 & -8 \\ -8 & 0 & 16 \\ 34 & 6 & -26 \end{bmatrix}$,

$\mathbf{A}(2\mathbf{B}) = \begin{bmatrix} 1 & 2 \\ 4 & 0 \\ -2 & 3 \end{bmatrix} \begin{bmatrix} -2 & 0 & 4 \\ 10 & 2 & -6 \end{bmatrix} = \begin{bmatrix} 18 & 4 & -8 \\ -8 & 0 & 16 \\ 34 & 6 & -26 \end{bmatrix}$,

所以 $2(\mathbf{AB}) = (2\mathbf{A})\mathbf{B} = \mathbf{A}(2\mathbf{B})$。

5. $\mathbf{A}0 = 0, \quad 0\mathbf{A} = 0$。

習題 **1.2** (∗) 設 $\mathbf{A} = \begin{bmatrix} 1 & 3 \\ 5 & 2 \\ 0 & -1 \end{bmatrix}$, $\mathbf{C} = \begin{bmatrix} -1 & 0 & 3 & 2 \\ 8 & 1 & 0 & -2 \end{bmatrix}$, 驗證 $(\mathbf{AC})^T = \mathbf{C}^T\mathbf{A}^T$。

解答:

$\mathbf{AC} = \begin{bmatrix} 23 & 3 & 3 & -4 \\ 11 & 2 & 15 & 6 \\ -8 & -1 & 0 & 2 \end{bmatrix}, \quad (\mathbf{AC})^T = \begin{bmatrix} 23 & 11 & -8 \\ 3 & 2 & -1 \\ 3 & 15 & 0 \\ -4 & 6 & 2 \end{bmatrix}$,

$\mathbf{C}^T\mathbf{A}^T = \begin{bmatrix} -1 & 8 \\ 0 & 1 \\ 3 & 0 \\ 2 & -2 \end{bmatrix} \begin{bmatrix} 1 & 5 & 0 \\ 3 & 2 & -1 \end{bmatrix} = \begin{bmatrix} 23 & 11 & -8 \\ 3 & 2 & -1 \\ 3 & 15 & 0 \\ -4 & 6 & 2 \end{bmatrix}$,

所以 $(\mathbf{AC})^T = \mathbf{C}^T\mathbf{A}^T$。

習題 **1.3** (∗) 試舉例說明矩陣乘法消去律不一定成立, 也就是說, 若 $\mathbf{AB} = \mathbf{AC}$ 不一定表示 $\mathbf{B} = \mathbf{C}$; 同理, 若 $\mathbf{DF} = \mathbf{EF}$ 不一定表示 $\mathbf{D} = \mathbf{E}$。

解答：

若 $\mathbf{A} = \begin{bmatrix} 1 & 0 \\ 0 & 0 \end{bmatrix}$, $\mathbf{B} = \begin{bmatrix} 2 & 3 \\ 4 & 5 \end{bmatrix}$, $\mathbf{C} = \begin{bmatrix} 2 & 3 \\ 0 & -1 \end{bmatrix}$, 則 $\mathbf{AB} = \mathbf{AC} = \begin{bmatrix} 2 & 3 \\ 0 & 0 \end{bmatrix}$, 但 $\mathbf{B} \neq \mathbf{C}$。同理, 若 $\mathbf{D} = \begin{bmatrix} 2 & 1 \\ 3 & 4 \end{bmatrix}$, $\mathbf{E} = \begin{bmatrix} 2 & -1 \\ 3 & 2 \end{bmatrix}$, $\mathbf{F} = \begin{bmatrix} 1 & 0 \\ 0 & 0 \end{bmatrix}$, 則 $\mathbf{DF} = \mathbf{EF} = \begin{bmatrix} 2 & 0 \\ 3 & 0 \end{bmatrix}$, 但 $\mathbf{D} \neq \mathbf{E}$。

習題 1.4 (**) 證明命題1.5第1部分。

解答：

令 $\mathbf{A} = [a_{ij}]_{m \times n}$, $\mathbf{B} = [b_{ij}]_{n \times l}$, $\mathbf{C} = [c_{ij}]_{l \times k}$, 且令 $\mathbf{AB} = [d_{ij}]_{m \times l}$, $\mathbf{BC} = [e_{ij}]_{n \times k}$, $(\mathbf{AB})\mathbf{C} = [f_{ij}]_{m \times k}$, $\mathbf{A}(\mathbf{BC}) = [g_{ij}]_{m \times k}$, 則

$$d_{ij} = \sum_{p=1}^{n} a_{ip}b_{pj}, \quad e_{ij} = \sum_{r=1}^{l} b_{ir}c_{rj} \text{。}$$

所以,

$$f_{ij} = \sum_{r=1}^{l} d_{ir}c_{rj} = \sum_{r=1}^{l}(\sum_{p=1}^{n} a_{ip}b_{pr})c_{rj} = \sum_{p=1}^{n} a_{ip}(\sum_{r=1}^{l} b_{pr}c_{rj})$$

$$= \sum_{p=1}^{n} a_{ip}e_{pj} = g_{ij} \text{。}$$

因此 $(\mathbf{AB})\mathbf{C} = \mathbf{A}(\mathbf{BC})$。

習題 1.5 (**) 證明命題1.8第4部分。

解答：

令 $\mathbf{A} = [a_{ij}]_{m \times n}$, $\mathbf{C} = [c_{ij}]_{n \times k}$, 且令 $\mathbf{AC} = [d_{ij}]_{m \times k}$, $\mathbf{C}^T \mathbf{A}^T = [e_{ij}]_{k \times m}$。則

$$d_{ij} = \sum_{l=1}^{n} a_{il}b_{lj} \ ,$$

因此

$$\mathbf{AC} = [d_{ij}]_{n \times k} = [\sum_{l=1}^{n} a_{il}c_{lj}] \text{。}$$

又

$$e_{ij} = \sum_{l=1}^{n} c_{li} a_{jl} = d_{ji}\,,$$

故$(\mathbf{AC})^T = \mathbf{C}^T \mathbf{A}^T$。

習題 1.6 (∗∗) 證明兩上(下)三角矩陣相乘仍爲上(下)三角矩陣。

解答：

設 $\mathbf{A} = [a_{ij}]_{n \times n}$, $\mathbf{B} = [b_{ij}]_{n \times n}$均爲三上角矩陣。因此, 對所有的$i > j$, $a_{ij} = 0$ 且 $b_{ij} = 0$。令$\mathbf{AB} = [c_{ij}]_{n \times n}$, 其中$c_{ij} = \sum_{k=1}^{n} a_{ik} b_{kj}$。因此對所有的$1 \leq j < i \leq n$, 恆有

$$c_{ij} = \sum_{k=1}^{i-1} a_{ik} b_{kj} + \sum_{k=i}^{n} a_{ik} b_{kj} = \sum_{k=1}^{i-1} 0 \cdot b_{kj} + \sum_{k=i}^{n} a_{ik} \cdot 0 = 0,$$

故$\mathbf{AB}$亦爲上三角矩陣。下三角矩陣的情況同理可證。

習題 1.7 (∗∗) 完成定理1.33之證明。

解答：

2

$(\mathbf{A}^{-1})^T \mathbf{A}^T = (\mathbf{AA}^{-1})^T = \mathbf{I}^T = \mathbf{I}$, $\mathbf{A}^T (\mathbf{A}^{-1})^T = (\mathbf{A}^{-1}\mathbf{A})^T = \mathbf{I}^T = \mathbf{I}$,
故$(\mathbf{A}^T)^{-1} = (\mathbf{A}^{-1})^T$。

3

$(a\mathbf{A})(a^{-1}\mathbf{A}^{-1}) = a(\mathbf{A}(a^{-1}\mathbf{A}^{-1})) = a(a^{-1}(\mathbf{AA}^{-1})) = (aa^{-1})(\mathbf{AA}^{-1}) = 1\mathbf{I} = \mathbf{I}$. 又$(a^{-1}\mathbf{A}^{-1})(a\mathbf{A}) = a^{-1}(\mathbf{A}^{-1}(a\mathbf{A})) = a^{-1}(a(\mathbf{A}^{-1}\mathbf{A})) = (a^{-1}a)(\mathbf{A}^{-1}\,\mathbf{A}) = 1\mathbf{I} = \mathbf{I}$, 故$(a\mathbf{A})^{-1} = a^{-1}\mathbf{A}^{-1}$。

1.3節習題

習題 1.8 (∗) 設$\mathbf{A} \xrightarrow{R} \mathbf{B}$, 證明存在一可逆矩陣$\mathbf{E}$滿足$\mathbf{A} = \mathbf{EB}$。敍述並證明$\mathbf{A} \xrightarrow{C} \mathbf{B}$的對應情況。

解答：

設 $\mathbf{A} \xrightarrow{R} \mathbf{B}$。則根據定義, 存在有限個基本矩陣 $\mathbf{E}_1, \cdots, \mathbf{E}_k$ 使得 $\mathbf{A} = \mathbf{E}_k \cdots \mathbf{E}_1 \mathbf{B}$。令 $\mathbf{E} = \mathbf{E}_k \cdots \mathbf{E}_1$, 則 $\mathbf{A} = \mathbf{EB}$。同樣的, 若 $\mathbf{A} \xrightarrow{C} \mathbf{B}$, 則根據定義, 存在有限個基本矩陣 $\mathbf{E}_1', \mathbf{E}_2', \cdots, \mathbf{E}_m'$, 使得 $\mathbf{A} = \mathbf{B} \mathbf{E}_1' \mathbf{E}_2' \cdots \mathbf{E}_k'$。令 $\mathbf{E}' = \mathbf{E}_1' \mathbf{E}_2' \cdots \mathbf{E}_m'$, 則 $\mathbf{A} = \mathbf{BE}'$。

習題 1.9 (**) 設 $\mathbf{A}, \mathbf{B}$ 為階數相同之方陣。若 $\mathbf{A}$ 列(或行)等效於 $\mathbf{B}$, 證明 $\mathbf{A}$ 與 $\mathbf{B}$ 同時為可逆矩陣或同時為不可逆矩陣。

解答：

設 $\mathbf{A} \xrightarrow{R} \mathbf{B}$, 並且 $\mathbf{A}$ 是可逆矩陣。則由習題 1.8, 我們知道存在可逆矩陣 $\mathbf{E}$ 滿足 $\mathbf{A} = \mathbf{EB}$。這表示 $\mathbf{E}^{-1}\mathbf{A} = \mathbf{B}$, 所以 $\mathbf{B}$ 也是可逆矩陣。反之, 若 $\mathbf{A} \xrightarrow{R} \mathbf{B}$, 並且 $\mathbf{B}$ 是可逆矩陣, 很明顯地, $\mathbf{A}$ 也是可逆矩陣。設 $\mathbf{A} \xrightarrow{R} \mathbf{B}$, 並且 $\mathbf{A}$ 是不可逆矩陣, 我們知道存在可逆矩陣 $\mathbf{E}$ 滿足 $\mathbf{A} = \mathbf{EB}$。因為 $\mathbf{A}$ 是不可逆矩陣, 所以存在 $\mathbf{v} \neq \mathbf{0}$ 使得 $\mathbf{Av} = \mathbf{0}$(推論 1.52)。但 $\mathbf{Bv} = \mathbf{E}^{-1}\mathbf{Av} = \mathbf{0}$, 所以 $\mathbf{B}$ 也是不可逆矩陣。由相似的討論, 我們知道若 $\mathbf{B}$ 是不可逆矩陣, 則 $\mathbf{A}$ 也是不可逆矩陣。由以上的討論, 我們知道若 $\mathbf{A} \xrightarrow{R} \mathbf{B}$, 則 $\mathbf{A}, \mathbf{B}$ 為同時可逆或同時不可逆。行等效的情況同理可證。

習題 1.10 (*) 試寫出所有 1×1, 2×2, 以及 3×3 的基本矩陣。

解答：

在 1×1 的情況下, 基本矩陣就只有 $[a]_{1 \times 1}$, 其中 a 是任意的常數。在 2×2 的情況下, 基本矩陣有 $\begin{bmatrix} 0 & 1 \\ 1 & 0 \end{bmatrix}$, $\begin{bmatrix} a & 0 \\ 0 & 1 \end{bmatrix}$, $\begin{bmatrix} 1 & 0 \\ 0 & a \end{bmatrix}$, $\begin{bmatrix} 1 & 0 \\ a & 1 \end{bmatrix}$, $\begin{bmatrix} 1 & a \\ 0 & 1 \end{bmatrix}$, 其中 a, b 皆是任意常數。在 3×3 的情況下, 基本矩陣有 $\begin{bmatrix} 0 & 1 & 0 \\ 1 & 0 & 0 \\ 0 & 0 & 1 \end{bmatrix}$, $\begin{bmatrix} 0 & 0 & 1 \\ 0 & 1 & 0 \\ 1 & 0 & 0 \end{bmatrix}$, $\begin{bmatrix} 1 & 0 & 0 \\ 0 & 0 & 1 \\ 0 & 1 & 0 \end{bmatrix}$,

$\begin{bmatrix} a & 0 & 0 \\ 0 & 1 & 0 \\ 0 & 0 & 1 \end{bmatrix}$, $\begin{bmatrix} 1 & 0 & 0 \\ 0 & a & 0 \\ 0 & 0 & 1 \end{bmatrix}$, $\begin{bmatrix} 1 & 0 & 0 \\ 0 & 1 & 0 \\ 0 & 0 & a \end{bmatrix}$, $\begin{bmatrix} 1 & 0 & 0 \\ a & 1 & 0 \\ 0 & 0 & 1 \end{bmatrix}$,

$\begin{bmatrix} 1 & 0 & 0 \\ 0 & 1 & 0 \\ a & 0 & 1 \end{bmatrix}$, $\begin{bmatrix} 1 & a & 0 \\ 0 & 1 & 0 \\ 0 & 0 & 1 \end{bmatrix}$, $\begin{bmatrix} 1 & 0 & 0 \\ 0 & 1 & 0 \\ 0 & a & 1 \end{bmatrix}$, $\begin{bmatrix} 1 & 0 & a \\ 0 & 1 & 0 \\ 0 & 0 & 1 \end{bmatrix}$, $\begin{bmatrix} 1 & 0 & 0 \\ 0 & 1 & a \\ 0 & 0 & 1 \end{bmatrix}$, 其中 a 皆是任意常數。

習題 **1.11** (∗) 判斷下列各組 **A**, **B** 矩陣是否列等效, 若是, 試求出一可逆矩陣 **E** 滿足 **A** = **EB**。

1. $\mathbf{A} = \begin{bmatrix} 2 & 2 & 0 \\ 1 & 1 & 1 \\ 0 & 0 & 1 \end{bmatrix}$, $\mathbf{B} = \begin{bmatrix} 1 & 0 & 0 \\ 0 & 1 & 0 \\ 0 & 0 & 1 \end{bmatrix}$。

2. $\mathbf{A} = \begin{bmatrix} 2 & 2 & 0 \\ 1 & 1 & 1 \\ 0 & 0 & 1 \end{bmatrix}$, $\mathbf{B} = \begin{bmatrix} 1 & 1 & 1 \\ 0 & 0 & -2 \\ 0 & 0 & 1 \end{bmatrix}$。

解答:

1. 令 $\mathbf{v} = \begin{bmatrix} 1 \\ -1 \\ 0 \end{bmatrix}$, 則 $\mathbf{A}\mathbf{v} = 0$。因此 **A** 是不可逆矩陣。但 **B** 是可逆矩陣, 所以由習題 1.9 得知 **A**, **B** 不是列等效。

2. 由計算, 我們發現

$$\begin{bmatrix} 2 & 0 & 0 \\ 0 & 1 & 0 \\ 0 & 0 & 1 \end{bmatrix} \begin{bmatrix} 1 & 0 & 0 \\ 1 & 1 & 0 \\ 0 & 0 & 1 \end{bmatrix} \begin{bmatrix} 1 & -1 & 0 \\ 0 & 1 & 0 \\ 0 & 0 & 1 \end{bmatrix} \begin{bmatrix} 1 & 0 & 0 \\ 0 & -\frac{1}{2} & 0 \\ 0 & 0 & 1 \end{bmatrix} \begin{bmatrix} 1 & 1 & 1 \\ 0 & 0 & -2 \\ 0 & 0 & 1 \end{bmatrix}$$

$$= \begin{bmatrix} 2 & 2 & 0 \\ 1 & 1 & 1 \\ 0 & 0 & 1 \end{bmatrix}。 \text{所以 } \mathbf{A} \xrightarrow{R} \mathbf{B}, \text{ 並且 } \mathbf{A} = \mathbf{EB}, \text{ 其中}$$

$$\mathbf{E} = \begin{bmatrix} 2 & 0 & 0 \\ 0 & 1 & 0 \\ 0 & 0 & 1 \end{bmatrix} \begin{bmatrix} 1 & 0 & 0 \\ 1 & 1 & 0 \\ 0 & 0 & 1 \end{bmatrix} \begin{bmatrix} 1 & -1 & 0 \\ 0 & 1 & 0 \\ 0 & 0 & 1 \end{bmatrix} \begin{bmatrix} 1 & 0 & 0 \\ 0 & -\frac{1}{2} & 0 \\ 0 & 0 & 1 \end{bmatrix}$$

$$= \begin{bmatrix} 2 & 1 & 0 \\ 1 & 0 & 0 \\ 0 & 0 & 1 \end{bmatrix}。$$

習題 **1.12** (∗) 設 **A** 列等效於 **I**, 證明 **A** 可寫成有限個基本矩陣之乘積。

解答:

設 $\mathbf{A} \xrightarrow{R} \mathbf{I}$, 則根據定義, 存在有限的基本矩陣 $\mathbf{E}_k, \mathbf{E}_{k-1}, \cdots, \mathbf{E}_1$ 使得 $\mathbf{A} = \mathbf{E}_k \mathbf{E}_{k-1} \cdots \mathbf{E}_1 \mathbf{I} = \mathbf{E}_k \mathbf{E}_{k-1} \cdots \mathbf{E}_1$。故得知 **A** 可寫成有限個基本矩陣之乘積。

習題 **1.13** (**) 試完成定理1.39之證明。

解答：

設 $A \xrightarrow{R} B$, $B \xrightarrow{R} C$, 則根據定義, 存在 $E_1, \cdots, E_k, E_1{}', E_2{}', \cdots, E_m{}'$ 使得 $A = E_k E_{k-1} \cdots E_1 B$, $B = E_m{}' E_{m-1}{}' \cdots E_1{}' C$, 則 $A = E_k E_{k-1} \cdots E_1 E_m{}' E_{m-1}{}' \cdots E_1{}' C$。則根據定義, 我們得到 $A \xrightarrow{R} C$。同理可證行等效亦為等價關系。

1.4節習題

習題 **1.14** (**) 證明上(下)三角矩陣若為可逆, 其反矩陣亦為上(下)三角矩陣。

解答：

要證明這一題, 我們需要以下簡單的觀察: 一個上(下)三角可逆矩陣 A, 必存在有限個第二與第三類型之上(下)三角基本矩陣 $E_1, \cdots, E_n$ 使得 $E_n E_{n-1} \cdots E_1 A = I$。因此 $A^{-1} = E_n E_{n-1} \cdots E_1$。是上(下)三角矩陣(見習題1.6)。

習題 **1.15** (*) 利用高斯消去法計算下列各聯立方程組之解集合。

1. $$\begin{cases} 2x_1 + 4x_2 + x_3 + x_4 - x_5 = 10, \\ 3x_1 - x_2 + 3x_3 - 2x_4 + x_5 = -13, \\ 5x_1 + 3x_2 - x_3 - x_4 + 2x_5 = 10, \\ x_1 - x_2 + x_3 + 2x_4 - x_5 = 7, \\ -x_1 + 2x_2 - x_3 + 2x_4 + x_5 = 10。 \end{cases}$$

2. $$\begin{cases} 5x_1 + 10x_2 + 5x_3 + 6x_4 + 5x_5 = 43, \\ x_1 + 3x_2 + x_3 + x_4 + x_5 = 9, \\ 2x_1 + 4x_2 + 3x_3 + 2x_4 + 2x_5 = 17, \\ 3x_1 + 6x_2 + 3x_3 + 4x_4 + 3x_5 = 27, \\ 4x_1 + 8x_2 + 4x_3 + 5x_4 + 4x_5 = 35。 \end{cases}$$

3. $$\begin{cases} 2x_1 + x_2 - x_3 = 8, \\ 4x_1 + 5x_2 + x_3 = 22, \\ -5x_1 - 2x_2 + 3x_3 = -5。 \end{cases}$$

4. $$\begin{cases} 2x_1 + x_2 + 4x_3 = 5, \\ 6x_1 + 3x_2 + 12x_3 = 16。 \end{cases}$$

5. $\begin{cases} x_1 - x_2 + x_3 = 2, \\ 3x_1 - 3x_2 + 3x_3 = 6。 \end{cases}$

解答：

1. 由高斯消去法可得

$$\left[\begin{array}{ccccc|c} 2 & 4 & 1 & 1 & -1 & 10 \\ 3 & -1 & 3 & -2 & 1 & -13 \\ 5 & 3 & -1 & -1 & 2 & 10 \\ 1 & -1 & 1 & 2 & -1 & 7 \\ -1 & 2 & -1 & 2 & 1 & 10 \end{array}\right] \xrightarrow{R} \left[\begin{array}{ccccc|c} 1 & 0 & 0 & 0 & 0 & 2 \\ 0 & 1 & 0 & 0 & 0 & 1 \\ 0 & 0 & 1 & 0 & 0 & -3 \\ 0 & 0 & 0 & 1 & 0 & 4 \\ 0 & 0 & 0 & 0 & 1 & -1 \end{array}\right]。$$

因此解出 $x_1 = 2$, $x_2 = 1$, $x_3 = -3$, $x_4 = 4$, $x_5 = -1$。

2. 由高斯消去法可得

$$\left[\begin{array}{ccccc|c} 5 & 10 & 5 & 6 & 5 & 43 \\ 1 & 3 & 1 & 1 & 1 & 9 \\ 2 & 4 & 3 & 2 & 2 & 17 \\ 3 & 6 & 3 & 4 & 3 & 27 \\ 4 & 8 & 4 & 5 & 4 & 35 \end{array}\right] \xrightarrow{R} \left[\begin{array}{ccccc|c} 1 & 0 & 0 & 0 & 1 & 2 \\ 0 & 1 & 0 & 0 & 0 & 1 \\ 0 & 0 & 1 & 0 & 0 & 1 \\ 0 & 0 & 0 & 1 & 0 & 3 \\ 0 & 0 & 0 & 0 & 0 & 0 \end{array}\right],$$

因此若令 $x_1 = a$, $x_2 = 1$, $x_3 = 1$, $x_4 = 3$, $x_5 = 2 - a$, 則解集合 S可寫成 $S = \{(a, 1, 1, 3, 2 - a) \mid a \in \mathbb{R}\}$。

3. 由高斯消去法可得

$$\left[\begin{array}{ccc|c} 2 & 1 & -1 & 8 \\ 4 & 5 & 1 & 22 \\ -5 & -2 & 3 & -5 \end{array}\right] \xrightarrow{R} \left[\begin{array}{ccc|c} 1 & 0 & -1 & 0 \\ 0 & 1 & 1 & 0 \\ 0 & 0 & 0 & 1 \end{array}\right],$$ 所以這一個方程組無解。

4. 由高斯消去法可得

$$\left[\begin{array}{ccc|c} 2 & 1 & 4 & 5 \\ 6 & 3 & 12 & 16 \end{array}\right] \xrightarrow{R} \left[\begin{array}{ccc|c} 2 & 1 & 4 & 5 \\ 0 & 0 & 0 & 1 \end{array}\right],$$ 故這個方程組無解。

5. 由高斯消去法可得

$$\left[\begin{array}{ccc|c} 1 & -1 & 1 & 2 \\ 3 & -3 & 3 & 6 \end{array}\right] \xrightarrow{R} \left[\begin{array}{ccc|c} 1 & -1 & 1 & 2 \\ 0 & 0 & 0 & 0 \end{array}\right],$$ 若令 $x_1 = a$, $x_2 = b$, 則解集合S可寫成 $S = \{(a, b, 2 - a + b) \mid a, b \in \mathbb{R}\}$。

習題 **1.16** (∗∗) 試詳細討論當方程式個數 m 多於未知數個數 n 時 $m \times n$ 聯立方程組解之情形, 並舉例說明之。

解答 :

若方程式個數 m 多於未知數個數 n 時, 我們可以將方程組寫成 $\mathbf{Ax} = \mathbf{b}$, 其中 $\mathbf{A} \in \mathbb{R}^{m \times n}, \mathbf{x} \in \mathbb{R}^{n \times 1}, \mathbf{b} \in \mathbb{R}^{m \times 1}$。我們利用擴大矩陣 $[\mathbf{A}|\mathbf{b}]$ 去分類所有這類方程組。

$$1. \ [\mathbf{A}|\mathbf{b}] \xrightarrow{R} \left[\begin{array}{ccccc} 1 & * & \cdots & * & * \\ 0 & 1 & \cdots & * & * \\ \vdots & \vdots & \cdots & \vdots & \vdots \\ 0 & 0 & \cdots & 1 & * \\ 0 & 0 & \cdots & 0 & 1 \\ 0 & 0 & \cdots & 0 & 0 \\ \vdots & \vdots & \ddots & \vdots & \vdots \\ 0 & 0 & \cdots & 0 & 0 \end{array} \right| \left. \begin{array}{c} b_1 \\ b_2 \\ \vdots \\ b_{n-1} \\ b_n \\ b_{n+1} \\ \vdots \\ b_m \end{array} \right],$$

其中 $\left[\begin{array}{c} b_{n+1} \\ \vdots \\ b_m \end{array} \right] \neq 0$。

$$2. \ [\mathbf{A}|\mathbf{b}] \xrightarrow{R} \left[\begin{array}{ccccc} 1 & * & \cdots & * & * \\ 0 & 1 & \cdots & * & * \\ \vdots & \vdots & \ddots & \vdots & \vdots \\ 0 & 0 & \cdots & 1 & * \\ 0 & 0 & \cdots & 0 & 1 \\ 0 & 0 & \cdots & 0 & 0 \\ \vdots & \vdots & \ddots & \vdots & \vdots \\ 0 & 0 & \cdots & 0 & 0 \end{array} \right| \left. \begin{array}{c} b_1 \\ b_2 \\ \vdots \\ b_{n-1} \\ b_n \\ b_{n+1} \\ \vdots \\ b_m \end{array} \right],$$

其中 $\left[\begin{array}{c} b_{n+1} \\ \vdots \\ b_m \end{array} \right] = 0$。

$$3.\ [\mathbf{A}|b] \xrightarrow{R} \left[\left.\begin{bmatrix} 1 & * & \cdots & * & * & \cdots & * \\ 0 & 1 & \cdots & * & * & \cdots & * \\ \vdots & \vdots & \cdots & \vdots & \vdots & \ddots & \vdots \\ 0 & 0 & \cdots & 1 & * & \cdots & * \\ 0 & 0 & \cdots & 0 & 0 & \cdots & 0 \\ \vdots & \vdots & \ddots & \vdots & \vdots & \vdots & \vdots \\ 0 & 0 & \cdots & 0 & 0 & \cdots & 0 \end{bmatrix}\right| \left.\begin{matrix} b_1 \\ b_2 \\ \vdots \\ b_k \\ b_{k-1} \\ \vdots \\ b_m \end{matrix}\right.\right],$$

其中 $\begin{bmatrix} b_k \\ b_{k-1} \\ \vdots \\ b_m \end{bmatrix} = 0$。

則 1 無解, 2 有唯一解, 3 有無限解。舉例來說, 考慮以下聯立方程式組。

$$\begin{cases} x_1 + x_2 = 1, \\ x_1 - x_2 = 3, \\ -x_1 + 2x_2 = -1。 \end{cases} \tag{1.1}$$

$$\begin{cases} x_1 + x_2 = 1, \\ x_1 - x_2 = 3, \\ -x_1 + 2x_2 = -4。 \end{cases} \tag{1.2}$$

$$\begin{cases} x_1 + x_2 = 1, \\ -x_1 - x_2 = -1, \\ 3x_1 + 3x_2 = 3。 \end{cases} \tag{1.3}$$

因為 $\begin{bmatrix} 1 & 1 & | & 1 \\ 1 & -1 & | & 3 \\ -1 & 2 & | & -1 \end{bmatrix} \longrightarrow \begin{bmatrix} 1 & 1 & | & 1 \\ 0 & -1 & | & 1 \\ 0 & 0 & | & 3 \end{bmatrix}$, 所以方程組 (1.1) 無解。再者, 因為

$\begin{bmatrix} 1 & 1 & | & 1 \\ 1 & -1 & | & 3 \\ -1 & 2 & | & -4 \end{bmatrix} \longrightarrow \begin{bmatrix} 1 & 1 & | & 1 \\ 0 & -1 & | & 1 \\ 0 & 0 & | & 0 \end{bmatrix}$, 所以方程組 (1.2) 有唯一解(有一個方程式

是多餘的)。最後, 因為 $\begin{bmatrix} 1 & 1 & | & 1 \\ -1 & -1 & | & -1 \\ 3 & 3 & | & 3 \end{bmatrix} \longrightarrow \begin{bmatrix} 1 & 1 & | & 1 \\ 0 & 0 & | & 0 \\ 0 & 0 & | & 0 \end{bmatrix}$, 所以方程組 (1.3) 有

無限多解。

10

習題 **1.17** (∗) 解下列齊次方程組。

1.
$$\begin{cases} 2x_1 + 4x_2 + x_3 + x_4 - x_5 = 0, \\ 3x_1 - x_2 + 3x_3 - 2x_4 + x_5 = 0, \\ 5x_1 + 3x_2 - x_3 - x_4 + 2x_5 = 0, \\ x_1 - x_2 + x_3 + 2x_4 - x_5 = 0, \\ -x_1 + 2x_2 - x_3 + 2x_4 + x_5 = 0. \end{cases}$$

2.
$$\begin{cases} 2x_1 + 4x_2 + x_3 + x_4 - x_5 = 0, \\ 3x_1 - x_2 + 3x_3 - 2x_4 + x_5 = 0, \\ 5x_1 + 3x_2 - x_3 - x_4 + 2x_5 = 0, \\ 4x_1 + 4x_2 - 2x_3 - 3x_4 + 3x_5 = 0, \\ x_1 - x_2 + x_3 + 2x_4 - x_5 = 0. \end{cases}$$

3.
$$\begin{cases} 2x_1 + 4x_2 + x_3 = 0, \\ 6x_1 + 12x_2 + 3x_3 = 0. \end{cases}$$

解答：

1. 由高斯消去法可得
$$\begin{bmatrix} 2 & 4 & 1 & 1 & -1 & | & 0 \\ 3 & -1 & 3 & -2 & 1 & | & 0 \\ 5 & 3 & -1 & -1 & 2 & | & 0 \\ 1 & -1 & 1 & 2 & -1 & | & 0 \\ -1 & 2 & -1 & 2 & 1 & | & 0 \end{bmatrix} \xrightarrow{R} \begin{bmatrix} 1 & 0 & 0 & 0 & 0 & | & 0 \\ 0 & 1 & 0 & 0 & 0 & | & 0 \\ 0 & 0 & 1 & 0 & 0 & | & 0 \\ 0 & 0 & 0 & 1 & 0 & | & 0 \\ 0 & 0 & 0 & 0 & 1 & | & 0 \end{bmatrix}.$$

所以這個方程式有唯一的解，而這個解為:$x_1 = 0$, $x_2 = 0$, $x_3 = 0$, $x_4 = 0$, $x_5 = 0$。

2. 由高斯消去法可得
$$\begin{bmatrix} 2 & 4 & 1 & 1 & -1 & | & 0 \\ 3 & -1 & 3 & -2 & 1 & | & 0 \\ 5 & 3 & -1 & -1 & 2 & | & 0 \\ 4 & 4 & -2 & -3 & 3 & | & 0 \\ 1 & -1 & 1 & 2 & -1 & | & 0 \end{bmatrix} \xrightarrow{R} \begin{bmatrix} 1 & 0 & 0 & 0 & 0 & | & 0 \\ 0 & 1 & 0 & 0 & 0 & | & 0 \\ 0 & 0 & 1 & 0 & 0 & | & 0 \\ 0 & 0 & 0 & 1 & 0 & | & 0 \\ 0 & 0 & 0 & 0 & 1 & | & 0 \end{bmatrix}.$$

所以這個方程式有唯一的解，而這個解為:$x_1 = 0$, $x_2 = 0$, $x_3 = 0$, $x_4 = 0$, $x_5 = 0$。

3. 由高斯消去法可得

$$\begin{bmatrix} 2 & 4 & 1 & | & 0 \\ 6 & 12 & 3 & | & 0 \end{bmatrix} \xrightarrow{R} \begin{bmatrix} 2 & 4 & 1 & | & 0 \\ 0 & 0 & 0 & | & 0 \end{bmatrix}$$, 若令 $x_1 = a$, $x_2 = b$, 則解集合 $\mathcal{S}$ 可

寫成 $\mathcal{S} = \{(a, b, -2a - 4b) \mid a, b \in \mathbb{R}\}$。

習題 **1.18** (∗) 利用高斯消去法求 $\mathbf{A} = \begin{bmatrix} 1 & -1 & 0 & 1 \\ 2 & 2 & -1 & 3 \\ -1 & 5 & 2 & 1 \\ 3 & -1 & 1 & -1 \end{bmatrix}$ 之反矩陣。

解答：

由高斯消去法可得
$$\left[\begin{array}{cccc|cccc} 1 & -1 & 0 & 1 & 1 & 0 & 0 & 0 \\ 2 & 2 & -1 & 3 & 0 & 1 & 0 & 0 \\ -1 & 5 & 2 & 1 & 0 & 0 & 1 & 0 \\ 3 & -1 & 1 & -1 & 0 & 0 & 0 & 1 \end{array}\right] \xrightarrow{R}$$

$$\left[\begin{array}{cccc|cccc} 1 & 0 & 0 & 0 & \dfrac{-11}{60} & \dfrac{10}{60} & \dfrac{-3}{60} & \dfrac{16}{60} \\[2mm] 0 & 1 & 0 & 0 & \dfrac{-29}{60} & \dfrac{10}{60} & \dfrac{3}{60} & \dfrac{4}{60} \\[2mm] 0 & 0 & 1 & 0 & \dfrac{46}{60} & \dfrac{-20}{60} & \dfrac{18}{60} & \dfrac{4}{60} \\[2mm] 0 & 0 & 0 & 1 & \dfrac{42}{60} & 0 & \dfrac{6}{60} & \dfrac{-12}{60} \end{array}\right]$$, 所以

$$\mathbf{A}^{-1} = \begin{bmatrix} \dfrac{-11}{60} & \dfrac{10}{60} & \dfrac{-3}{60} & \dfrac{16}{60} \\[2mm] \dfrac{-29}{60} & \dfrac{10}{60} & \dfrac{3}{60} & \dfrac{4}{60} \\[2mm] \dfrac{46}{60} & \dfrac{-20}{60} & \dfrac{18}{60} & \dfrac{4}{60} \\[2mm] \dfrac{42}{60} & 0 & \dfrac{6}{60} & \dfrac{-12}{60} \end{bmatrix}$$ 。

1.5節習題

習題 1.19 (∗∗) 求矩陣 $\mathbf{A} = \begin{bmatrix} 1 & -1 & 0 & 1 \\ 2 & 2 & -1 & 3 \\ -1 & 5 & 2 & 1 \\ 3 & -1 & 1 & -1 \end{bmatrix}$ 之LD分解以及LDU分解。

解答:

直接由計算, 我們可以得到 $\mathbf{EA} = \begin{bmatrix} 1 & -1 & 0 & 1 \\ 0 & 1 & \frac{-1}{4} & \frac{1}{4} \\ 0 & 0 & 1 & \frac{1}{3} \\ 0 & 0 & 0 & 1 \end{bmatrix}$, 其中 $\mathbf{E} = $

$\begin{bmatrix} 1 & 0 & 0 & 0 \\ \frac{-1}{2} & \frac{1}{4} & 0 & 0 \\ 1 & \frac{-1}{3} & \frac{1}{3} & 0 \\ \frac{7}{10} & 0 & \frac{1}{10} & \frac{-1}{5} \end{bmatrix}$。因此 $\mathbf{A} = \mathbf{E}^{-1} \begin{bmatrix} 1 & -1 & 0 & 1 \\ 0 & 1 & \frac{-1}{4} & \frac{1}{4} \\ 0 & 0 & 1 & \frac{1}{3} \\ 0 & 0 & 0 & 1 \end{bmatrix} = $

$\begin{bmatrix} 1 & 0 & 0 & 0 \\ 2 & 4 & 0 & 0 \\ -1 & 4 & 3 & 0 \\ 3 & 2 & \frac{3}{2} & -5 \end{bmatrix} \begin{bmatrix} 1 & -1 & 0 & 1 \\ 0 & 1 & \frac{-1}{4} & \frac{1}{4} \\ 0 & 0 & 1 & \frac{1}{3} \\ 0 & 0 & 0 & 1 \end{bmatrix}$。上式即為 $\mathbf{A}$ 的LD分解。

又因為

$$\begin{bmatrix} 1 & 0 & 0 & 0 \\ 2 & 4 & 0 & 0 \\ -1 & 4 & 3 & 0 \\ 3 & 2 & \frac{3}{2} & -5 \end{bmatrix} = \begin{bmatrix} 1 & 0 & 0 & 0 \\ 2 & 1 & 0 & 0 \\ -1 & 1 & 1 & 0 \\ 3 & \frac{1}{2} & \frac{1}{2} & 1 \end{bmatrix} \begin{bmatrix} 1 & 0 & 0 & 0 \\ 0 & 4 & 0 & 0 \\ 0 & 0 & 3 & 0 \\ 0 & 0 & 0 & -5 \end{bmatrix},$$

所以

$$\mathbf{A} = \begin{bmatrix} 1 & 0 & 0 & 0 \\ 2 & 1 & 0 & 0 \\ -1 & 1 & 1 & 0 \\ 3 & \frac{1}{2} & \frac{1}{2} & 1 \end{bmatrix} \begin{bmatrix} 1 & 0 & 0 & 0 \\ 0 & 4 & 0 & 0 \\ 0 & 0 & 3 & 0 \\ 0 & 0 & 0 & -5 \end{bmatrix} \begin{bmatrix} 1 & -1 & 0 & 1 \\ 0 & 1 & \frac{-1}{4} & \frac{1}{4} \\ 0 & 0 & 1 & \frac{1}{3} \\ 0 & 0 & 0 & 1 \end{bmatrix}$$

$\triangleq$ LDU。

以上是 $\mathbf{A}$ 的LDU的分解。

習題 **1.20** (∗∗) 請問一個方陣之LD分解及LDU分解是否唯一? 試證明或舉反例說明。

解答:

不是。舉一個簡單的例子:

$$\begin{bmatrix} 0 & 0 \\ 0 & 0 \end{bmatrix} = \begin{bmatrix} 0 & 0 \\ 0 & 0 \end{bmatrix} \begin{bmatrix} 1 & 0 \\ 0 & 1 \end{bmatrix}$$
$$= \begin{bmatrix} 0 & 0 \\ 0 & 0 \end{bmatrix} \begin{bmatrix} 1 & 1 \\ 0 & 1 \end{bmatrix}。$$

類似地,

$$\begin{bmatrix} 0 & 0 \\ 0 & 0 \end{bmatrix} = \begin{bmatrix} 1 & 0 \\ 0 & 1 \end{bmatrix} \begin{bmatrix} 0 & 0 \\ 0 & 0 \end{bmatrix} \begin{bmatrix} 1 & 0 \\ 0 & 1 \end{bmatrix}$$
$$= \begin{bmatrix} 1 & 0 \\ 1 & 1 \end{bmatrix} \begin{bmatrix} 0 & 0 \\ 0 & 0 \end{bmatrix} \begin{bmatrix} 1 & 1 \\ 0 & 1 \end{bmatrix}。$$

所以 LU以及 LDU分解, 一般來說不是唯一的。

習題 **1.21** (∗∗) 承上題, 請問在什麼情況下, LD分解是唯一的?

解答:

當 $\mathbf{A}$ 是可逆矩陣時, LD分解是唯一的。理由如下: 令 $\mathbf{A}$ 是可逆矩陣, 並令 $\mathbf{A} = \mathbf{L}_1\mathbf{U}_1 = \mathbf{L}_2\mathbf{U}_2$。其中 $\mathbf{L}_1, \mathbf{L}_2$ 是可逆矩陣。因為 $\mathbf{A}$ 是可逆矩陣, 所以 $\mathbf{U}_1$ 及 $\mathbf{U}_2$ 也是可逆矩陣。由計算可得 $\mathbf{L}_2^{-1}\mathbf{L}_1 = \mathbf{U}_2\mathbf{U}_1^{-1}$。因為 $\mathbf{L}_2$ 是下三角矩陣, 所以由習題1.14我們知道 $\mathbf{L}_2^{-1}$ 是下三角矩陣。也因此 $\mathbf{L}_2^{-1}\mathbf{L}_1$ 是下三角矩陣。同理 $\mathbf{U}_2\mathbf{U}_1^{-1}$ 是上三角矩陣。這表示 $\mathbf{L}_2^{-1}\mathbf{L}_1$ 與 $\mathbf{U}_2\mathbf{U}_1^{-1}$ 都是對角矩陣。很明顯地, 單位上三角矩陣的逆矩陣也是單位上三角矩陣(否則乘積必然不是單位矩陣), 所以 $\mathbf{U}_2\mathbf{U}_1^{-1} = \mathbf{I} = \mathbf{L}_2^{-1}\mathbf{L}_1$。這表示 $\mathbf{U}_2 = \mathbf{U}_1$ 及 $\mathbf{L}_2 = \mathbf{L}_1$, 故得證。

1.6節習題

習題 1.22 (∗) 設 $\mathbf{A} = \left[\begin{array}{cc|cc} 2 & 1 & 4 & 3 \\ 1 & 5 & 0 & -1 \\ \hline -2 & 1 & -3 & 2 \end{array}\right]$, $\mathbf{B} = \left[\begin{array}{cc} 4 & -1 \\ 1 & 3 \\ \hline 0 & -2 \\ 2 & 1 \end{array}\right]$。分別利用分割及

第1.2節原矩陣乘法定義計算 $\mathbf{AB}$, 並比較其結果。

解答：

利用分割, 我們可以得到

$$\mathbf{AB} = \left[\begin{array}{c} \begin{bmatrix} 2 & 1 \\ 1 & 5 \end{bmatrix}\begin{bmatrix} 4 & -1 \\ 1 & 3 \end{bmatrix} + \begin{bmatrix} 4 & 3 \\ 0 & -1 \end{bmatrix}\begin{bmatrix} 0 & -2 \\ 2 & 1 \end{bmatrix} \\ \\ \begin{bmatrix} -2 & 1 \end{bmatrix}\begin{bmatrix} 4 & -1 \\ 1 & 3 \end{bmatrix} + \begin{bmatrix} -3 & 2 \end{bmatrix}\begin{bmatrix} 0 & -2 \\ 2 & 1 \end{bmatrix} \end{array}\right]$$

$$= \begin{bmatrix} 15 & -4 \\ 7 & 13 \\ -3 & 13 \end{bmatrix}。$$

利用原矩陣乘法定義可得相同答案。

習題 1.23 (∗∗) 同上題, 將 $\mathbf{B}$ 作行分割 $\mathbf{B} = \left[\begin{array}{c|c} 4 & -1 \\ 1 & 3 \\ 0 & -2 \\ 2 & 1 \end{array}\right] \triangleq \left[\begin{array}{c|c} \mathbf{b}_1 & \mathbf{b}_2 \end{array}\right]$。

計算 $\left[\begin{array}{cc} \mathbf{Ab}_1 & \mathbf{Ab}_2 \end{array}\right]$ 並比較上題 $\mathbf{AB}$ 之乘積驗證 $\mathbf{AB} = \left[\begin{array}{cc} \mathbf{Ab}_1 & \mathbf{Ab}_2 \end{array}\right]$。

解答：

由計算, 我們得到

$\mathbf{Ab}_1 = \begin{bmatrix} 15 \\ 7 \\ -3 \end{bmatrix}$, $\mathbf{Ab}_2 = \begin{bmatrix} -4 \\ 13 \\ 13 \end{bmatrix}$。因此 $[\mathbf{Ab}_1 \ \mathbf{Ab}_2] = \begin{bmatrix} 15 & -4 \\ 7 & 13 \\ -3 & 13 \end{bmatrix} = \mathbf{AB}$。

習題 1.24 (∗∗) 證明 $\begin{bmatrix} \mathbf{I} & \mathbf{A} \\ \mathbf{0} & \mathbf{I} \end{bmatrix}$ 是可逆矩陣, 且 $\begin{bmatrix} \mathbf{I} & \mathbf{A} \\ \mathbf{0} & \mathbf{I} \end{bmatrix}^{-1} = \begin{bmatrix} \mathbf{I} & -\mathbf{A} \\ \mathbf{0} & \mathbf{I} \end{bmatrix}$。請

問 $\begin{bmatrix} \mathbf{I} & \mathbf{0} \\ \mathbf{B} & \mathbf{I} \end{bmatrix}^{-1}$ 等於什麼?

解答:

令 $\begin{bmatrix} \mathbf{I} & \mathbf{A} \\ \mathbf{0} & \mathbf{I} \end{bmatrix} \begin{bmatrix} \mathbf{x} \\ \mathbf{y} \end{bmatrix} = \begin{bmatrix} \mathbf{0} \\ \mathbf{0} \end{bmatrix}$，則由分割矩陣的代數運算可以得到

$$\mathbf{x} + \mathbf{A}\mathbf{y} = \mathbf{0} \, ,$$
$$\mathbf{y} = \mathbf{0} \, \text{。}$$

這表示 $\mathbf{x} = \mathbf{0}$, $\mathbf{y} = \mathbf{0}$。因此由定理 1.51，我們可以得到 $\begin{bmatrix} \mathbf{I} & \mathbf{A} \\ \mathbf{0} & \mathbf{I} \end{bmatrix}$ 是可逆矩陣。又

$$\begin{bmatrix} \mathbf{I} & \mathbf{A} \\ \mathbf{0} & \mathbf{I} \end{bmatrix} \begin{bmatrix} \mathbf{I} & -\mathbf{A} \\ \mathbf{0} & \mathbf{I} \end{bmatrix} = \begin{bmatrix} \mathbf{I} & \mathbf{0} \\ \mathbf{0} & \mathbf{I} \end{bmatrix} = \begin{bmatrix} \mathbf{I} & -\mathbf{A} \\ \mathbf{0} & \mathbf{I} \end{bmatrix} \begin{bmatrix} \mathbf{I} & \mathbf{A} \\ \mathbf{0} & \mathbf{I} \end{bmatrix} \, ,$$

因此 $\begin{bmatrix} \mathbf{I} & \mathbf{A} \\ \mathbf{0} & \mathbf{I} \end{bmatrix}^{-1} = \begin{bmatrix} \mathbf{I} & -\mathbf{A} \\ \mathbf{0} & \mathbf{I} \end{bmatrix}$。由相似的討論，不難發現 $\begin{bmatrix} \mathbf{I} & \mathbf{0} \\ \mathbf{B} & \mathbf{I} \end{bmatrix}^{-1} = \begin{bmatrix} \mathbf{I} & \mathbf{0} \\ -\mathbf{B} & \mathbf{I} \end{bmatrix}$。

1.7節習題

習題 **1.25** (∗) 求 $\mathbf{A} = \begin{bmatrix} 5 & -4 & 2 & 2 \\ 3 & -1 & 1 & 1 \\ 10 & -5 & 4 & 3 \\ -7 & 2 & -3 & -1 \end{bmatrix}$ 之行列式。

解答:

$$\det \begin{bmatrix} 5 & -4 & 2 & 2 \\ 3 & -1 & 1 & 1 \\ 10 & -5 & 4 & 3 \\ -7 & 2 & -3 & -1 \end{bmatrix}$$

$$= 5 \begin{bmatrix} -1 & 1 & 1 \\ -5 & 4 & 3 \\ 2 & -3 & -1 \end{bmatrix} - (-4)\det \begin{bmatrix} 3 & 1 & 1 \\ 10 & 4 & 3 \\ -7 & -3 & -1 \end{bmatrix}$$

$$+2\det \begin{bmatrix} 3 & -1 & 1 \\ 10 & -5 & 3 \\ -7 & 2 & -1 \end{bmatrix} - 2\det \begin{bmatrix} 3 & -1 & 1 \\ 10 & -5 & 4 \\ -7 & 2 & -3 \end{bmatrix}$$

$$= 5 \cdot 3 + 4 \cdot 2 + 2(-7) - 2 \cdot 4 = 1 \text{。}$$

習題 1.26 (∗∗) 設 $\mathbf{A}$ 是可逆方陣。證明 $\det(\mathbf{A}^{-1}) = (\det\mathbf{A})^{-1}$。

解答：

因為 $\mathbf{I} = \mathbf{A}\mathbf{A}^{-1}$，所以 $\det(\mathbf{I}) = \det(\mathbf{A}\mathbf{A}^{-1})$。由定理 1.79，我們得到 $1 = \det(\mathbf{I}) = \det(\mathbf{A})\det(\mathbf{A}^{-1})$。這表示 $\det(\mathbf{A}^{-1}) = (\det\mathbf{A})^{-1}$。

習題 1.27 (∗∗) 設一方陣 $\mathbf{A} = \begin{bmatrix} \mathbf{A}_1 & \mathbf{0} \\ \mathbf{0} & \mathbf{A}_2 \end{bmatrix}$，其中 $\mathbf{A}_1, \mathbf{A}_2$ 都是方陣。證明 $\det\mathbf{A} = (\det\mathbf{A}_1)(\det\mathbf{A}_2)$。

解答：

由定理 1.77，不難得到 $\det \begin{bmatrix} \mathbf{I} & \mathbf{0} \\ \mathbf{0} & \mathbf{A}_2 \end{bmatrix} = \det\mathbf{A}_2$, $\det \begin{bmatrix} \mathbf{A}_1 & \mathbf{0} \\ \mathbf{0} & \mathbf{I} \end{bmatrix} = \det\mathbf{A}_1$。又

$\begin{bmatrix} \mathbf{A}_1 & \mathbf{0} \\ \mathbf{0} & \mathbf{A}_2 \end{bmatrix} = \begin{bmatrix} \mathbf{A}_1 & \mathbf{0} \\ \mathbf{0} & \mathbf{I} \end{bmatrix} \begin{bmatrix} \mathbf{I} & \mathbf{0} \\ \mathbf{0} & \mathbf{A}_2 \end{bmatrix}$，所以 $\det \begin{bmatrix} \mathbf{A}_1 & \mathbf{0} \\ \mathbf{0} & \mathbf{A}_2 \end{bmatrix} = \det \begin{bmatrix} \mathbf{A}_1 & \mathbf{0} \\ \mathbf{0} & \mathbf{I} \end{bmatrix}$

$\det \begin{bmatrix} \mathbf{I} & \mathbf{0} \\ \mathbf{0} & \mathbf{A}_2 \end{bmatrix} = \det\mathbf{A}_1 \cdot \det\mathbf{A}_2$。

習題 1.28 (∗∗) 推廣上一題，設方陣 $\mathbf{A} = \begin{bmatrix} \mathbf{A}_1 & \mathbf{A}_3 \\ \mathbf{0} & \mathbf{A}_2 \end{bmatrix}$ 或是 $\mathbf{A} = \begin{bmatrix} \mathbf{A}_1 & \mathbf{0} \\ \mathbf{A}_4 & \mathbf{A}_2 \end{bmatrix}$，其中 $\mathbf{A}_1, \mathbf{A}_2$ 都是方陣。證明 $\det\mathbf{A} = (\det\mathbf{A}_1)(\det\mathbf{A}_2)$。

解答：

直接對第一行做餘因子展開，我們發現對任意的方陣 $\mathbf{C}$, $\det \begin{bmatrix} \mathbf{I} & \mathbf{C} \\ \mathbf{0} & \mathbf{I} \end{bmatrix} = 1$。因此，當 $\mathbf{A}_1 = \mathbf{A}_2 = \mathbf{I}$ 時, $\det \begin{bmatrix} \mathbf{A}_1 & \mathbf{A}_3 \\ \mathbf{0} & \mathbf{A}_2 \end{bmatrix} = (\det\mathbf{A}_1)(\det\mathbf{A}_2) = 1$。接下來，我們看一般的情況。首先，當 $\det\mathbf{A}_1 = 0$ 時, 由推論 1.52 得知, 存在一非零向量 $\mathbf{x}$ 使得 $\mathbf{A}_1\mathbf{x} =$

0。因此

$$\left[\begin{array}{cc} \mathbf{A}_1 & \mathbf{A}_3 \\ \mathbf{0} & \mathbf{A}_2 \end{array}\right] \left[\begin{array}{c} \mathbf{x} \\ \mathbf{0} \end{array}\right] = \left[\begin{array}{c} \mathbf{0} \\ \mathbf{0} \end{array}\right],$$

這表示 $\left[\begin{array}{cc} \mathbf{A}_1 & \mathbf{A}_3 \\ \mathbf{0} & \mathbf{A}_2 \end{array}\right]$ 是不可逆矩陣, 故 $\det\left[\begin{array}{cc} \mathbf{A}_1 & \mathbf{A}_3 \\ \mathbf{0} & \mathbf{A}_2 \end{array}\right] = (\det\mathbf{A}_1)(\det\mathbf{A}_2) = 0$。
接著, 我們來看 $\det\mathbf{A}_1 \neq 0$的情形, 因為 $\det\mathbf{A}_1 \neq 0$, 所以 $\mathbf{A}_1$為可逆矩陣。因此我們可以將 $\left[\begin{array}{cc} \mathbf{A}_1 & \mathbf{A}_3 \\ \mathbf{0} & \mathbf{A}_2 \end{array}\right]$ 分解為

$$\left[\begin{array}{cc} \mathbf{A}_1 & \mathbf{A}_3 \\ \mathbf{0} & \mathbf{A}_2 \end{array}\right] = \left[\begin{array}{cc} \mathbf{A}_1 & \mathbf{0} \\ \mathbf{0} & \mathbf{I} \end{array}\right]\left[\begin{array}{cc} \mathbf{I} & \mathbf{0} \\ \mathbf{0} & \mathbf{A}_2 \end{array}\right]\left[\begin{array}{cc} \mathbf{I} & \mathbf{A}_1^{-1}\mathbf{A}_3 \\ \mathbf{0} & \mathbf{I} \end{array}\right],$$

再由定理 1.79及習題 1.27得

$$\det\left[\begin{array}{cc} \mathbf{A}_1 & \mathbf{A}_3 \\ \mathbf{0} & \mathbf{A}_2 \end{array}\right]$$
$$= (\det\left[\begin{array}{cc} \mathbf{A}_1 & \mathbf{0} \\ \mathbf{0} & \mathbf{I} \end{array}\right])(\det\left[\begin{array}{cc} \mathbf{I} & \mathbf{0} \\ \mathbf{0} & \mathbf{A}_2 \end{array}\right])(\det\left[\begin{array}{cc} \mathbf{I} & \mathbf{A}_1^{-1}\mathbf{A}_3 \\ \mathbf{0} & \mathbf{I} \end{array}\right])$$
$$= (\det\mathbf{A}_1)(\det\mathbf{A}_2)。$$

習題 1.29 (∗) 利用上題, 求 $\mathbf{A} = \left[\begin{array}{cccccc} 1 & 2 & 4 & 5 & 0 & 4 \\ 0 & -1 & 2 & 8 & 1 & -1 \\ 0 & 0 & 3 & 2 & 0 & 0 \\ 0 & 0 & 1 & 1 & 0 & 0 \\ 0 & 0 & -2 & 1 & 2 & 5 \\ 0 & 0 & 4 & 8 & -3 & -1 \end{array}\right]$ 之行列式。

解答:

由習題 1.28, 我們知道

$$\det\left[\begin{array}{cc|cccc} 1 & 2 & 4 & 5 & 0 & 4 \\ 0 & -1 & 2 & 8 & 1 & -1 \\ \hline 0 & 0 & 3 & 2 & 0 & 0 \\ 0 & 0 & 1 & 1 & 0 & 0 \\ 0 & 0 & -2 & 1 & 2 & 5 \\ 0 & 0 & 4 & 8 & -3 & -1 \end{array}\right]$$

$$= \det \begin{bmatrix} 1 & 2 \\ 0 & -1 \end{bmatrix} \det \left[\begin{array}{cc|cc} 3 & 2 & 0 & 0 \\ 1 & 1 & 0 & 0 \\ \hline -2 & 1 & 2 & 5 \\ 4 & 8 & -3 & -1 \end{array} \right]$$

$$= \det \begin{bmatrix} 1 & 2 \\ 0 & -1 \end{bmatrix} \det \begin{bmatrix} 3 & 2 \\ 1 & 1 \end{bmatrix} \det \begin{bmatrix} 2 & 5 \\ -3 & -1 \end{bmatrix}$$

$$= (-1) \cdot 1 \cdot 13 = -13 \text{。}$$

習題 1.30 $(***)$ 證明定理1.76。

解答：

要證明這個定理, 我們先處理以下兩個特殊情況。

1. 若 $\mathbf{A} = \begin{bmatrix} a_1 & 0 & \cdots & 0 \\ 0 & a_2 & \cdots & 0 \\ 0 & 0 & & \vdots \\ \vdots & \vdots & & \vdots \\ 0 & 0 & \cdots & a_n \end{bmatrix}$, 則 $f(\mathbf{A}) = f(a_1\mathbf{e}_1 \quad a_2\mathbf{e}_2 \quad \cdots a_n\mathbf{e}_n) =$

$a_1 a_2 \cdots a_n f(\mathbf{e}_1 \quad \mathbf{e}_2 \quad \cdots \quad \mathbf{e}_n) = a_1 a_2 \cdots a_n f(\mathbf{I})$。

2. 若 $\mathbf{A} = [\mathbf{a}_1 \cdots \mathbf{a}_n] = \begin{bmatrix} a_{11} & a_{12} & 0 & \cdots & \cdots & a_{1n} \\ 0 & a_{22} & 0 & \cdots & \cdots & a_{2n} \\ 0 & 0 & \cdots & \cdots & \cdots & a_{3n} \\ \vdots & \vdots & \vdots & \vdots & \ddots & \vdots \\ 0 & 0 & \cdots & \cdots & \cdots & a_{nn} \end{bmatrix}$, 則

(a) 若存在 $i \in \{2, \cdots, n\}$, 使得 $a_{ii} = 0$。令 k 是最小的正整數, 使得 $a_{kk} = 0$, 則必存在不全為零的 $c_1, c_2, \cdots, c_k$ 使得 $c_1\mathbf{a}_1 + c_2\mathbf{a}_2 + \cdots + c_k\mathbf{a}_k = 0$。不失一般性, 我們假設 $c_k \neq 0$, 這表示 $\mathbf{a}_k = \sum_{d=1}^{k} t_d\mathbf{a}_d$, 其中 $t_d = \dfrac{-c_d}{c_k}$。

因此

$$f(\mathbf{a}_1 \quad \mathbf{a}_2 \quad \cdots \quad \mathbf{a}_k \quad \cdots \quad \mathbf{a}_n)$$

$$= f(\mathbf{a}_1 \quad \cdots \quad \mathbf{a}_{k-1} \sum_{d=1}^{k} t_d \mathbf{a}_d \quad \mathbf{a}_{k+1} \quad \cdots \quad \mathbf{a}_n)$$

$$= \sum_{d=1}^{k} t_d \; f(\mathbf{a}_1 \quad \cdots \quad \mathbf{a}_{k-1} \quad \mathbf{a}_d \quad \mathbf{a}_{k+1} \quad \cdots \quad \mathbf{a}_n)$$

$$= 0 \quad (\text{由交替性})。$$

(b) 若 $a_{11} = 0$, 這表示 $\mathbf{a}_1 = \mathbf{0}$。因此

$$f(\mathbf{a}_1 \quad \cdots \quad \mathbf{a}_{n-1} \quad \mathbf{a}_n) = f(\mathbf{0} \quad \cdots \quad \mathbf{a}_{n-1} \quad \mathbf{a}_n)$$

$$= 0 \cdot f(\mathbf{0} \quad \cdots \quad \mathbf{a}_{n-1} \quad \mathbf{a}_n) = 0$$

由 1, 2 得知, 若存在 i 使得 $a_{ii} = 0$, 則

$$f(\mathbf{A}) = a_{11} a_{22} \cdots a_{nn} \, f(\mathbf{I}) = 0。$$

(c) 若對所有 $i \in \{1, 2, \cdots, n\}, a_{ii} \neq 0$。令 $\mathbf{a}_n = \mathbf{v}_n + \mathbf{v}_n{}'$, 其中 $\mathbf{v}_n =$

$$\begin{bmatrix} 0 \\ 0 \\ 0 \\ \vdots \\ a_{nn} \end{bmatrix}, \, \mathbf{v}_n{}' = \begin{bmatrix} a_{1n} \\ a_{2n} \\ a_{3n} \\ \vdots \\ a_{n_1, n} \\ 0 \end{bmatrix}。根據多線性,$$

$$f(\mathbf{A}) = f(\mathbf{a}_1 \quad \mathbf{a}_2 \quad \cdots \quad \mathbf{a}_{n-1} \mathbf{v}_n) + f(\mathbf{a}_1 \quad \mathbf{a}_2 \quad \cdots \quad \mathbf{a}_{n-1} \mathbf{v}_n{}')。$$

但是因為 $[\mathbf{a}_1 \, \mathbf{a}_2 \, \cdots \, \mathbf{a}_{n-1} \mathbf{v}_n{}']$ 是對角線上有零的下三角矩陣, 則根據 2 的部分我們知道 $f(\mathbf{a}_1 \, \mathbf{a}_2 \, \cdots \, \mathbf{v}_1{}') = 0$。因此

$$f(\mathbf{A}) = f(\mathbf{a}_1 \quad \cdots \quad \mathbf{a}_n) = f(\mathbf{a}_1 \quad \cdots \quad \mathbf{a}_{n-1} \quad a_{nn} \mathbf{e}_n)$$

$$= a_{nn} f(\mathbf{a}_1 \quad \cdots \quad \mathbf{a}_{n-1} \quad \mathbf{e}_n)。$$

20

$$\text{再令 } \mathbf{a}_{n-1} = \mathbf{v}_{n-1} + \mathbf{v}_{n-1}', \text{ 其中 } \mathbf{v}_{n-1} = \begin{bmatrix} 0 \\ 0 \\ \vdots \\ a_{n-1,n-1} \\ 0 \end{bmatrix}, \mathbf{v}_{n-1}' =$$

$$\begin{bmatrix} a_{1,n-1} \\ a_{2,n-1} \\ \vdots \\ a_{n-2,n-1} \\ 0 \\ 0 \end{bmatrix}。再根據多線性及 2 部分的討論, 則$$

$$
\begin{aligned}
f(\mathbf{A}) &= a_{nn} f(\mathbf{a}_1 \quad \cdots \quad \mathbf{a}_{n-1} \quad \mathbf{e}_n) \\
&= a_{nn} f(\mathbf{a}_1 \quad \cdots \quad \mathbf{v}_{n-1} + \mathbf{v}_{n-1}' \quad \mathbf{e}_n) \\
&= a_{nn} f(\mathbf{a}_1 \quad \mathbf{v}_{n-1} \quad \cdots \quad \mathbf{e}_n) \\
&\quad + a_{nn} f(\mathbf{a}_1 \quad \cdots \quad \mathbf{v}_{n-1}' \quad \cdots \quad \mathbf{e}_n) \\
&= a_{nn} f(\mathbf{a}_1 \quad \cdots \quad a_{n-1,n-1}\mathbf{e}_{n-1} \quad \mathbf{e}_n) \\
&= a_{n-1,n-1} a_{nn} f(\mathbf{a}_1 \quad \cdots \quad \mathbf{e}_{n-1} \quad \mathbf{e}_n) 。
\end{aligned}
$$

重覆以上的討論, 我們可以得到

$$f(\mathbf{A}) = a_{11} a_{22} \cdots a_{nn} \, f(\mathbf{e}_1 \quad \mathbf{e}_2 \quad \cdots \quad \mathbf{e}_n)。$$

由定理1.67, 我們知道 $\det\mathbf{A} = a_{11} \cdots a_{nn} \det(\mathbf{I})$, 因此在情況 2 下, $f(\mathbf{A}) = \det\mathbf{A}$ $f(\mathbf{o}_1 \quad \cdots \quad \mathbf{o}_n)$。經由情況 1, 2 的討論, 我們可以處理一般的情形。

$$\text{令 } \mathbf{A} = \begin{bmatrix} a_{11} & a_{12} & \cdots & \cdots & a_{nn} \\ a_{21} & a_{22} & \cdots & \cdots & a_{2n} \\ \vdots & \vdots & \ddots & & \cdots \\ \vdots & \vdots & & \ddots & \cdots \\ a_{n1} & a_{n2} & \cdots & \cdots & a_{nn} \end{bmatrix}, \text{ 則根據課本 1.4 節的討論, 得知經由有限}$$

步的行運算, 可以將 $\mathbf{A}$ 轉換成一上三角矩陣 $\mathbf{U}$。若我們使用了第一類型行運算 p 次, 而 $c_1, \cdots, c_q$ 是第二類型行運算所使用的非零常數; 則根據 f 的多線性與定理 1.74 的

證明, 我們得到

$$f(\mathbf{A}) = (-1)^p(c_1 c_2 \cdots c_q)^{-1} f(\mathbf{U}) \, ,$$

其中 $\mathbf{U}$ 是一個上三角矩陣。由行列式的特性, 得知

$$\det(\mathbf{A}) = (-1)^p(c_1 c_2 \cdots c_q)^{-1} f(\mathbf{U}) \, .$$

因為 $\mathbf{U}$ 是一個上三角矩陣, 所以根據 2.b 得知

$$f(\mathbf{U}) = \det \mathbf{U} \, f(\mathbf{I}) \, .$$

因此

$$\begin{aligned}
f(\mathbf{A}) &= (-1)^p(c_1 c_2 \cdots c_q)^{-1} f(\mathbf{U}) \\
&= (-1)^p(c_1 c_2 \cdots c_q)^{-1} \det \mathbf{U} \, f(\mathbf{I}) \\
&= \det(\mathbf{A}) \, f(\mathbf{I}) \, .
\end{aligned}$$

最後, 若 $f(\mathbf{I}) = \mathbf{I}$, 則由上式得知 $f(\mathbf{A}) = \det(\mathbf{A})$。

習題 **1.31** $(***)$ 證明定理 1.77。
(提示: 令 $f(\mathbf{A}) = \sum\limits_{j=1}^{n} (-1)^{i+j} a_{ij} \det \mathbf{A}_{ij}$, 證明 f 滿足定理 1.76 三個性質)
解答:
由定理 1.76, 我們只需驗證 $f(\mathbf{A}) = \sum\limits_{j=1}^{n} (-1)^{i+j} a_{ij} \det \mathbf{A}_{ij}$ 滿足多線性, 交替性與標準性即可。首先, 令

$$f_j(\mathbf{a}_1 \quad \mathbf{a}_2 \quad \cdots \quad \mathbf{a}_n) = (-1)^{i+j} a_{ij} \det \mathbf{A}_{ij} \, .$$

以下將藉由證明 f_j 的多線性來證明 f 的多線性。若 $\mathbf{A}$ 的第一行乘上一常數 t, 則 $\mathbf{A}_1$ 並沒有被影響, 因此

$$\begin{aligned}
f_1(t\mathbf{a}_1 \quad \mathbf{a}_2 \quad \cdots \quad \mathbf{a}_n) &= (-1)^{i+1} t a_{i1} \det \mathbf{A}_{i1} \\
&= t f_1(\mathbf{a}_1 \quad \mathbf{a}_2 \quad \cdots \quad \mathbf{a}_n) \, .
\end{aligned}$$

而對任意的 $j > 1$, 因爲 $\mathbf{A}_{ij}$ 的第一行皆乘上 t, 並且 a_{ij} 不變, 所以

$$f_j(t\mathbf{a}_1 \quad \mathbf{a}_2 \quad \cdots \quad \mathbf{a}_n) = (-1)^{i+j} a_{ij} \, t \, \det\mathbf{A}_{ij}$$
$$= tf_j(\mathbf{a}_1 \quad \mathbf{a}_2 \quad \cdots \quad \mathbf{a}_n)。$$

因此對任意的 $j = 1, 2, \cdots, n$, $f_j(t\mathbf{a}_1 \quad \mathbf{a}_2 \quad \cdots \quad \mathbf{a}_n) = tf_j(\mathbf{a}_1 \cdots \mathbf{a}_n)$。接下來, 考慮第 k 行乘上常數 t 的情況, 其中 $k > 1$。若 $\mathbf{A}$ 的第 k 行乘上一常數 t, 則 $\mathbf{A}_{ik}$ 並沒有被影響, 因此

$$f_k(\mathbf{a}_1 \quad \cdots \quad t\mathbf{a}_k \quad \cdots \quad \mathbf{a}_n) = (-1)^{i+k} t a_{ik} \det\mathbf{A}_{ik}$$
$$= tf_k(\mathbf{a}_1 \quad \mathbf{a}_2 \quad \cdots \quad \mathbf{a}_n)。$$

綜合以上所述, 我們知道對任意的 $j = 1, 2, \cdots, n$, $f_j(\mathbf{a}_1 \quad \cdots \quad t\mathbf{a}_k \cdots \quad \mathbf{a}_n) = tf_j(\mathbf{a}_1 \quad \cdots \quad \mathbf{a}_n)$。這表示 $f(\mathbf{a}_1 \quad \cdots \quad t\mathbf{a}_k \quad \cdots \quad \mathbf{a}_n) = tf(\mathbf{a}_1 \quad \cdots \quad \mathbf{a}_n)$。利用相似的論證, 不難證明 $f(\mathbf{a}_1 \quad \cdots \quad \mathbf{a}_k + \mathbf{a}_{k'} \cdots \mathbf{a}_n) = f(\mathbf{a}_1 \quad \cdots \quad \mathbf{a}_k \quad \cdots \mathbf{a}_n) + f(\mathbf{a}_1 \quad \cdots \quad \mathbf{a}_{k'} \quad \cdots \quad \mathbf{a}_n)$ 因此證明了 f 的多線性。要證明 f 交替性, 我們令 $\mathbf{a}_j = \mathbf{a}_{j+k}$, 其中 $1 \leq j, \, j + k \leq n$。除了 $\mathbf{A}_{ij}$ 與 $\mathbf{A}_{i(j+k)}$ 之外, 所有的 $\mathbf{A}_{kl}$ 皆爲 0。因此

$$f(\mathbf{a}_1 \quad \cdots \quad \mathbf{a}_n) = (-1)^{i+j} a_{ij} \det\mathbf{A}_{ij} + (-1)^{i+j+k} a_{i(j+k)} \det\mathbf{A}_{i(j+k)}。$$

但因爲 $\mathbf{a}_j = \mathbf{a}_{j+k}$, 所以 $a_{ij} = a_{i(j+k)}$, 並且 $\det\mathbf{A}_{i(j+k)} = (-1)^{k+1} \det\mathbf{A}_{ij}$ (定理1.74)。這表示

$$\begin{aligned} f(\mathbf{a}_1 \cdots \mathbf{a}_n) &= (-1)^{i+j} a_{ij} \det\mathbf{A}_{ij} + (-1)^{i+j+k} a_{ij} (-1)^{k+1} \det\mathbf{A}_{ij} \\ &= (-1)^{i+j} a_{ij} \det\mathbf{A}_{ij} + (-1)^{i+j+k} a_{ij} \det\mathbf{A}_{ij} \\ &= 0。 \end{aligned}$$

因此 f 的交替性成立。最後, 證明 f 的標準性。當 $\mathbf{A} = \mathbf{I}$, 則 $a_{ii} = 1$, 並且對所有 $j \neq i$, $a_{ij} = 0$, 故 $f(\mathbf{A}) = (-1)^{i+i} a_{ii} \det\mathbf{A}_{ii} = 1$。

習題 **1.32** (∗∗) 求 Vandermonde 矩陣

$$\mathbf{V} = \begin{bmatrix} 1 & 1 & \cdots & 1 \\ \lambda_1 & \lambda_2 & & \lambda_n \\ \lambda_1^2 & \lambda_2^2 & & \lambda_n^2 \\ \vdots & \vdots & & \vdots \\ \lambda_1^{n-1} & \lambda_2^{n-1} & & \lambda_n^{n-1} \end{bmatrix}$$

之行列式。

解答：

考慮列運算：將第 $n-1$ 列乘 $(-\lambda_1)$ 加到第 n 列，再將第 $n-2$ 列乘 $(-\lambda_1)$ 加到第 $n-1$ 列，$\cdots$ 以此類推，最後將第一列乘 $(-\lambda_1)$ 加到第 2 列。由以上的列運算，我們得到一個新矩陣

$$\overline{\mathbf{V}} = \begin{bmatrix} 1 & 1 & \cdots & 1 \\ 0 & \lambda_2 - \lambda_1 & \cdots & \lambda_n - \lambda_1 \\ 0 & \lambda_2(\lambda_2 - \lambda_1) & \cdots & \lambda_n(\lambda_n - \lambda_1) \\ \vdots & \vdots & \ddots & \vdots \\ 0 & \lambda_2^{n-2}(\lambda_2 - \lambda_1) & \cdots & \lambda_n^{n-2}(\lambda_n - \lambda_1) \end{bmatrix}。$$

由定理 1.82，我們知道

$$\det\mathbf{V} = \det\overline{\mathbf{V}} = 1 \cdot \det \begin{bmatrix} \lambda_2 - \lambda_1 & \cdots & \lambda_n - \lambda_1 \\ \lambda_2(\lambda_2 - \lambda_1) & \cdots & \lambda_n(\lambda_n - \lambda_1) \\ \vdots & \ddots & \vdots \\ \lambda_2^{n-2}(\lambda_2 - \lambda_1) & \cdots & \lambda_n^{n-2}(\lambda_n - \lambda_1) \end{bmatrix}$$

$$= \left(\prod_{j=1}^{n}(\lambda_j - \lambda_1)\right) \det \begin{bmatrix} 1 & \cdots & 1 \\ \lambda_2 & \cdots & \lambda_n \\ \vdots & \ddots & \vdots \\ \lambda_2^{n-2} & \cdots & \lambda_n^{n-2} \end{bmatrix}。$$

重覆以上步驟，我們可以得到

$$\det\mathbf{V} = \prod_{1 \le i \le j \le n}(\lambda_j - \lambda_i)。$$

習題 **1.33** (Schur 定理)$(***)$

設 $\mathbf{A} = \begin{bmatrix} \mathbf{A}_{11} & \mathbf{A}_{12} \\ \mathbf{A}_{21} & \mathbf{A}_{22} \end{bmatrix}$，其中 $\mathbf{A}_{11}, \mathbf{A}_{22}$ 為方陣。

　1. 設 $\mathbf{A}_{11}$ 為可逆矩陣。令 $\mathbf{B}_1 = \mathbf{A}_{22} - \mathbf{A}_{21}\mathbf{A}_{11}^{-1}\mathbf{A}_{12}$。證明：

　　(a) $\det\mathbf{A} = (\det\mathbf{A}_{11})(\det\mathbf{B}_1)$。

　　(b) $\mathbf{A}$ 為可逆若且唯若 $\mathbf{B}_1$ 為可逆。

24

(c) 當 **A** 可逆時，

$$\mathbf{A}^{-1} = \begin{bmatrix} \mathbf{A}_{11}^{-1} + \mathbf{A}_{11}^{-1}\mathbf{A}_{12}\mathbf{B}_1^{-1}\mathbf{A}_{21}\mathbf{A}_{11}^{-1} & -\mathbf{A}_{11}^{-1}\mathbf{A}_{12}\mathbf{B}_1^{-1} \\ -\mathbf{B}_1^{-1}\mathbf{A}_{21}\mathbf{A}_{11}^{-1} & \mathbf{B}_1^{-1} \end{bmatrix}。$$

2. 設 $\mathbf{A}_{22}$ 爲可逆矩陣。令 $\mathbf{B}_2 = \mathbf{A}_{11} - \mathbf{A}_{12}\mathbf{A}_{22}^{-1}\mathbf{A}_{21}$。證明：

(a) $\det\mathbf{A} = (\det\mathbf{A}_{22})(\det\mathbf{B}_2)$。

(b) **A** 爲可逆若且唯若 $\mathbf{B}_2$ 爲可逆。

(c) 當 **A** 可逆時，

$$\mathbf{A}^{-1} = \begin{bmatrix} \mathbf{B}_2^{-1} & -\mathbf{B}_2^{-1}\mathbf{A}_{12}\mathbf{A}_{22}^{-1} \\ -\mathbf{A}_{22}^{-1}\mathbf{A}_{21}\mathbf{B}_2^{-1} & \mathbf{A}_{22}^{-1} + \mathbf{A}_{22}^{-1}\mathbf{A}_{21}\mathbf{B}_2^{-1}\mathbf{A}_{12}\mathbf{A}_{22}^{-1} \end{bmatrix}。$$

解答：

1. 設 $\mathbf{A}_{11}$ 是可逆矩陣。

(a) 由計算，我們可以發現

$$\begin{bmatrix} \mathbf{A}_{11} & \mathbf{A}_{12} \\ \mathbf{A}_{21} & \mathbf{A}_{22} \end{bmatrix}$$
$$= \begin{bmatrix} \mathbf{I} & \mathbf{0} \\ \mathbf{A}_{21}\mathbf{A}_{11}^{-1} & \mathbf{I} \end{bmatrix}\begin{bmatrix} \mathbf{A}_{11} & \mathbf{0} \\ \mathbf{0} & \mathbf{B}_1 \end{bmatrix}\begin{bmatrix} \mathbf{I} & \mathbf{A}_{11}^{-1}\mathbf{A}_{12} \\ \mathbf{0} & \mathbf{I} \end{bmatrix},$$

則

$$\det\begin{bmatrix} \mathbf{A}_{11} & \mathbf{A}_{12} \\ \mathbf{A}_{21} & \mathbf{A}_{22} \end{bmatrix}$$
$$= \det\left(\begin{bmatrix} \mathbf{I} & \mathbf{0} \\ \mathbf{A}_{21}\mathbf{A}_{11}^{-1} & \mathbf{I} \end{bmatrix}\begin{bmatrix} \mathbf{A}_{11} & \mathbf{0} \\ \mathbf{0} & \mathbf{B}_1 \end{bmatrix}\begin{bmatrix} \mathbf{I} & \mathbf{A}_{11}^{-1}\mathbf{A}_{12} \\ \mathbf{0} & \mathbf{I} \end{bmatrix}\right)$$

25

$$= \ \det\begin{bmatrix} \mathbf{I} & \mathbf{0} \\ \mathbf{A}_{21}\mathbf{A}_{11}^{-1} & \mathbf{I} \end{bmatrix} \det\begin{bmatrix} \mathbf{A}_{11} & \mathbf{0} \\ \mathbf{0} & \mathbf{B}_1 \end{bmatrix}$$

$$\det\begin{bmatrix} \mathbf{I} & \mathbf{A}_{11}^{-1}\mathbf{A}_{12} \\ \mathbf{0} & \mathbf{I} \end{bmatrix}$$

$$= \ \det\begin{bmatrix} \mathbf{A}_{11} & \mathbf{0} \\ \mathbf{0} & \mathbf{B}_1 \end{bmatrix}$$

$$= \ (\det\mathbf{A}_{11})\,(\det\mathbf{B}_1)\,\text{。}$$

(b) 由 *(a)*, 我們知道 $\det\mathbf{A} \neq 0$ 若且唯若 $\det\mathbf{B}_1 \neq 0$。亦即 $\mathbf{A}$ 為可逆若且唯若 $\mathbf{B}_1$ 為可逆。

(c) 直接計算得

$$\begin{bmatrix} \mathbf{A}_{11} & \mathbf{A}_{12} \\ \mathbf{A}_{21} & \mathbf{A}_{22} \end{bmatrix}^{-1}$$

$$= \ \left(\begin{bmatrix} \mathbf{I} & \mathbf{0} \\ \mathbf{A}_{21}\mathbf{A}_{11}^{-1} & \mathbf{I} \end{bmatrix}\begin{bmatrix} \mathbf{A}_{11} & \mathbf{0} \\ \mathbf{0} & \mathbf{B}_1 \end{bmatrix}\begin{bmatrix} \mathbf{I} & \mathbf{A}_{11}^{-1}\mathbf{A}_{12} \\ \mathbf{0} & \mathbf{I} \end{bmatrix}\right)^{-1}$$

$$= \ \begin{bmatrix} \mathbf{I} & \mathbf{A}_{11}^{-1}\mathbf{A}_{12} \\ \mathbf{0} & \mathbf{I} \end{bmatrix}^{-1}\begin{bmatrix} \mathbf{A}_{11} & \mathbf{0} \\ \mathbf{0} & \mathbf{B}_1 \end{bmatrix}^{-1}\begin{bmatrix} \mathbf{I} & \mathbf{0} \\ \mathbf{A}_{21}\mathbf{A}_{11}^{-1} & \mathbf{I} \end{bmatrix}^{-1}\,\text{。}$$

再由習題 1.24, 我們知道

$$\begin{bmatrix} \mathbf{A}_{11} & \mathbf{A}_{12} \\ \mathbf{A}_{21} & \mathbf{A}_{22} \end{bmatrix}^{-1}$$

$$= \ \begin{bmatrix} \mathbf{I} & -\mathbf{A}_{11}^{-1}\mathbf{A}_{12} \\ \mathbf{0} & \mathbf{I} \end{bmatrix}\begin{bmatrix} \mathbf{A}_{11}^{-1} & \mathbf{0} \\ \mathbf{0} & \mathbf{B}_1^{-1} \end{bmatrix}\begin{bmatrix} \mathbf{I} & \mathbf{0} \\ -\mathbf{A}_{21}\mathbf{A}_{11}^{-1} & \mathbf{I} \end{bmatrix}$$

$$= \ \begin{bmatrix} \mathbf{A}_{11}^{-1} + \mathbf{A}_{11}^{-1}\mathbf{A}_{12}\mathbf{B}_1^{-1}\mathbf{A}_{21}\mathbf{A}_{11}^{-1} & -\mathbf{A}_{11}^{-1}\mathbf{A}_{12}\mathbf{B}_1^{-1} \\ -\mathbf{B}_1^{-1}\mathbf{A}_{21}\mathbf{A}_{11}^{-1} & \mathbf{B}_1^{-1} \end{bmatrix}\,\text{。}$$

2. *(a)* 設 A_{22} 為可逆矩陣。同樣地,

$$\begin{bmatrix} \mathbf{A}_{11} & \mathbf{A}_{12} \\ \mathbf{A}_{21} & \mathbf{A}_{22} \end{bmatrix}$$

$$= \ \begin{bmatrix} \mathbf{I} & \mathbf{A}_{12}\mathbf{A}_{22}^{-1} \\ \mathbf{0} & \mathbf{I} \end{bmatrix}\begin{bmatrix} \mathbf{B}_2 & \mathbf{0} \\ \mathbf{0} & \mathbf{A}_{22} \end{bmatrix}\begin{bmatrix} \mathbf{I} & \mathbf{0} \\ \mathbf{A}_{22}^{-1}\mathbf{A}_{21} & \mathbf{I} \end{bmatrix}\,\text{。}$$

所以 $\det\mathbf{A} = (\det\mathbf{B}_2)(\det\mathbf{A}_{22})$。

(b) 由*(a)*我們知道 $\mathbf{A}$為可逆若且唯若 $\mathbf{B}_2$為可逆。

(c)

$$\begin{bmatrix} \mathbf{A}_{11} & \mathbf{A}_{12} \\ \mathbf{A}_{21} & \mathbf{A}_{22} \end{bmatrix}^{-1}$$

$$= \begin{bmatrix} \mathbf{I} & \mathbf{0} \\ \mathbf{A}_{22}^{-1}\mathbf{A}_{21} & \mathbf{I} \end{bmatrix}^{-1} \begin{bmatrix} \mathbf{B}_2^{-1} & \mathbf{0} \\ \mathbf{0} & \mathbf{A}_{22}^{-1} \end{bmatrix} \begin{bmatrix} \mathbf{I} & \mathbf{A}_{12}\mathbf{A}_{22}^{-1} \\ \mathbf{0} & \mathbf{I} \end{bmatrix}^{-1}$$

$$= \begin{bmatrix} \mathbf{B}_2^{-1} & -\mathbf{B}_2^{-1}\mathbf{A}_{12}\mathbf{A}_{22}^{-1} \\ -\mathbf{A}_{22}^{-1}\mathbf{A}_{21}\mathbf{B}_2^{-1} & \mathbf{A}_{22}^{-1} + \mathbf{A}_{22}^{-1}\mathbf{A}_{21}\mathbf{B}_2^{-1}\mathbf{A}_{12}\mathbf{A}_{22}^{-1} \end{bmatrix} 。$$

習題 **1.34** $(***)$ 設 $\mathbf{A} = \begin{bmatrix} \mathbf{A}_{11} & \mathbf{A}_{12} \\ \mathbf{A}_{21} & \mathbf{A}_{22} \end{bmatrix}$，其中$\mathbf{A}_{11}$, $\mathbf{A}_{22}$為可逆方陣。令 $\mathbf{B}_1 = \mathbf{A}_{22} - \mathbf{A}_{21}\mathbf{A}_{11}^{-1}\mathbf{A}_{12}$, $\mathbf{B}_2 = \mathbf{A}_{11} - \mathbf{A}_{12}\mathbf{A}_{22}^{-1}\mathbf{A}_{21}$。證明下列敘述等效：

1. $\mathbf{A}$為可逆矩陣。

2. $\mathbf{B}_1$為可逆矩陣。

3. $\mathbf{B}_2$為可逆矩陣。

又當上述任一條件成立時, 證明

$$\mathbf{B}_1^{-1} = \mathbf{A}_{22}^{-1} + \mathbf{A}_{22}^{-1}\mathbf{A}_{21}\mathbf{B}_2^{-1}\mathbf{A}_{12}\mathbf{A}_{22}^{-1},$$

且

$$\mathbf{B}_2^{-1} = \mathbf{A}_{11}^{-1} + \mathbf{A}_{11}^{-1}\mathbf{A}_{12}\mathbf{B}_1^{-1}\mathbf{A}_{21}\mathbf{A}_{11}^{-1}。$$

解答：
條件 $1, 2, 3$的等效性可直接由習題 1.33得出。由習題 1.33得知

$$\begin{bmatrix} \mathbf{A}_{11}^{-1} + \mathbf{A}_{11}^{-1}\mathbf{A}_{12}\mathbf{B}_1^{-1}\mathbf{A}_{21}\mathbf{A}_{11}^{-1} & -\mathbf{A}_{11}^{-1}\mathbf{A}_{12}\mathbf{B}_1^{-1} \\ -\mathbf{B}_1^{-1}\mathbf{A}_{21}\mathbf{A}_{11}^{-1} & \mathbf{B}_1^{-1} \end{bmatrix}$$

$$= \begin{bmatrix} \mathbf{B}_2^{-1} & -\mathbf{B}_2^{-1}\mathbf{A}_{12}\mathbf{A}_{22}^{-1} \\ -\mathbf{A}_{22}^{-1}\mathbf{A}_{21}\mathbf{B}_2^{-1} & \mathbf{A}_{22}^{-1}+\mathbf{A}_{22}^{-1}\mathbf{A}_{21}\mathbf{B}_2^{-1}\mathbf{A}_{12}\mathbf{A}_{22}^{-1} \end{bmatrix}。$$

因此$\mathbf{B}_2^{-1} = \mathbf{A}_{11}^{-1}+\mathbf{A}_{11}^{-1}\mathbf{A}_{12}\mathbf{B}_1^{-1}\mathbf{A}_{21}\mathbf{A}_{11}^{-1}$, 以及$\mathbf{B}_1^{-1} = \mathbf{A}_{22}^{-1}+\mathbf{A}_{22}^{-1}\mathbf{A}_{21}\mathbf{B}_2^{-1}\mathbf{A}_{12}\mathbf{A}_{22}^{-1}$。

1.8節習題

習題 **1.35** (∗) 設 $\mathbf{A} = \begin{bmatrix} a & b \\ c & d \end{bmatrix}$。證明$\mathbf{A}$是可逆矩陣若且唯若 $ad - bc \neq 0$, 並證明當$\mathbf{A}$是可逆時,

$$\mathbf{A}^{-1} = \frac{1}{ad - bc}\begin{bmatrix} d & -b \\ -c & a \end{bmatrix}。$$

解答:

由定理 1.91知道$\mathbf{A}$是可逆矩陣若且唯若$\det\mathbf{A} = \det\begin{bmatrix} a & b \\ c & d \end{bmatrix} = ad - bc \neq 0$。並且

$$\mathbf{A}^{-1} = \frac{\text{adj}\,\mathbf{A}}{\det\mathbf{A}} = \frac{1}{ad - bc}\,\text{adj}\,\mathbf{A}$$

$$= \frac{1}{ad - bc}\begin{bmatrix} d & -b \\ -c & a \end{bmatrix}。$$

習題 **1.36** (∗) 利用定理1.91求例1.84矩陣$\mathbf{A}$之反矩陣。

解答:

直接計算例 1.84矩陣$\mathbf{A}$的伴隨矩陣$\mathbf{A}$得到

$$\text{adj}\mathbf{A} = \begin{bmatrix} 11 & 29 & -46 & -42 \\ -10 & -10 & 20 & 0 \\ 3 & -3 & -18 & -6 \\ -16 & -4 & -4 & 12 \end{bmatrix}^T,$$

又因為 $\det\mathbf{A} = -60$, 所以

$$\mathbf{A}^{-1} = \frac{\text{adj}\,\mathbf{A}}{\det\mathbf{A}} = \frac{1}{60}\begin{bmatrix} -11 & 10 & -3 & 16 \\ -29 & 10 & 3 & 4 \\ 46 & -20 & 18 & 4 \\ 42 & 0 & 6 & -12 \end{bmatrix}。$$

習題 **1.37** (**) 證明對任意的方陣$\mathbf{A}$, $\mathrm{adj}(\mathbf{A}^T) = (\mathrm{adj}\mathbf{A})^T$。

解答：

令 $\mathbf{B} = [b_{ij}] \triangleq \mathbf{A}^T$。若 $\mathbf{C}_{ij}$ 是 a_{ij} 的餘因子，$\mathbf{D}_{ij}$ 是 b_{ij} 的餘因子，則由定義得知 $\mathbf{C}_{ij} = \mathbf{D}_{ji}$。所以

$$(\mathrm{adj}\mathbf{A})^T = [\mathbf{C}_{ij}] = [\mathbf{D}_{ji}] = \mathrm{adj}\mathbf{B} = \mathrm{adj}(\mathbf{A}^T)。$$

習題 **1.38** (*) 證明$\mathrm{adj}\mathbf{I}_n = \mathbf{I}_n$。

解答：

由定理 1.89, 我們知道

$$\mathbf{I}_n \cdot \mathrm{adj}\mathbf{I}_n = \mathrm{adj}\mathbf{I}_n = (\det\mathbf{I}_n)\mathbf{I}_n \, ,$$

所以$\mathrm{adj}\mathbf{I}_n = \mathbf{I}_n$。

習題 **1.39** (**) 設$\mathbf{A}$為$n \times n$矩陣, k為任意純量, 證明$\det(k\mathbf{A}) = k^n\det\mathbf{A}$。

解答：

我們用數學歸納法來證明這一題。很明顯地, 當 $n = 1$時, 對所有 1×1的方陣 $\mathbf{A}$, $\det(k\,\mathbf{A}) = k\det\mathbf{A}$。根據數學歸納法, 我們假設當 $n = m$時, 對所有 $m \times m$的方陣 $\mathbf{A}$, $\det(k\,\mathbf{A}) = k^m\det\mathbf{A}$。則當 $n = m + 1$時, 對所有 $(m+1) \times (m+1)$的方陣 $\mathbf{A}$, 因為

$$\det(k\,\mathbf{A}) = \sum_{i=1}^{n}(-1)^{i+j}\,k\,a_{ij}\det(k\,\mathbf{A}_{ij})$$

$$= k\sum_{i=1}^{n}(-1)^{i+j}\,a_{ij}\det(k\,\mathbf{A}_{ij})$$

$$= k\sum_{i=1}^{n}(-1)^{i+j}\,a_{ij}\,k^m\det\mathbf{A}_{ij}$$

$$= k^{m+1}\sum_{i=1}^{n}(-1)^{i+j}\,a_{ij}\det\mathbf{A}_{ij}$$

$$= k^{m+1}\det\mathbf{A}。$$

所以由數學歸納法, 我們知道對所有對所有$n \times n$的方陣$\mathbf{A}$, $\det(k\,\mathbf{A}) = k^n\det\mathbf{A}$。

習題 1.40 $(**)$ 設$\mathbf{A}$為$n \times n$可逆矩陣, 其中$n \geqslant 2$, 證明$\det(\text{adj}\mathbf{A}) = (\det\mathbf{A})^{n-1}$。

解答：

由定理 1.91, 我們知道$(\det\mathbf{A})\mathbf{A}^{-1} = \text{adj}\mathbf{A}$。因此 $\det(\det(\mathbf{A})\mathbf{A}^{-1}) = \det(\text{adj}\mathbf{A})$。

再由習題 1.39, $\det(\det(\mathbf{A})\mathbf{A}^{-1}) = (\det\mathbf{A})^n\det(\mathbf{A}^{-1})$。所以由習題 1.26我們知道

$$
\begin{aligned}
\det(\text{adj}\mathbf{A}) &= (\det\mathbf{A})^n \det(\mathbf{A}^{-1}) \\
&= (\det\mathbf{A})^n \frac{1}{\det\mathbf{A}} \\
&= (\det\mathbf{A})^{n-1} 。
\end{aligned}
$$

習題 1.41 $(**)$ 證明Vandermonde矩陣(見第1.7節習題1.32)為可逆若且唯若對所有的$i \neq j$, $\lambda_i \neq \lambda_j$。

解答：

由習題 1.32, 我們知道 $\det\mathbf{V} = \displaystyle\prod_{1 \leq i \leq j \leq n} (\lambda_j - \lambda_i)$。因此 $\det\mathbf{V} \neq 0$若且唯若對所有的 $i \neq j$, $\lambda_i \neq \lambda_j$。但 $\det\mathbf{V} \neq 0$等效於 $\mathbf{V}$是可逆矩陣, 故得證。

習題 1.42 $(**)$ 設$\mathbf{A}$, $\mathbf{B}$分別為$m \times n$及$n \times m$矩陣。

1. 證明 $\det(\mathbf{I}_m + \mathbf{AB}) = \det(\mathbf{I}_n + \mathbf{BA})$。

2. 證明 $\mathbf{I}_m + \mathbf{AB}$ 與 $\mathbf{I}_n + \mathbf{BA}$ 同時可逆或同時不可逆。

3. 當 $\mathbf{I}_m + \mathbf{AB}$ 可逆時, 證明

   (a) $(\mathbf{I}_m + \mathbf{AB})^{-1}\mathbf{A} = \mathbf{A}(\mathbf{I}_n + \mathbf{BA})^{-1}$。

   (b) $(\mathbf{I}_n + \mathbf{BA})^{-1} = \mathbf{I}_n - \mathbf{B}(\mathbf{I}_m + \mathbf{AB})^{-1}\mathbf{A}$。

解答：

1. 考慮矩陣 $\begin{bmatrix} \mathbf{I}_m & \mathbf{A} \\ -\mathbf{B} & \mathbf{I}_n \end{bmatrix}$, 因為 $\mathbf{I}_m$及 $\mathbf{I}_n$皆是可逆矩陣, 所以由習題 1.33的 $1(a)$及 $2(a)$ 知道

$$
\begin{aligned}
\det(\mathbf{A}) &= \det(\mathbf{I}_m) \det(\mathbf{I}_n - (-\mathbf{B})\mathbf{I}_m^{-1}\mathbf{A}) \\
&= \det(\mathbf{I}_n) \det(\mathbf{I}_m - \mathbf{A}\,\mathbf{I}_n^{-1}(-\mathbf{B})) ,
\end{aligned}
$$

所以

$$\det(\mathbf{A}) = \det(\mathbf{I}_n + \mathbf{BA})$$
$$= \det(\mathbf{I}_m + \mathbf{AB}) \text{。}$$

2. 因爲 $\det(\mathbf{I}_n + \mathbf{BA}) = \det(\mathbf{I}_m + \mathbf{AB})$, 所以 $\mathbf{I}_n + \mathbf{BA}$ 與 $\mathbf{I}_m + \mathbf{AB}$ 同時可逆或不可逆。

3. *(a)* 因爲 $\mathbf{A}(\mathbf{I}_n + \mathbf{BA}) = (\mathbf{I}_m + \mathbf{AB})\mathbf{A}$, 所以若 $\mathbf{I}_m + \mathbf{AB}$ 可逆, $\mathbf{A}(\mathbf{I}_n + \mathbf{BA})^{-1} = (\mathbf{I}_m + \mathbf{AB})^{-1}\mathbf{A}$。

   (b) 由習題 1.34 我們可以得到 $\mathbf{B}_1 = \mathbf{I}_n - (-\mathbf{B})\mathbf{I}_m^{-1}\mathbf{A} = \mathbf{I}_n + \mathbf{BA}$, 並且 $\mathbf{B}_1^{-1} = \mathbf{I}_n^{-1} + \mathbf{I}_n^{-1}(-\mathbf{B})(\mathbf{I}_m - \mathbf{A}\mathbf{I}_n^{-1}(-\mathbf{B}))^{-1}\mathbf{A}\mathbf{I}_n^{-1} = \mathbf{I}_n - \mathbf{B}(\mathbf{I}_m + \mathbf{AB})^{-1}\mathbf{A}$, 所以 $(\mathbf{I}_n + \mathbf{BA})^{-1} = \mathbf{I}_n - \mathbf{B}(\mathbf{I}_m + \mathbf{AB})^{-1}\mathbf{A}$。

1.9節習題

習題 **1.43** $(*)$ 利用Crame定理解聯立方程組

$$\begin{cases} 2x_1 + 4x_2 + x_3 + x_4 - x_5 &=& 10, \\ 3x_1 - x_2 + 3x_3 - 2x_4 + x_5 &=& -13, \\ 5x_1 + 3x_2 - x_3 - x_4 + 2x_5 &=& 10, \\ x_1 - x_2 + x_3 + 2x_4 - x_5 &=& 7, \\ -x_1 + 2x_2 - x_3 + 2x_4 + x_5 &=& 10 \text{。} \end{cases}$$

解答：

將聯立方程式組重寫爲

$$\begin{bmatrix} 2 & 4 & 1 & 1 & -1 \\ 3 & -1 & 3 & -2 & 1 \\ 5 & 3 & -1 & -1 & 2 \\ 1 & -1 & 1 & 2 & -1 \\ -1 & 2 & -1 & 2 & 1 \end{bmatrix} \begin{bmatrix} x_1 \\ x_2 \\ x_3 \\ x_4 \\ x_5 \end{bmatrix} = \begin{bmatrix} 10 \\ -13 \\ 10 \\ 7 \\ 10 \end{bmatrix},$$

令

$$\mathbf{A} = \begin{bmatrix} 2 & 4 & 1 & 1 & -1 \\ 3 & -1 & 3 & -2 & 1 \\ 5 & 3 & -1 & -1 & 2 \\ 1 & -1 & 1 & 2 & -1 \\ -1 & 2 & -1 & 2 & 1 \end{bmatrix},$$

$$\mathbf{A}_1 = \begin{bmatrix} 10 & 4 & 1 & 1 & -1 \\ -13 & -1 & 3 & -2 & 1 \\ 10 & 3 & -1 & -1 & 2 \\ 7 & -1 & 1 & 2 & -1 \\ 10 & 2 & -1 & 2 & 1 \end{bmatrix},$$

$$\mathbf{A}_2 = \begin{bmatrix} 2 & 10 & 1 & 1 & -1 \\ 3 & -13 & 3 & -2 & 1 \\ 5 & 10 & -1 & -1 & 2 \\ 1 & 7 & 1 & 2 & -1 \\ -1 & 10 & -1 & 2 & 1 \end{bmatrix},$$

$$\mathbf{A}_3 = \begin{bmatrix} 2 & 4 & 10 & 1 & -1 \\ 3 & -1 & -13 & -2 & 1 \\ 5 & 3 & 10 & -1 & 2 \\ 1 & -1 & 7 & 2 & -1 \\ -1 & 2 & 10 & 2 & 1 \end{bmatrix},$$

$$\mathbf{A}_4 = \begin{bmatrix} 2 & 4 & 1 & 10 & -1 \\ 3 & -1 & 3 & -13 & 1 \\ 5 & 3 & -1 & 10 & 2 \\ 1 & -1 & 1 & 7 & -1 \\ -1 & 2 & -1 & 10 & 1 \end{bmatrix},$$

$$\mathbf{A}_5 = \begin{bmatrix} 2 & 4 & 1 & 1 & 10 \\ 3 & -1 & 3 & -2 & -13 \\ 5 & 3 & -1 & -1 & 10 \\ 1 & -1 & 1 & 2 & 7 \\ -1 & 2 & -1 & 2 & 10 \end{bmatrix},$$

由 Crame 定理得

$$x_1 = \frac{\det \mathbf{A}_1}{\det \mathbf{A}} = \frac{984}{492} = 2, \; x_2 = \frac{\det \mathbf{A}_2}{\det \mathbf{A}} = \frac{492}{492} = 1, \; x_3 = \frac{\det \mathbf{A}_3}{\det \mathbf{A}} = \frac{-1476}{492} =$$

$$-3, \; x_4 = \frac{\det \mathbf{A}_4}{\det \mathbf{A}} = \frac{1968}{492} = 4, \; 以及 \; x_5 = \frac{\det \mathbf{A}_5}{\det \mathbf{A}} = \frac{-492}{492} = -1。$$

第 2 章

向量空間

2.2節習題

習題 **2.1** $(*)$ 證明有理數的集合 $\mathbb{Q}$ 為域。(提示: 對所有 $x \in \mathbb{Q}$, 都存在 $m, n \in \mathbb{Z}, m \neq 0$, 使得 $x = \dfrac{n}{m}$。)

解答: 必須驗證域的七個條件。

對所有的 $x_1, x_2, x_3 \in \mathbb{Q}$, 存在 $m_1, n_1, m_2, n_2, m_3, n_3 \in \mathbb{Z}, m_1, m_2, m_3 \neq 0$, 使得 $x_1 = \dfrac{n_1}{m_1}, x_2 = \dfrac{n_2}{m_2}, x_3 = \dfrac{n_3}{m_3}$。故

1. $x_1 + x_2 = \dfrac{n_1 m_2 + n_2 m_1}{m_1 m_2} \in \mathbb{Q}$, $x_1 x_2 = \dfrac{n_1 n_2}{m_1 m_2} \in \mathbb{Q}$。因此封閉性成立。

2. $x_2 + x_1 = \dfrac{m_2 n_1 + m_1 n_2}{m_2 m_1} = x_1 + x_2$, $x_2 x_1 = \dfrac{n_2 n_1}{m_2 m_1} = x_1 x_2$。因此乘法與加法的交換性成立。

3.

$$
\begin{aligned}
(x_1 + x_2) + x_3 &= \frac{n_1 m_2 + n_2 m_1}{m_1 m_2} + \frac{n_3}{m_3} \\
&= \frac{n_1 m_2 m_3 + n_2 m_1 m_3 + m_1 m_2 n_3}{m_1 m_2 m_3} \\
&= \frac{n_1}{m_1} + \frac{n_2 m_3 + n_3 m_2}{m_2 m_3} = x_1 + (x_2 + x_3),
\end{aligned}
$$

並且

$$(x_1 x_2)x_3 = (\frac{n_1 n_2}{m_1 m_2})\frac{n_3}{m_3} = \frac{n_1 n_2 n_3}{m_1 m_2 m_3} = \frac{n_1}{m_1}(\frac{n_2 n_3}{m_2 m_3})$$
$$= x_1(x_2 x_3),$$

因此結合性成立。因此很明顯地, 對所有 $m \neq 0$, $\frac{0}{m} = \frac{0}{1}$, $\frac{m}{m} = \frac{1}{1}$。

4.

$$x_1(x_2 + x_3) = \frac{n_1}{m_1}(\frac{n_2}{m_2} + \frac{n_3}{m_3}) = \frac{n_1}{m_1}(\frac{n_2 m_3 + m_2 n_3}{m_2 m_3})$$
$$= \frac{n_1 n_2 m_3 + n_1 m_2 n_3}{m_1 m_2 m_3} = \frac{n_1 n_2 m_3}{m_1 m_2 m_3} + \frac{n_1 m_2 n_3}{m_1 m_2 m_3}$$
$$= (\frac{n_1}{m_1}\frac{n_2}{m_2}) + (\frac{n_1}{m_1}\frac{n_3}{m_3}) = x_1 x_2 + x_1 x_3,$$

因此分配性成立。

5. 令 $x_1 = \frac{n_1}{m_1}$, $x_2 = \frac{n_2}{m_2}$, 若 $n_1 m_2 = n_2 m_1$, 則我們可以說 $x_1 = x_2$。很明顯地, 令 $0_{\mathbb{Q}} = \frac{0}{1}$, 則

$$x_1 + \frac{0}{1} = \frac{n_1}{m_1} + \frac{0}{1} = \frac{n_1}{m_1} = x_1,$$

故 $\frac{0}{1}$ 是 $\mathbb{Q}$ 的加法單位元素。令 $1_{\mathbb{Q}} = \frac{1}{1}$, 則 $x_1 1_{\mathbb{Q}} = \frac{n_1}{m_1}\frac{1}{1} = \frac{n_1}{m_1} = x_1$, 故 $\frac{1}{1}$ 是 $\mathbb{Q}$ 的乘法單位元素。

6. 對所有 $x = \frac{n}{m} \in \mathbb{Q}(m \neq 0)$, 令 $b = \frac{(-n)}{m}$, 則

$$x + b = \frac{n}{m} + \frac{(-n)}{m} = \frac{n + (-n)}{m} = \frac{0}{m} = \frac{0}{1} = 0_{\mathbb{Q}},$$

故 x 的加法反元素存在。

7. 對所有 $x \neq 0$, 存在 $m \neq 0, n \neq 0$, 使得 $x = \frac{n}{m}$, 令 $c = \frac{m}{n}$, 則 $xc = \frac{n}{m} \cdot \frac{m}{n} = \frac{nm}{mn} = \frac{1}{1} = 1_{\mathbb{Q}}$, 故 x 的乘法反元素存在。

習題 **2.2** (∗) 令 $\mathbb{Z}_2 = \{0,1\}$。並定義

$$0+0 = 0, 0+1 = 1+0 = 1, 1+1 = 0\,,$$
$$0 \cdot 0 = 0, 0 \cdot 1 = 1 \cdot 0 = 0, \text{以及} 1 \cdot 1 = 1。$$

試證明 $\mathbb{Z}_2$ 是域。並求1的乘法與加法反元素。

解答：

由 $\mathbb{Z}_2$ 的加法與乘法, 很明顯地, 域的條件 1,2,3,4 成立。因爲 $0+0 = 0$, $0+1 = 1$, 所以 0是 $\mathbb{Z}_2$ 的加法單位元素, 而 $1 \cdot 0 = 0 \cdot 1 = 0$, $1 \cdot 1 = 1$, 所以 1是 $\mathbb{Z}_2$ 的乘法單位元素, 因此條件 5成立。又因爲 $0+0 = 0$, $1+1 = 0$, 所以 0是 0的加法反元素, 而 1是 1的加法反元素。最後, 因爲 $1 \cdot 1 = 1$, 故 1是 1的乘法反元素。

習題 **2.3** (∗∗∗) 令 $\mathbb{Z}_n = \{0,1,2,\cdots,n-1\}$。並定義 $\mathbb{Z}_n$ 的加法與乘法爲

+	0	1	$\cdots$	$n-2$	$n-1$
0	0	1	$\cdots$	$n-2$	$n-1$
1	1	2	$\cdots$	$n-1$	0
$\vdots$	$\vdots$	$\vdots$	$\ddots$	$\vdots$	$\vdots$
$n-2$	$n-2$	$n-1$	$\cdots$	$n-4$	$n-3$
$n-1$	$n-1$	0	$\cdots$	$n-3$	$n-2$

·	0	1	2	$\cdots$	$n-2$	$n-1$
0	0	0	0	$\cdots$	0	0
1	0	1	2	$\cdots$	$n-2$	$n-1$
2	0	2	4	$\cdots$	$n-4$	$n-2$
$\vdots$	$\vdots$	$\vdots$	$\vdots$	$\ddots$	$\vdots$	$\vdots$
$n-2$	0	$n-2$	$n-4$	$\cdots$	4	2
$n-1$	0	$n-1$	$n-2$	$\cdots$	2	1

試證明 n 爲質數時, $\mathbb{Z}_n$ 爲域。

解答：

觀察題目中所給 $\mathbb{Z}_n$ 的加法與乘法, 我們可以注意到若令 $+_{\mathbb{Z}}$ 與 $\cdot_{\mathbb{Z}}$ 表示一般 $\mathbb{Z}$ 上的加法與乘法, 則 $\mathbb{Z}_n$ 的加法與乘法有以下的關係: $x + y = (x +_{\mathbb{Z}} y) \bmod n$, $x \cdot y = (x \cdot_{\mathbb{Z}} y) \bmod n$。其中 $x,y \in \mathbb{Z}_n$, $\bmod\, n$ 表示除 n 取餘數。首先, 我們先建立一個很重要的特性,

命題 2.3.1　令 n 爲質數, 若 $x \neq 0$, $x \cdot y = 0$, 則 $y = 0$。
證明: 因爲 $x \cdot y = 0$, 這表示 $(x \cdot_{\mathbb{Z}} y) \bmod n = 0$, 因此 $n | x \cdot_{\mathbb{Z}} y$。但 $x \neq 0$, 所以 $n \nmid x$, 又因爲 n 爲質數, 所以 $n | y$。這表示 $y = 0$。

有了這個性質, 我們可以開始證明 $\mathbb{Z}_n$ 是一個域。很明顯地, 域所需滿足的條件 $1, 2, 3,$ 4 成立, 我們直接驗證條件 $5, 6, 7$ 即可。由 $\mathbb{Z}_n$ 的加法知道對所有的 $x \in \mathbb{Z}_n$, $x + 0 =$ $0 + x = x$, $1 \cdot x = x \cdot 1 = x$, 所以 $\mathbb{Z}_n$ 存在加法與乘法單位元素。又對所有 $x \in \mathbb{Z}_n$, 令 $b = n -_{\mathbb{Z}} x$, 其中 $-_{\mathbb{Z}}$ 代表 $\mathbb{Z}$ 中的減法。則 $b \in \mathbb{Z}_n$ 並且 $x + b = (x +_{\mathbb{Z}} b) \bmod n = 0$, 所以 $\mathbb{Z}_n$ 中所有元素皆存在加法反元素。故域所需的條件 $5, 6$ 滿足。
最後, 我們證明乘法反元素的存在性。令 $x \neq 0$, 則 $x \cdot 0, x \cdot 1, x \cdot 2, \cdots, x \cdot (n-1)$ 是 n 個元素, 再由 $\mathbb{Z}_n$ 的封閉性我們知道 $\{x \cdot 0, x \cdot 1, x \cdot 2, \cdots, x \cdot (n-1)\} = \{0, 1, \cdots, n-1\}$, 這表示存在 $c \in \mathbb{Z}_n$ 使得 $x \cdot c = 1$, 故 x_n 的乘法反元素存在。

2.3 節習題

習題 **2.4** $(**)$ 在 $(\mathbb{R}^n, \mathbb{C})$ 與 $(\mathbb{C}^n, \mathbb{R})$ 中, 如果我們定義

$$
\begin{aligned}
&(x_1, x_2, \cdots, x_n) + (y_1, y_2, \cdots, y_n) \\
\triangleq\ &(x_1 + y_1, x_2 + y_2, \cdots, x_n + y_n), \\
&a(x_1, x_2, \cdots, x_n) \\
\triangleq\ &(ax_1, ax_2, \cdots, ax_n),
\end{aligned}
$$

請問 $(\mathbb{R}^n, \mathbb{C})$ 與 $(\mathbb{C}^n, \mathbb{R})$ 是向量空間嗎?
解答:
很明顯地 $(\mathbb{R}^n, \mathbb{C})$ 不是向量空間。因爲根據定義 $i(1, 0 \cdots 0) = (i, 0 \cdots 0) \notin \mathbb{R}^n$, 所以向量空間的封閉性不會成立。$(\mathbb{C}^n, \mathbb{R})$ 是向量空間, 理由如下: 對所有的 $(x_1, x_2, \cdots,$ $x_n), (y_1, y_2, \cdots, y_n) \in \mathbb{C}^n$, $(x_1, x_2, \cdots, x_n) + (y_1, y_2, \cdots, y_n) = (x_1 + y_1, x_2 +$ $y_2, \cdots, x_n + y_n) \in \mathbb{C}^n$, 所以加法的封閉性成立。並且

$$
(x_1, x_2, \cdots, x_n) + (y_1, y_2, \cdots, y_n)
$$

$$
\begin{aligned}
&= (x_1 + y_1, x_2 + y_2, \cdots, x_n + y_n) \\
&= (y_1 + x_1, y_2 + x_2, \cdots, y_n + x_n) \\
&= (y_1, y_2, \cdots, y_n) + (x_1, x_2, \cdots, x_n) \,,
\end{aligned}
$$

故加法的交換性成立。令 $(z_1, z_2, \cdots, z_n) \in \mathbb{C}^n$, 則

$$
\begin{aligned}
&\quad ((x_1, x_2, \cdots, x_n) + (y_1, y_2, \cdots, y_n)) + (z_1, z_2, \cdots, z_n) \\
&= ((x_1 + y_1) + z_1, (x_2 + y_2) + z_2, \cdots, (x_n + y_n) + z_n) \\
&= (x_1 + (y_1 + z_1), x_2 + (y_2 + z_2), \cdots, x_n + (y_n + z_n)) \\
&= (x_1, x_2, \cdots, x_n) + ((y_1, y_2, \cdots, y_n) + (z_1, z_2, \cdots, z_n)) \,.
\end{aligned}
$$

接下來, 若令 $\mathbf{0} = (0, \cdots, 0)$, 則

$$
(x_1, x_2, \cdots, x_n) + \mathbf{0} = (x_1, x_2, \cdots, x_n) = \mathbf{0} + (x_1, x_2, \cdots, x_n) \,.
$$

故零向量存在。又令 $x' = (-x_1, \cdots, -x_n)$, 則

$$
\begin{aligned}
x + x' &= x' + x = (x_1, x_2, \cdots, x_n) + (-x_1, \cdots, -x_n) \\
&= (x_1 - x_1, \cdots, x_n - x_n) = \mathbf{0} \,,
\end{aligned}
$$

故向量的加法反元素存在。討論到這裡, 我們知道向量空間有關加法的條件都滿足, 接下來, 我們來討論向量空間有關純量乘法的條件。令 $a \in \mathbb{R}$, 則很明顯地

$$
a(x_1, x_2, \cdots, x_n) = (ax_1, ax_2, \cdots, ax_n) \in \mathbb{C}^n \,,
$$

並且

$$
\begin{aligned}
a(b(x_1, x_2, \cdots, x_n)) &= (a(bx_1), a(bx_2), \cdots, a(bx_n)) \\
&= ((ab)x_1, (ab)x_2, \cdots, (ab)x_n) \\
&= (ab)(x_1, x_2, \cdots, x_n) \,.
\end{aligned}
$$

再者, 對所有 $a, b \in \mathbb{R}$,

$$
\begin{aligned}
& a((x_1, x_2, \cdots, x_n) + (y_1, y_2, \cdots, y_n)) \\
&= (a(x_1 + y_1), a(x_2 + y_2), \cdots, a(x_n + y_n)) \\
&= (ax_1 + ay_1, ax_2 + ay_2, \cdots, ax_n + ay_n) \\
&= a(x_1, x_2, \cdots, x_n) + a(y_1, y_2, \cdots, y_n) \,,
\end{aligned}
$$

並且

$$
\begin{aligned}
& (a+b)(x_1, x_2, \cdots, x_n) \\
&= ((a+b)x_1, (a+b)x_2, \cdots, (a+b)x_n) \\
&= (ax_1 + bx_1, ax_2 + bx_2, \cdots, ax_n + bx_n) \\
&= a(x_1, x_2, \cdots, x_n) + b(x_1, x_2, \cdots, x_n) \,。
\end{aligned}
$$

最後, 因爲 $1 \cdot (x_1, x_2, \cdots, x_n) = (x_1, x_2, \cdots, x_n)$, 所以向量空間所有的條件均成立。

習題 2.5 (∗∗) 試證明對所有的 $\mathbf{x} \in \mathcal{V}$, 所有的 $a \in \mathbb{F}$, 恆有 $a \cdot \mathbf{0} = \mathbf{0}$。
解答:

$$
a \cdot \mathbf{0} + a \cdot \mathbf{0} = a(\mathbf{0} + \mathbf{0}) = a \cdot \mathbf{0} = a \cdot \mathbf{0} + \mathbf{0} \,,
$$

再由消去律可得 $a \cdot \mathbf{0} = \mathbf{0}$。

習題 2.6 (∗∗) 試完成命題2.18之證明。
解答:

2. 由向量減法的定義

$$
\begin{aligned}
a(\mathbf{x} - \mathbf{y}) &= a(\mathbf{x} + (-\mathbf{y})) = a\mathbf{x} + a(-\mathbf{y}) \\
&= a\mathbf{x} + (-a)\mathbf{y} = a\mathbf{x} + (-(a\mathbf{y})) = a\mathbf{x} - a\mathbf{y} \,。
\end{aligned}
$$

3. 若 $a = 0$ 或 $\mathbf{x} = \mathbf{0}$, 則由命題 2.17知道 $a\mathbf{x} = \mathbf{0}$。反過來, 若令 $a\mathbf{x} = \mathbf{0}$, 利用反證法, 假設 $a \neq 0$ 並且 $\mathbf{x} \neq \mathbf{0}$。因爲 $a \neq 0$, 故 a^{-1} 存在。因此 $\mathbf{0} = a^{-1}(a\mathbf{x}) = (a^{-1}a) \cdot \mathbf{x} = 1 \cdot \mathbf{x} = \mathbf{x}$, 此違反了 $\mathbf{x} \neq \mathbf{0}$ 之假設, 故知 $a = 0$ 或 $\mathbf{x} = \mathbf{0}$。

4. 設 $ax = ay$, 則 $ax - ay = 0$, 這表示 $a(\mathbf{x} - \mathbf{y}) = \mathbf{0}$。因為 $a \neq 0$, 由第 3 部分我們知道 $\mathbf{x} - \mathbf{y} = \mathbf{0}$, 因此 $\mathbf{x} = \mathbf{y}$。

5. 設 $a\mathbf{x} = b\mathbf{x}$, 則 $a\mathbf{x} - b\mathbf{x} = 0$, 這表示 $(a - b)\mathbf{x} = \mathbf{0}$。因為 $\mathbf{x} \neq \mathbf{0}$, 由本題第 3 部分我們知道 $a - b = 0$, 也就是 $a = b$。

習題 2.7 $(*)$ 設 $\mathcal{V}$ 是佈於域 $\mathbb{F}$ 之向量空間, 證明對所有 $a, b \in \mathbb{F}$, $\mathbf{x}, \mathbf{y} \in \mathcal{V}$

$$(a + b) \cdot (\mathbf{x} + \mathbf{y}) = a\mathbf{x} + a\mathbf{y} + b\mathbf{x} + b\mathbf{y}。$$

解答: 直接由計算, 我們可以得到

$$
\begin{aligned}
(a + b)(\mathbf{x} + \mathbf{y}) &= (a + b)\mathbf{x} + (a + b)\mathbf{y} \\
&= a\mathbf{x} + b\mathbf{x} + a\mathbf{y} + b\mathbf{y} \\
&= a\mathbf{x} + a\mathbf{y} + b\mathbf{x} + b\mathbf{y}。
\end{aligned}
$$

習題 2.8 $(*)$ 設 $\mathcal{V}$ 和 $\mathcal{W}$ 皆是佈於 $\mathbb{F}$ 的向量空間。令 $\mathcal{U} = \{(\mathbf{v}, \mathbf{w}) : \mathbf{v} \in \mathcal{V} \,\text{及}\, \mathbf{w} \in \mathcal{W}\}$。若定義

$$
\begin{aligned}
(\mathbf{v}_1, \mathbf{w}_1) + (\mathbf{v}_2, \mathbf{w}_2) &= (\mathbf{v}_1 + \mathbf{v}_2, \mathbf{w}_1 + \mathbf{w}_2), \mathbf{v}_i \in \mathcal{V}, \mathbf{w}_i \in \mathcal{W}, \\
c(\mathbf{v}_1, \mathbf{w}_1) &= (c\mathbf{v}_1, c\mathbf{w}_1), \ c \in \mathbb{F},
\end{aligned}
$$

試證明 $\mathcal{U}$ 是佈於 $\mathbb{F}$ 一個向量空間。

解答:

因為 $\mathcal{V}$ 和 $\mathcal{W}$ 皆是向量空間, 所以很明顯地, 向量加法封閉性以及公設 $1, 2$ 成立。令 $\mathbf{0}_{\mathcal{V}} \in \mathcal{V}$, $\mathbf{0}_{\mathcal{W}} \in \mathcal{W}$ 分別是 $\mathcal{V}$ 和 $\mathcal{W}$ 中的零向量, 對所有的 $(\mathbf{v}, \mathbf{w}) \in \mathcal{U}$,

$$
\begin{aligned}
(\mathbf{0}_{\mathcal{V}}, \mathbf{0}_{\mathcal{W}}) + (\mathbf{v}, \mathbf{w}) &= (\mathbf{v}, \mathbf{w}) \\
&= (\mathbf{v}, \mathbf{w}) + (\mathbf{0}_{\mathcal{V}}, \mathbf{0}_{\mathcal{W}})。
\end{aligned}
$$

所以 $(\mathbf{0}_{\mathcal{V}}, \mathbf{0}_{\mathcal{W}})$ 是 $\mathcal{U}$ 中的零向量。又

$$(\mathbf{v}, \mathbf{w}) + (-\mathbf{v}, -\mathbf{w}) = (\mathbf{0}_{\mathcal{V}}, \mathbf{0}_{\mathcal{W}}) = (-\mathbf{v}, -\mathbf{w}) + (\mathbf{v}, \mathbf{w}),$$

$(-\mathbf{v}, -\mathbf{w})$是$(\mathbf{v}, \mathbf{w})$之加法反元素。因為$\mathcal{V}$和$\mathcal{W}$皆是向量空間，再由$\mathcal{U}$純量乘法的定義得知，純量乘法封閉性以及公設 5很明顯地滿足。對所有$(\mathbf{v}_1, \mathbf{w}_1), (\mathbf{v}_2, \mathbf{w}_2) \in \mathcal{U}$，$a, b \in \mathbb{F}$，

$$
\begin{aligned}
a((\mathbf{v}_1, \mathbf{w}_1) + (\mathbf{v}_2, \mathbf{w}_2)) &= a(\mathbf{v}_1 + \mathbf{v}_2, \mathbf{w}_1 + \mathbf{w}_2) \\
&= (a(\mathbf{v}_1 + \mathbf{v}_2), a(\mathbf{w}_1 + \mathbf{w}_2)) \\
&= (a\mathbf{v}_1 + a\mathbf{v}_2, a\mathbf{w}_1 + a\mathbf{w}_2) \\
&= (a\mathbf{v}_1, a\mathbf{w}_1) + (a\mathbf{v}_2 + a\mathbf{w}_2) \\
&= a(\mathbf{v}_1, \mathbf{w}_1) + a(\mathbf{v}_2, \mathbf{w}_2) ,
\end{aligned}
$$

又

$$
\begin{aligned}
(a + b)(\mathbf{v}_1, \mathbf{w}_1) &= ((a + b)\mathbf{v}_1, (a + b)\mathbf{w}_1) \\
&= (a\mathbf{v}_1 + b\mathbf{v}_1, a\mathbf{w}_1 + b\mathbf{w}_1)
\end{aligned}
$$

$$
\begin{aligned}
&= (a\mathbf{v}_1, a\mathbf{w}_1) + (b\mathbf{v}_1, b\mathbf{w}_1) \\
&= a(\mathbf{v}_1, \mathbf{w}_1) + b(\mathbf{v}_1, \mathbf{w}_1) ,
\end{aligned}
$$

故向量空間的公設 6, 7滿足。最後，對每一個 $(\mathbf{v}_1, \mathbf{w}_1) \in \mathcal{U}$，$1 \cdot (\mathbf{v}_1, \mathbf{w}_1) = (1 \cdot \mathbf{v}_1, 1 \cdot \mathbf{w}_1) = (\mathbf{v}_1, \mathbf{w}_1)$ 所以向量空間公設 8也是成立的。

習題 **2.9** $(**)$ 令$\mathbb{F}$是任意的域。一個從正整數到$\mathbb{F}$的映射σ為$\mathbb{F}$ 中的序列(sequence)。若對$i = 1, 2, \cdots$，$\sigma(i) = a_i$，我們記此序列為$\{a_i\}$。令$\mathcal{V}$是所有只有有限非零項a_i的序列的集合。定義

$$
\{a_i\} + \{b_i\} = \{a_i + b_i\},
$$

且

$$
c\{a_i\} = \{ca_i\}, \text{其中} c \in \mathbb{F}.
$$

試證明在這運算之下，$\mathcal{V}$是一個向量空間。

解答：

42

令 $\{a_i\}, \{b_i\} \in \mathcal{V}$, 則因爲 $\{a_i\}$ 與 $\{b_i\}$ 只有有限非零項, 所以

$$\{a_i\} + \{b_i\} = \{a_i + b_i\} = \{b_i + a_i\} = \{b_i\} + \{a_i\} \in \mathcal{V}。$$

並且若 $\{c_i\} \in \mathcal{V}$, 則

$$(\{a_i\} + \{b_i\}) + \{c_i\} = \{(a_i + b_i) + c_i\}$$
$$= \{a_i + (b_i + c_i)\} = \{a_i\} + (\{b_i\} + \{c_i\})。$$

令 $\mathbf{0}$ 表是對所有的 $i, \sigma(i) = 0$ 的序列, 則 $\{a_i\} + \mathbf{0} = \{a_i + 0\} = \{a_i\}$, 所以 $\mathcal{V}$ 中存在零向量。而對 $\{a_i\} \in \mathcal{V}$, 令 $\{b_i\} = \{-a_i\}$。很明顯地, $\{b_i\} \in \mathcal{V}$, 並且

$$\{a_i\} + \{b_i\} = \{a_i + b_i\} = \{a_i + (-a_i)\} = \mathbf{0}。$$

故對所有 $\mathcal{V}$ 中的向量皆存在加法反元素。因此向量空間中有關向量加法的公設皆滿足, 接下來, 我們來討論向量空間有關純量乘法的條件。令 $\{d_i\} \in \mathcal{V}$, $a, b \in \mathbb{F}$, 則很明顯地 $a\{d_i\} = \{ad_i\}$ 只有有限非零項, 故封閉性滿足。再者,

$$a(b\{d_i\}) = a\{bd_i\} = \{a(bd_i)\} = \{(ab)(d_i)\} = (ab)\{d_i\}。$$

若再令 $\{e_i\} \in \mathcal{V}$, 則

$$a(\{d_i\} + \{e_i\}) = \{ad_i + ae_i\} = \{ad_i\} + \{ae_i\} = a\{d_i\} + a\{e_i\},$$

並且

$$(a+b)\{d_i\} = \{(a+b)d_i\} = \{ad_i + bd_i\} = \{ad_i\} + \{bd_i\}$$
$$= a\{d_i\} + b\{d_i\}。$$

最後, $1 \cdot \{d_i\} = \{1 \cdot d_i\} = \{d_i\}$, 所以向量空間有關純量乘法之公設皆成立。

習題 **2.10** $(**)$ 令 $\mathcal{V} = \{(x_1, x_2) \in \mathbb{R}^2 | x_1 + 8x_2 = 0\}$。若定義 $\mathcal{V}$ 上的向量加法與純量乘法即爲一般 $(\mathbb{R}^2, \mathbb{R})$ 上的向量加法與純量乘法, 試證明 $\mathcal{V}$ 是一個向量空間。

解答:

由題意, 我們定義對所有 $(x_1, x_2), (y_1, y_2) \in \mathcal{V}$,

$$a(x_1, x_2) \triangleq (ax_1, ax_2),$$
$$(x_1, x_2) + (y_1, y_2) \triangleq (x_1 + y_1, x_2 + y_2)。$$

若令 $(x_1, x_2), (y_1, y_2) \in \mathcal{V}, a \in \mathbb{R}$, 則

$$x_1 + 8x_2 = 0\,,$$
$$y_1 + 8y_2 = 0\,。$$

故 $(x_1 + y_1) + 8(x_2 + y_2) = 0$, 所以 $(x_1 + y_1, x_2 + y_2) \in \mathcal{V}$, 因此向量加法封閉性成立。而 $ax_1 + 8(ax_2) = 0$, 所以 $(ax_1, ax_2) \in \mathcal{V}$, 因此純量乘法亦具封閉性。因爲 $0 + 8 \cdot 0 = 0$, 所以 $(0, 0) \in \mathcal{V}$ 並且 $(0, 0)$ 是 $\mathcal{V}$ 中的零向量。對所有 $x, y \in \mathcal{V}$, 因爲 $-x + 8(-y) = 0$, 所以 $(-x, -y) \in \mathcal{V}$, 並且 $(x, y) + (-x, -y) = (0, 0)$, 因此所有 $\mathcal{V}$ 中的元素都存在加法反元素。又 $1 \cdot (x, y) = (x, y)$。很明顯地, 向量空間其餘公設亦滿足。

習題 **2.11** $(*)$ 令 $\mathcal{V} = \{(x_1, x_2, x_3) \in \mathbb{R}^3 | x_1{}^2 + x_2{}^2 + x_3{}^2 = 1\}$。若定義 $\mathcal{V}$ 上的向量加法和純量乘法爲 $(\mathbb{R}^3, \mathbb{R})$ 上的向量加法與純量乘法, 請問 $\mathcal{V}$ 是向量空間嗎?
解答:
不是, 因爲 $(0, 0, 0) \notin \mathcal{V}$。

習題 **2.12** $(**)$ 令 $\mathcal{V} = (\mathbb{Z}_2)_n[t]$ (即爲皆數小於 n 且所有係數均落於 $\mathbb{Z}_2$ 的所有多項式所成之集合; 定義見習題2.2題與例2.8)。試證明 $t + t = 0$。
解答:
由向量空間第 7 個條件與 $\mathbb{Z}_2$ 的特性, 我們知道 $t + t = (1 + 1)t = 0 \cdot t = 0$。

習題 **2.13** $(**)$ 承上題, 若 $n = 3$, 試寫出所有 $\mathcal{V}$ 中的元素。
解答:
$0, 1, t, t + 1, t^2, t^2 + 1, t^2 + t, t^2 + t + 1$。

2.4節習題

習題 **2.14** $(*)$ 寫出$(\mathbb{R}^3, \mathbb{R})$中所有可能的子空間。

解答:

$\{0\}$, $\{\lambda\ (a_1, a_2, a_3) | \lambda \in \mathbb{R}$是任意實數, $a_1, a_2, a_3 \in \mathbb{R}$是給定不全爲零的實數$\}$, $\{\alpha(a_1, a_2, a_3) + \beta(b_1, b_2, b_3) | \alpha, \beta \in \mathbb{R}$是任意實數, $a_1, a_2, a_3, b_1, b_2, b_3 \in \mathbb{R}$是給定實數並且不存在不同時爲零的實數 l, m 使得 $l(a_1, a_2, a_3) + m(b_1, b_2, b_3) = 0\}$, $\mathbb{R}^3$。

習題 **2.15** $(**)$ 試證明定理2.20之條件2和3成立若且唯若對所有的$\mathbf{x}, \mathbf{y} \in \mathcal{W}$, 所有的$a, b \in \mathbb{F}$, 恆有$a\mathbf{x} + b\mathbf{y} \in \mathcal{W}$。

解答:

設定理 2.20的條件 2,3成立, 則很明顯地對所有的$\mathbf{x}, \mathbf{y} \in \mathcal{W}$, 所有的$a, b \in \mathbb{F}$, 恆有$a\mathbf{x}+b\mathbf{y} \in \mathcal{W}$。反之, 設對所有的$a, b \in \mathbb{F}$, 恆有$a\mathbf{x}+b\mathbf{y} \in \mathcal{W}$, 只要假設 $a = b = 1$, 就得到定理 2.20的條件 2。如果假設 $b = 0$, 就得到定理 2.20的條件 3。

習題 **2.16** $(**)$ 設$(\mathcal{V}, \mathbb{F})$爲向量空間, $\mathcal{W}$爲$\mathcal{V}$之非空子集合。試證明$(\mathcal{W}, \mathbb{F})$爲 $(\mathcal{V}, \mathbb{F})$之子空間若且唯若定理2.20之條件2和3成立。

解答:

若 $(\mathcal{W}, \mathbb{F})$爲 $(\mathcal{V}, \mathbb{F})$之子空間, 則定理 2.20的條件 2和3自然成立。反過來, 我們只需證明 $\mathbf{0} \in \mathcal{W}$。由於 $\mathcal{W}$是一個非空集合, 所以存在 $\mathbf{w} \in \mathcal{W}$。又由條件 3, 我們知道 $0 \cdot \mathbf{w} = \mathbf{0} \in \mathcal{W}$。故$\mathcal{W}$是$\mathcal{V}$的子空間。

習題 **2.17** $(**)$ 假設$\mathcal{V}$爲向量空間, $\mathcal{W}_1$及$\mathcal{W}_2$爲$\mathcal{V}$之子空間。試證明$\mathcal{W}_1 \cup \mathcal{W}_2$亦爲$\mathcal{V}$之子空間之充分且必要條件爲 $\mathcal{W}_1 \subset \mathcal{W}_2$ 或是$\mathcal{W}_2 \subset \mathcal{W}_1$。

解答:

若 $\mathcal{W}_1 \subset \mathcal{W}_2$ 或是 $\mathcal{W}_2 \subset \mathcal{W}_1$, 則 $\mathcal{W}_1 \cup \mathcal{W}_2 = \mathcal{W}_2$ 或 $\mathcal{W}_1 \cup \mathcal{W}_2 = \mathcal{W}_1$。故 $\mathcal{W}_1 \cup \mathcal{W}_2$ 是 $\mathcal{V}$的子空間。反過來, 若 $\mathcal{W}_1 \cup \mathcal{W}_2$ 是 $\mathcal{V}$的子空間, 根據反證法, 假設 $\mathcal{W}_1 \not\subset \mathcal{W}_2$ 並且 $\mathcal{W}_2 \not\subset \mathcal{W}_1$, 則必存在 $\mathbf{w}_1 \in \mathcal{W}_1$但 $\mathbf{w}_1 \notin \mathcal{W}_2$, 及 $\mathbf{w}_2 \in \mathcal{W}_2$ 但 $\mathbf{w}_2 \notin \mathcal{W}_1$。這表示 $\mathbf{w}_1 + \mathbf{w}_2 \notin \mathcal{W}_1$, 否則存在著 $\mathbf{w}_1' \in \mathcal{W}_1$使得 $\mathbf{w}_1 + \mathbf{w}_2 = \mathbf{w}_1'$, 這表示 $\mathbf{w}_2 = \mathbf{w}_1' - \mathbf{w}_1 \in \mathcal{W}_1$, 但這違反了 $\mathbf{w}_2 \notin \mathcal{W}_1$。同樣的, $\mathbf{w}_1 + \mathbf{w}_2 \notin \mathcal{W}_2$, 否則存在著 $\mathbf{w}_2' \in \mathcal{W}_2$使得 $\mathbf{w}_1 + \mathbf{w}_2 = \mathbf{w}_2' \in \mathcal{W}_2$, 這表示 $\mathbf{w}_1 = \mathbf{w}_2' - \mathbf{w}_2 \in \mathcal{W}_2$, 這違反

了 $\mathbf{w}_1 \notin \mathcal{W}_2$。因此, $\mathbf{w}_1 + \mathbf{w}_2 \notin \mathcal{W}_1 \cup \mathcal{W}_2$, 但這也違反了 $\mathcal{W}_1 \cup \mathcal{W}_2$ 是 $\mathcal{V}$ 中子空間的假設。因此根據反證法, $\mathcal{W}_1 \subset \mathcal{W}_2$ 或是 $\mathcal{W}_2 \subset \mathcal{W}_1$。

習題 2.18 (∗∗) 設 $\mathcal{V}$ 是向量空間, $\mathcal{W}_1$ 及 $\mathcal{W}_2$ 是 $\mathcal{V}$ 的子空間。令 $\mathcal{C}$ 代表 $\mathcal{V}$ 中包含 $\mathcal{W}_1 \cup \mathcal{W}_2$ 所有子空間所成之集合。試證明 $\mathcal{W}_1 + \mathcal{W}_2 = \bigcap_{\mathcal{Y} \in \mathcal{C}} \mathcal{Y}$。

解答:

根據定理2.28, 我們只需證明 $\bigcap_{\mathcal{Y} \in \mathcal{C}} \mathcal{Y}$ 是 $\mathcal{V}$ 中包含 $\mathcal{W}_1 \cup \mathcal{W}_2$ 最小的子空間即可。令 $\mathcal{Y}'$ 是任意包含 $\mathcal{W}_1 \cup \mathcal{W}_2$ 的子空間, 則 $\mathcal{Y}' \in \mathcal{C}$, 故 $\bigcap_{\mathcal{Y} \in \mathcal{C}} \mathcal{Y} \subset \mathcal{Y}'$。這表示 $\bigcap_{\mathcal{Y} \in \mathcal{C}} \mathcal{Y}$ 是 $\mathcal{V}$ 中包含 $\mathcal{W}_1 \cup \mathcal{W}_2$ 最小的子空間。故由定理 2.28 我們知道 $\mathcal{W}_1 + \mathcal{W}_2 = \bigcap_{\mathcal{Y} \in \mathcal{C}} \mathcal{Y}$。

習題 2.19 (∗) 令 $C(\mathbb{R})$ 表示所有定義在 $\mathbb{R}$ 上的連續函數所成的集合。很明顯地 $C(\mathbb{R})$ 是佈於 $\mathbb{R}$ 的向量空間。令 $C^2(\mathbb{R})$ 是所有定義在 $\mathbb{R}$ 上二次連續可微函數的集合。試證明 $C^2(\mathbb{R})$ 是 $C(\mathbb{R})$ 的子空間。

解答:

零函數 $\mathbf{0}$ 是二次可微函數, 所以 $\mathbf{0} \in C^2(\mathbb{R})$, 因此 $C^2(\mathbb{R})$ 是 $C(\mathbb{R})$ 一個非零子集。又根據微積分我們知道二個二次可微函數相加之後依然是二次可微函數, 而一個二次可微函數乘上任一常數 a 依然是二次可微函數。所以我們知道 $C^2(\mathbb{R})$ 是 $C(\mathbb{R})$ 的子空間。

習題 2.20 (∗) 令 $\mathcal{V} = \mathbb{R}^2$。試證明

$$\mathcal{W} = \{(x_1, x_2) | x_1 + x_2 = 0, x_1, x_2 \in \mathbb{R}\}$$

是 $\mathcal{V}$ 子空間。

解答:

1. 很明顯地 $(0, 0) \in \mathcal{W}$。

2. 令 $(x_1, x_2), (y_1, y_2) \in \mathcal{W}$, 則 $x_1 + x_2 = 0, y_1 + y_2 = 0$。這表示 $(x_1 + y_1) + (x_2 + y_2) = 0$, 所以 $(x_1 + y_1, x_2 + y_2) \in \mathcal{W}$。

3. 令 $(x_1, x_2) \in \mathcal{W}$, $a \in \mathbb{R}$, 則 $x_1 + x_2 = 0$。這表示$ax_1 + ax_2 = 0$, 所以 $(ax_1, ax_2) \in \mathcal{W}$, 故 $a(x_1, x_2) \in \mathcal{W}$。

由以上知道 $\mathcal{W}$是$\mathcal{V}$的子空間。

習題 **2.21** ($*$) 設$\mathcal{V}$是向量空間, $\mathcal{W}$是$\mathcal{V}$的子空間。若$\mathcal{U}$是$\mathcal{W}$的子空間, 試證明$\mathcal{U}$是$\mathcal{V}$的子空間。

解答:

由題目的條件, 我們知道$\mathcal{U}$是$\mathcal{W}$的子集。因此 $\mathbf{0} \in \mathcal{U}$以及對所有 $\mathbf{x}, \mathbf{y} \in \mathcal{U}$, $a \in \mathbb{F}$, 恆有 $\mathbf{x} + \mathbf{y} \in \mathcal{U}$, $a\mathbf{x} \in \mathcal{U}$, 所以 $\mathcal{U}$是$\mathcal{V}$的子空間。

習題 **2.22** ($**$) 設$\mathcal{V}$是佈於$\mathbb{F}$之向量空間。試證明$\mathcal{V}$之非空子集$\mathcal{W}$ 是$\mathcal{V}$的子空間若且唯若對所有$a \in \mathbb{F}$, $\mathbf{x}, \mathbf{y} \in \mathcal{W}$, $a\mathbf{x} + \mathbf{y} \in \mathcal{W}$。

解答:

若$\mathcal{W}$是$\mathcal{V}$的子空間, 則根據定理 2.20, 對所有 $a \in \mathbb{F}$, $\mathbf{x}, \mathbf{y} \in \mathcal{W}$, $a\mathbf{x} + \mathbf{y} \in \mathcal{W}$。反過來, 假設對所有 $a \in \mathbb{F}$, $\mathbf{x}, \mathbf{y} \in \mathcal{W}$, $a\mathbf{x} + \mathbf{y} \in \mathcal{W}$。若令 $\mathbf{x} = \mathbf{y} = \mathbf{0}$, 則我們得到 $\mathbf{0} \in \mathcal{W}$。若令 $a = 1$, 則得到 $\mathbf{x} + \mathbf{y} \in \mathcal{W}$。若令 $\mathbf{y} = \mathbf{0}$, 則得到 $a\mathbf{x} \in \mathcal{W}$。故根據定理 2.20, $\mathcal{W}$是一個$\mathcal{V}$的子空間。

習題 **2.23** ($*$) 讀過微積分的讀者知道微分方程

$$y'' - 4y = 0$$

的解集合為$\mathcal{S} = \{ae^{2t} + be^{-2t} | a, b \in \mathbb{R}\}$。試證明$\mathcal{S}$是$C(\mathbb{R})$的子空間。

解答:

1. 令 $a = b = 0$, 則 $0 \in \mathcal{S}$。

2. 令 $y_1 = a_1 e^{2t} + b_1 e^{-2t}$, $y_2 = a_2 e^{2t} + b_2 e^{-2t} \in \mathcal{S}$, $c \in \mathbb{R}$, 則 $y_1 + y_2 = (a_1 + a_2)e^{2t} + (b_1 + b_2)e^{-2t} \in \mathcal{S}$, $cy_1 = (ca_1)e^{2t} + (cb_1)e^{-2t} \in \mathcal{S}$。

所以 $\mathcal{S}$是 $C(\mathbb{R})$的子空間。

習題 **2.24** (∗) 令 $\mathcal{W} = \{\mathbf{A} = [a_{ij}] \in \mathbb{R}^{n \times n} | 當 i \leq j 時, a_{ij} = 0\}$。試證 $\mathcal{W}$ 是 $\mathbb{R}^{n \times n}$ 的一個子空間。

解答:

1. 很明顯地, 零矩陣 $\mathbf{0} \in \mathcal{W}$。

2. 令 $\mathbf{A} = [a_{ij}] \in \mathcal{W}$, $\mathbf{B} = [b_{ij}] \in \mathcal{W}$。則 $\mathbf{A} + \mathbf{B} = [a_{ij} + b_{ij}]$, 很明顯地, 當 $i \leq j$ 時, $a_{ij} + b_{ij} = 0$。故 $\mathbf{A} + \mathbf{B} \in \mathcal{W}$。

3. 對任意的 $c \in \mathbb{R}$, $c\mathbf{A} = [ca_{ij}]$, 很明顯地, 當 $i \leq j$ 時, $ca_{ij} = 0$。故 $c\mathbf{A} \in \mathcal{W}$。

由 $1, 2, 3$ 我們知道 $\mathcal{W}$ 是 $\mathbb{R}^{n \times n}$ 的一個子空間。

習題 **2.25** (∗) 令 $\mathcal{V} = \{\mathbf{A} \in \mathbb{R}^{n \times n} | \mathrm{tr}(\mathbf{A}) = 0\}$。試證明 $\mathcal{V}$ 是 $\mathbb{R}^{n \times n}$ 的一個子空間。若 $\mathcal{W}$ 如第2.24題的定義, 試求 $\mathcal{W} \cap \mathcal{V}$。

解答:

$\mathrm{tr}(\mathbf{0}) = 0$, 故 $\mathbf{0} \in \mathcal{V}$。設 $\mathbf{A}, \mathbf{B} \in \mathcal{V}$, 由命題1.20知對任意 $a, b \in \mathbb{R}$, 恆有 $\mathrm{tr}(a\mathbf{A} + b\mathbf{B}) = a\,\mathrm{tr}(\mathbf{A}) + b\,\mathrm{tr}(\mathbf{B}) = 0$, 因此 $a\mathbf{A} + b\mathbf{B} \in \mathcal{V}$。故知 $\mathcal{V}$ 是 $\mathbb{R}^{n \times n}$ 之一子空間。又對所有 $\mathbf{A} = [a_{ij}] \in \mathcal{W}$, 則因為 $a_{ii} = 0$, 所以 $\mathrm{tr}(\mathbf{A}) = 0$。故 $\mathcal{W} \subset \mathcal{V}$, 所以 $\mathcal{W} \cap \mathcal{V} = \mathcal{W}$。

習題 **2.26** (∗∗) 令 $\mathcal{V} = (\mathbb{Z}_2)_3[t]$(所有階數小於3, 變數為 t 且係數均落於 $\mathbb{Z}_2$ 之所有多項式)。試寫出所有 $\mathcal{V}$ 中的子空間。

解答: $\{0\}, \{0, 1\}, \{0, t\}, \{0, t+1\}, \{0, t^2\}, \{0, t^2+1\}, \{0, t^2+t\}, \{0, t^2+t+1\}, \{0, 1, t, t+1\}, \{0, 1, t^2, t^2+1\}, \{0, 1, t^2+t, t^2+t+1\}, \{0, t, t^2, t^2+t\}, \{0, t, t^2+1, t^2+t+1\}, \{0, t+1, t^2, t^2+t+1\}, \{0, t+1, t^2+1, t^2+t\}, (\mathbb{Z}_2)_3[t]$, 共有16個子空間。

習題 **2.27** (∗∗∗) 令 $\mathcal{V} = (\mathbb{Z}_2^3, \mathbb{Z}_2)$。試寫出所有 $\mathcal{V}$ 中的子空間。

解答:

$\{(0,0,0)\}, \{(0,0,0),(0,0,1)\}, \{(0,0,0),(0,1,0)\}, \{(0,0,0),(0,1,1)\},$
$\{(0,0,0),(1,0,0)\}, \{(0,0,0),(1,0,1)\}, \{(0,0,0),(1,1,0)\}, \{(0,0,0),(1,1,1)\},$
$\{(0,0,0),(0,0,1),(0,1,0),(0,1,1)\}, \{(0,0,0),(0,0,1),(1,0,0),(1,0,1)\},$

$\{(0,0,0),(0,0,1),(1,1,0),(1,1,1)\}$, $\{(0,0,0),(0,1,0),(1,0,0),(1,1,0)\}$,
$\{(0,0,0),(0,1,1),(1,0,0),(1,1,1)\}$, $\mathbb{Z}_2^3$, 共有14個子空間。

習題 2.28 (**) 證明推論2.39。

解答：

1. 由定理 2.38知 $\mathcal{S} \subset \text{span}(\mathcal{S})$。令 $\mathbf{x} \in \text{span}(\mathcal{S})$, 則必存在某正整數$n$, $\mathbf{s}_1, \mathbf{s}_2,$
   $\ldots, \mathbf{s}_n \in \mathcal{S}$, $a_1, a_2, \ldots, a_n \in \mathbb{F}$使得 $\mathbf{x} = a_1\mathbf{s}_1 + \ldots + a_n\mathbf{s}_n$。但 $\mathcal{S}$也是一個
   子空間, 所以 $\mathbf{x} \in \mathcal{S}$。故 $\text{span}(\mathcal{S}) \subset \mathcal{S}$, 因此 $\mathcal{S} = \text{span}(\mathcal{S})$。

2. 由定理 2.38知 $\text{span}(\mathcal{S})$ 是一個子空間, 所以由 1我們知道
   $\text{span}(\text{span}(\mathcal{S})) = \text{span}(\mathcal{S})$。

習題 2.29 (**) 證明推論2.40。

解答：

由定理 2.38第二部份知 $\text{span}(\mathcal{S}) \in \mathcal{C}$, 所以 $\bigcap\limits_{\mathcal{Y} \in \mathcal{C}} \mathcal{Y} \subset \text{span}(\mathcal{S})$。再由定理 2.38第三

部份知 $\text{span}(\mathcal{S}) \subset \bigcap\limits_{\mathcal{Y} \in \mathcal{C}} \mathcal{Y}$, 所以 $\bigcap\limits_{\mathcal{Y} \in \mathcal{C}} \mathcal{Y} = \text{span}(\mathcal{S})$。

習題 2.30 (**) 證明推論2.41。

解答：

由定理 2.31及定理 2.38知 $\mathcal{W}_1 + \mathcal{W}_2 + \cdots + \mathcal{W}_n$及 $\text{span}(\mathcal{W}_1 \cup \mathcal{W}_2 \cup \cdots \cup \mathcal{W}_n)$均
為$\mathcal{V}$中包含$\mathcal{W}_1 \cup \mathcal{W}_2 \cup \cdots \cup \mathcal{W}_n$之最小子空間, 所以 $\mathcal{W}_1 + \mathcal{W}_2 + \cdots + \mathcal{W}_n = $
$\text{span}(\mathcal{W}_1 \cup \mathcal{W}_2 \cup \cdots \cup \mathcal{W}_n)$。

習題 2.31 (**) 證明推論2.42。

解答：

令 $\mathbf{s} \in \text{span}(\mathcal{S}_1)$, 則存在正整數$n$, $\mathbf{s}_1, \mathbf{s}_2, \cdots, \mathbf{s}_n \in \mathcal{S}_1$, $a_1, a_2, \cdots, a_n \in \mathbb{F}$使得$\mathbf{s} = $
$a_1\mathbf{s}_1 + \cdots + a_n\mathbf{s}_n$。但 $\mathbf{s}_1, \mathbf{s}_2, \cdots, \mathbf{s}_n \in \mathcal{S}_2$, 所以 $\mathbf{s} \in \text{span}(\mathcal{S}_2)$。

2.5節習題

習題 **2.32** (∗) 下列各列皆為$\mathbb{R}^3$中的向量。試判斷各列第一項是否可以寫成其餘兩項的線性組合。

1. $(1,0,0),(0,1,0),(0,0,1)$。

2. $(2,1,1),(1,-3,2),(4,-5,5)$。

3. $(7,7,7),(2,2,3),(3,3,1)$。

4. $(3,2,4),(1,1,-1),(1,0,5)$。

5. $(-1,-1,-2),(1,1,1),(1,0,1)$。

6. $(1,-3,5),(1,2,-1),(1,3,-1)$。

解答:

1. 令 $a(0,1,0)+b(0,0,1)=(1,0,0)$, 因爲這個方程式無解(否則 $0=1$), 所以 $(1,0,0)$不能寫成 $(0,1,0)$ 與 $(0,0,1)$的線性組合。

2. 令 $a(1,-3,2)+b(4,-5,5)=(2,1,1)$, 因此我們有

$$\begin{cases} a+4b & =2\,, \\ -3a-5b & =1\,, \\ 2a+5b & =1\,。 \end{cases}$$

這個方程式可以解出 $a=-2$, $b=1$, 所以 $(2,1,1)$可以寫成 $(1,-3,2)$和 $(4,-5,5)$的線性組合。

3. 因爲 $(7,7,7)=2(2,2,3)+(3,3,1)$, 所以 $(7,7,7)$可以寫成 $(2,2,3)$與 $(3,3,1)$的線性組合。

4. $(3,2,4)$不能寫成 $(1,1,-1)$ 與 $(1,0,5)$的線性組合。

5. $(-1,-1,-2)$不能寫成 $(1,1,1)$ 與 $(1,0,1)$的線性組合。

6. $(1, -3, 5)$不能寫成 $(1, 2, -1)$ 與 $(1, 3, -1)$的線性組合。

習題 **2.33** ($*$) 下列各列皆為$\mathbb{R}^{2 \times 2}$中的向量。試判斷各列第一項是否可以寫成其餘兩項的線性組合。

1. $\begin{bmatrix} 1 & 0 \\ 0 & 0 \end{bmatrix}, \begin{bmatrix} 0 & 1 \\ 0 & 0 \end{bmatrix}, \begin{bmatrix} 0 & 0 \\ 1 & 0 \end{bmatrix}$。

2. $\begin{bmatrix} 2 & 4 \\ 0 & -6 \end{bmatrix}, \begin{bmatrix} -2 & 1 \\ 4 & 1 \end{bmatrix}, \begin{bmatrix} 1 & 1 \\ 1 & 1 \end{bmatrix}$。

3. $\begin{bmatrix} -2 & 1 \\ 3 & 2 \end{bmatrix}, \begin{bmatrix} 1 & 1 \\ 0 & 1 \end{bmatrix}, \begin{bmatrix} 2 & 1 \\ 3 & 2 \end{bmatrix}$。

解答:

1. 令 $\begin{bmatrix} 1 & 0 \\ 0 & 0 \end{bmatrix} = a \begin{bmatrix} 0 & 1 \\ 0 & 0 \end{bmatrix} + b \begin{bmatrix} 0 & 0 \\ 1 & 0 \end{bmatrix}$, 其中 $a, b \in \mathbb{R}$。但這表示 $a \cdot 0 + b \cdot 0 = 1$, 故 $\begin{bmatrix} 1 & 0 \\ 0 & 0 \end{bmatrix}$ 不能寫成 $\begin{bmatrix} 0 & 1 \\ 0 & 0 \end{bmatrix}$ 與 $\begin{bmatrix} 0 & 0 \\ 1 & 0 \end{bmatrix}$ 的線性組合。

2. 令 $\begin{bmatrix} 2 & 4 \\ 0 & -6 \end{bmatrix} = a \begin{bmatrix} -2 & 1 \\ 4 & 1 \end{bmatrix} + b \begin{bmatrix} 1 & 1 \\ 1 & 1 \end{bmatrix}$, 其中 $a, b \in \mathbb{R}$。
但這表示 $a + b = 4$ 並且 $a + b = -6$, 故 $\begin{bmatrix} 2 & 4 \\ 0 & -6 \end{bmatrix}$ 不能寫成 $\begin{bmatrix} -2 & 1 \\ 4 & 1 \end{bmatrix}$ 與 $\begin{bmatrix} 1 & 1 \\ 1 & 1 \end{bmatrix}$ 的線性組合。

3. 令 $\begin{bmatrix} -2 & 1 \\ 3 & 2 \end{bmatrix} = a \begin{bmatrix} 1 & 1 \\ 0 & 1 \end{bmatrix} + b \begin{bmatrix} 2 & 1 \\ 3 & 2 \end{bmatrix}$, 其中 $a, b \in \mathbb{R}$。但這表示$a + 2b = -2$ 並且 $a + 2b = 2$, 故 $\begin{bmatrix} -2 & 1 \\ 3 & 2 \end{bmatrix}$ 不能寫成 $\begin{bmatrix} 1 & 1 \\ 0 & 1 \end{bmatrix}$ 與 $\begin{bmatrix} 2 & 1 \\ 3 & 2 \end{bmatrix}$ 的線性組合。

習題 **2.34** ($**$) 設$\mathcal{V}$是向量空間, $\mathcal{S}_1, \mathcal{S}_2$是$\mathcal{V}$中任意的子集。試證明

$$\text{span}(\mathcal{S}_1 \cup \mathcal{S}_2) = \text{span}(\mathcal{S}_1) + \text{span}(\mathcal{S}_2).$$

解答:

若$\mathcal{S}_1 \cup \mathcal{S}_2 = \emptyset$, 則$\mathcal{S}_1 = \mathcal{S}_2 = \emptyset$, 定理敘述顯然成立。底下假設$\mathcal{S}_1 \cup \mathcal{S}_2 \neq \emptyset$。令$\mathbf{s} \in \text{span}(\mathcal{S}_1 \cup \mathcal{S}_2)$, 則存在正整數$p$及$m$, $\mathbf{s}_1, \mathbf{s}_2, \ldots, \mathbf{s}_p \in \mathcal{S}_1$, $\mathbf{s}_{p+1}, \ldots, \mathbf{s}_m \in \mathcal{S}_2$, $a_1, a_2, \ldots, a_m \in \mathbb{F}$ 使得 $\mathbf{s} = a_1 \mathbf{s}_1 + \ldots + a_p \mathbf{s}_p + a_{p+1} \mathbf{s}_{p+1} + \ldots + a_m \mathbf{s}_m$, 但 $a_1 \mathbf{s}_1 + \ldots + a_p \mathbf{s}_p \in \text{span}(\mathcal{S}_1)$, $a_{p+1} \mathbf{s}_{p+1} + \ldots + a_m \mathbf{s}_m \in \text{span}(\mathcal{S}_2)$, 故 $\mathbf{s} \in \text{span}(\mathcal{S}_1) + \text{span}(\mathcal{S}_2)$。因此, $\text{span}(\mathcal{S}_1 \cup \mathcal{S}_2) \subset \text{span}(\mathcal{S}_1) + \text{span}(\mathcal{S}_2)$。反過來, 令 $\mathbf{s} \in \text{span}(\mathcal{S}_1) + \text{span}(\mathcal{S}_2)$, 則存在正整數$p$及$m$, $\mathbf{s}_1, \mathbf{s}_2, \ldots, \mathbf{s}_p \in \mathcal{S}_1$, $\mathbf{s}_{p+1}, \ldots, \mathbf{s}_m \in \mathcal{S}_2$, $a_1, a_2, \ldots, a_m \in \mathbb{F}$ 使得 $\mathbf{s} = (a_1 \mathbf{s}_1 + \ldots + a_p \mathbf{s}_p) + (a_{p+1} \mathbf{s}_{p+1} + \ldots + a_m \mathbf{s}_m)$, 故 $\mathbf{s} \in \text{span}(\mathcal{S}_1 \cup \mathcal{S}_2)$, 因此$\text{span}(\mathcal{S}_1) + \text{span}(\mathcal{S}_2) \subset \text{span}(\mathcal{S}_1 \bigcup \mathcal{S}_2)$。

習題 **2.35** ($***$) 設$\mathcal{V}$是向量空間, $\mathcal{S}_1, \mathcal{S}_2$是$\mathcal{V}$中任意的子集。試證明

$$\text{span}(\mathcal{S}_1 \cap \mathcal{S}_2) \subset \text{span}(\mathcal{S}_1) \cap \text{span}(\mathcal{S}_2).$$

試問等號何時會成立。

解答:

若$\mathcal{S}_1 = \mathcal{S}_2 = \emptyset$, 定理敘述顯然成立。設$\mathcal{S}_1 \neq \emptyset$, $\mathcal{S}_2 \neq \emptyset$。若$\mathcal{S}_1 \cap \mathcal{S}_2 = \emptyset$, 定理敘述顯然成立。若$\mathcal{S}_1 \cap \mathcal{S}_2 \neq \emptyset$, 令 $\mathbf{s} \in \text{span}(\mathcal{S}_1 \cap \mathcal{S}_2)$, 則存在正整數$n$, $\mathbf{s}_1, \ldots, \mathbf{s}_n \in \mathcal{S}_1 \cap \mathcal{S}_2$, $a_1, \ldots, a_n$ 使得 $\mathbf{s} = a_1 \mathbf{s}_1 + \ldots + a_n \mathbf{s}_n$。因爲 $\mathbf{s}_1, \ldots, \mathbf{s}_n \in \mathcal{S}_1$, 所以 $\mathbf{s} \in \text{span}(\mathcal{S}_1)$。

同理, $\mathbf{s} \in \text{span}(\mathcal{S}_2)$, 因此 $\mathbf{s} \in \text{span}(\mathcal{S}_1) \cap \text{span}(\mathcal{S}_2)$。這表示$\text{span}(\mathcal{S}_1 \cap \mathcal{S}_2) \subset \text{span}(\mathcal{S}_1) \cap \text{span}(\mathcal{S}_2)$。很明顯地, 當 $\mathcal{S}_1 \subset \mathcal{S}_2$或 $\mathcal{S}_1 \supset \mathcal{S}_2$ 時, 等號會成立。

習題 **2.36** ($**$) 設$\mathcal{V} = C(\mathbb{R})$。很明顯地$\mathcal{W} = \text{span}(\{1, t, t^2, \cdots, t^n\}) \subset C(\mathbb{R})$, 其中$n$是正整數。試說明不論$n$爲何, $e^t, \sin t$皆不屬於$\mathcal{W}$。

解答:

由微積分我們知道 $e^t = \sum_{n=0}^{\infty} \frac{t^n}{n!}$, 並且 $\sin t = \sum_{n=0}^{\infty} \frac{t^{2n+1}}{(2n+1)!}$, 所以不論 n爲多大的整數 $e^t, \sin t$皆不屬於 $\mathcal{W}$。

習題 **2.37** ($*$) 試證明$\text{span}(\{(1,1), (2,3)\}) = \mathbb{R}^2$。

解答:

對於所有 $(a, b) \in \mathbb{R}^2$, $(a, b) = (3a - 2b)(1, 1) + (b - a)(2, 3)$。所以 $(a, b) \in \text{span}(\{(1,1), (2,3)\})$。

習題 **2.38** (∗) 令$\mathcal{V} = \mathbb{R}^2$, $\mathcal{W} = \{(x_1, x_2)|x_1 + x_2 = 0\}$是$\mathcal{V}$的子空間。試找出$\mathbb{R}^2$中的向量$\mathbf{v}$使得$\text{span}(\{\mathbf{v}\}) = \mathcal{W}$。

解答:

$\mathcal{W} = \{(x_1, x_2) \in \mathbb{R}^2 | x_1 = -x_2\} = \{(x_1, -x_1)|x_1 \in \mathbb{R}\} = \{x_1(1, -1)|x_1 \in \mathbb{R}\} = \text{span}(\{(1, -1)\})$, 故可選擇$\mathbf{v} = (1, -1)$。

習題 **2.39** (∗∗) 令$\mathcal{V} = \mathbb{R}^3$, $\mathcal{W} = \{(x_1, x_2, x_3)|x_1 - 2x_2 + x_3 = 0\}$是$\mathcal{V}$的子空間。試找出$\mathbb{R}^3$中的向量集$\mathcal{S}$得$\text{span}(\mathcal{S}) = \mathcal{W}$。

解答:

因為對所有的$(x_1, x_2, x_3) \in \mathcal{W}$,恆有

$$
\begin{aligned}
(x_1, x_2, x_3) &= (x_1, x_2, 2x_2 - x_1) \\
&= (x_1, 0, -x_1) + (0, x_2, 2x_2) \\
&= x_1(1, 0, -1) + x_2(0, 1, 2) 。
\end{aligned}
$$

故$\mathcal{W} = \text{span}(\{(1, 0, -1), (0, 1, 2)\})$。因此可以選擇 $\mathcal{S} = \{(1, 0, -1), (0, 1, 2)\}$。

習題 **2.40** (∗) 設$\mathcal{V} = (\mathbb{Z}_2^3, \mathbb{Z}_2)$。試寫出$\text{span}(\{(1, 0, 0), (0, 1, 1)\})$ 中所有的元素。

解答:

$$
\begin{aligned}
0 \cdot (1, 0, 0) + 0 \cdot (0, 1, 1) &= (0, 0, 0), \\
0 \cdot (1, 0, 0) + 1 \cdot (0, 1, 1) &= (0, 1, 1), \\
1 \cdot (1, 0, 0) + 0 \cdot (0, 1, 1) &= (1, 0, 0), \\
1 \cdot (1, 0, 0) + 1 \cdot (0, 1, 1) &= (1, 1, 1)。
\end{aligned}
$$

所以

$$\text{span}(\{(1, 0, 0), (0, 1, 1)\}) = \{(0, 0, 0), (0, 1, 1), (1, 0, 0), (1, 1, 1)\} 。$$

習題 **2.41** (∗) 設 $\mathcal{V} = (\mathbb{Z}_2^3, \mathbb{Z}_2)$。試説明 $\operatorname{span}(\{(1,0,0),(0,1,0),(0,0,1)\}) = \mathcal{V}$。

解答:

所有 $\mathbb{Z}_2^3$ 中的元素皆可以表示爲 (a_0, a_1, a_2),其中 $a_0, a_1, a_2 \in \mathbb{Z}_2$。但

$$(a_0, a_1, a_2) = a_0(1,0,0) + a_1(0,1,0) + a_2(0,0,1) ,$$

所以 $\operatorname{span}(\{(1,0,0),(0,1,0),(0,0,1)\}) = \mathcal{V}$。

2.6節習題

習題 **2.42** (∗∗) 證明定理2.56。

解答:

1. 因爲 $\emptyset$ 不包含任何向量,所以根據定義 $\emptyset$ 是線性獨立子集。

2. 若 $\mathcal{S}$ 含零向量,則對意非零元素 a, $a \cdot \mathbf{0} = \mathbf{0}$,所以 $\mathcal{S}$ 是線性相依。

3. 對任意的非零元素 $a \in \mathbb{F}$, $a\mathbf{x} \neq \mathbf{0}$。所以 $\mathcal{S}$ 是線性獨立子集。

習題 **2.43** (∗∗) 證明推論2.60。

解答:

若 $\mathcal{S}$ 是線性相依,則存在有限個相異向量 $\mathbf{x}_1, \cdots, \mathbf{x}_n \in \mathcal{S}$, $a_1, \cdots, a_n \in \mathbb{F}$,其中 $a_1, \cdots, a_n$ 不全爲 0,使得 $a_1\mathbf{x}_1 + a_2\mathbf{x}_2 + \cdots + a_n\mathbf{x}_n = \mathbf{0}$。若 $n = 1$,表示 $a_1\mathbf{x}_1 = \mathbf{0}$,也就是 $\mathbf{x}_1 = \mathbf{0}$,因此 $\mathbf{x}_1 \in \operatorname{span}(\mathcal{S} - \{\mathbf{x}_1\})$。若 $n > 1$,不失一般性,假設 $a_1 \neq 0$,則 $\mathbf{x}_1 = \frac{-a_2}{a_1}\mathbf{x}_2 - \cdots - \frac{a_n}{a_1}\mathbf{x}_n$。這表示 $\mathbf{x}_1 \in \operatorname{span}(\mathcal{S} - \{\mathbf{x}_1\})$。

反過來,若存在 $\mathbf{x} \in \mathcal{S}$ 使得 $\mathbf{x} \in \operatorname{span}(\mathcal{S} - \{\mathbf{x}\})$,我們分兩個情況討論:

情況1. $\mathbf{x} = \mathbf{0}$,則 $\mathcal{S}$ 必爲線性相依。

情況2. $\mathbf{x} \neq \mathbf{0}$,則必存在有限個相異向量 $\mathbf{x}_1, \cdots, \mathbf{x}_n \in \mathcal{S} - \{\mathbf{x}\}$ 以及 $a_1, \cdots, a_n \in \mathbb{F}$,其中 $a_1, \cdots, a_n$ 不全爲 0 使得 $\mathbf{x} = a_1\mathbf{x}_1 + a_2\mathbf{x}_2 + \cdots + a_n\mathbf{x}_n$。這表示 $\mathbf{x} - a_1\mathbf{x}_1 - a_2\mathbf{x}_2 - \cdots - a_n\mathbf{x}_n = \mathbf{0}$。因此,$\mathcal{S}$ 是線性相依。

習題 **2.44** (∗∗) 完成定理2.61之充分性證明。

解答:

假設對每個 $\mathrm{span}(\mathcal{S})$ 中的元素 $\mathbf{v}$, 其表為 $\mathrm{span}(\mathcal{S})$ 中元素之線性組合的方式是唯一的, 因此對任意有限個相異的向量 $\mathbf{s}_1, \mathbf{s}_2, \cdots, \mathbf{s}_n \in \mathcal{S}$, 令 $a_1\mathbf{s}_1 + \cdots + a_n\mathbf{s}_n = \mathbf{0}$, 則必有 $a_1 = a_2 = \cdots = a_n = 0$, 因為 $0 \cdot \mathbf{s}_1 + \cdots + 0 \cdot \mathbf{s}_n = \mathbf{0}$, 所以根據定義, $\mathcal{S}$ 是線性獨立子集。

習題 **2.45** (∗) 試證明 $\left\{ \begin{bmatrix} 1 & 0 \\ 0 & 0 \end{bmatrix}, \begin{bmatrix} 0 & 1 \\ 0 & 0 \end{bmatrix}, \begin{bmatrix} 0 & 1 \\ 1 & 0 \end{bmatrix}, \begin{bmatrix} 1 & 0 \\ 0 & 1 \end{bmatrix} \right\}$ 在 $(\mathbb{R}^{2\times2}, \mathbb{R})$ 是線性獨立子集。

解答:

令 $a\begin{bmatrix} 1 & 0 \\ 0 & 0 \end{bmatrix} + b\begin{bmatrix} 0 & 1 \\ 0 & 0 \end{bmatrix} + c\begin{bmatrix} 0 & 1 \\ 1 & 0 \end{bmatrix} + d\begin{bmatrix} 1 & 0 \\ 0 & 1 \end{bmatrix} = \begin{bmatrix} 0 & 0 \\ 0 & 0 \end{bmatrix}$, 則 $a = 0, b = 0, c = 0$, 以及 $d = 0$, 故 $\left\{ \begin{bmatrix} 1 & 0 \\ 0 & 0 \end{bmatrix}, \begin{bmatrix} 0 & 1 \\ 0 & 0 \end{bmatrix}, \begin{bmatrix} 0 & 1 \\ 1 & 0 \end{bmatrix}, \begin{bmatrix} 1 & 0 \\ 0 & 1 \end{bmatrix} \right\}$ 在 $(\mathbb{R}^{2\times2}, \mathbb{R})$ 中是線性獨立子集。

習題 **2.46** (∗) 若 $\{\mathbf{A}_1, \cdots, \mathbf{A}_m\}$ 是 $\mathbb{R}^{n\times l}$ 中的線性獨立子集。試證明 $\{\mathbf{A}_1^T, \cdots, \mathbf{A}_m^T\}$ 亦是 $\mathbb{R}^{l\times n}$ 中的線性獨立子集。

解答:

令 $a_1\mathbf{A}_1^T + a_2\mathbf{A}_2^T + \cdots + a_m\mathbf{A}_m^T = \mathbf{0}$, 其中 $a_1, \cdots, a_m \in \mathbb{R}$, 對上式取轉置, 則我們得到 $a_1\mathbf{A}_1 + a_2\mathbf{A}_2 + \cdots + a_m\mathbf{A}_m = \mathbf{0}$, 因為 $\mathbf{A}_1, \cdots, \mathbf{A}_m$ 是 $\mathbb{R}^{n\times l}$ 中的線性獨立子集, 所以 $a_1 = a_2 = \cdots = a_m = 0$, 因此 $\{\mathbf{A}_1^T, \cdots, \mathbf{A}_m^T\}$ 亦是 $\mathbb{R}^{l\times n}$ 中的線性獨立子集。

習題 **2.47** (∗) 試證明 $\{1, t, \cdots, t^{n-1}\}$ 在 $\mathbb{R}_n[t]$ 中是線性獨立子集。

解答:

令 $a_0 + a_1 t + \cdots + a_{n-1} t^{n-1} = 0$, 其中 $a_0, \cdots, a_{n-1} \in \mathbb{R}$。則 $a_0 = a_1 = \cdots = a_{n-1} = 0$, 故 $\{1, t, \cdots, t^{n-1}\}$ 在 $\mathbb{R}_n[t]$ 中是線性獨立子集。

習題 **2.48** (∗) 試判斷下列何者 $\mathbb{R}^3$ 中的子集是線性獨立子集。

    1. $\{(1,1,0),(0,1,1),(1,0,1)\}$。

2. $\{(2,2,2),(1,1,1),(1,0,0)\}$。

3. $\{(0,0,0),(1,0,1),(0,1,0)\}$。

4. $\{(3,1,2),(4,2,7),(-1,-1,-5)\}$。

解答：

1. 令 $a(1,1,0)+b(0,1,1)+c(1,0,1)=(0,0,0)$, 這表示 $a+c=0$, $a+b=0$, $b+c=0$, 解得 $a=b=c=0$, 故 $\{(1,1,0),(0,1,1),(1,0,1)\}$ 是 $\mathbb{R}^3$中的線性獨立子集。

2. 令因 $1(2,2,2)-2(1,1,1)+0(1,0,0)=(0,0,0)$, 故$\{(2,2,2),(1,1,1),(1,0,0)\}$不是 $\mathbb{R}^3$中的線性獨立子集。

3. $\{(0,0,0),(1,0,1),(0,1,0)\}$含零向量, 故不是 $\mathbb{R}^3$中的線性獨立子集。

4. 令 $a(3,1,2)+b(4,2,7)+c(-1,-1,-5)=(0,0,0)$, 這表示 $3a+4b-c=0$, $a+2b-c=0$, $2a+7b-5c=0$, 解得 $b=-a,c=-a$, a是任意數。所以$\{(3,1,2),(4,2,7),(-1,-1,-5)\}$ 不是 $\mathbb{R}^3$中的線性獨立子集。

習題 2.49 $(**)$ 設$\mathcal{V}$是佈於$\mathbb{R}$的向量空間。

1. 若$\mathbf{u},\mathbf{v}$是$\mathcal{V}$中相異的向量, 試證明$\{\mathbf{u},\mathbf{v}\}$是線性獨立子集若且唯若$\{\mathbf{u}+\mathbf{v},\mathbf{u}-\mathbf{v}\}$是線性獨立子集。

2. 若$\mathbf{u},\mathbf{v},\mathbf{w}$是$\mathcal{V}$中相異的向量, 試證明$\{\mathbf{u},\mathbf{v},\mathbf{w}\}$是線性獨立子集若且唯若 $\{\mathbf{u}+\mathbf{v},\mathbf{u}+\mathbf{w},\mathbf{v}+\mathbf{w}\}$是線性獨立子集。

解答：

1. 設 $\{\mathbf{u},\mathbf{v}\}$是線性獨立子集, 令 $a(\mathbf{u}+\mathbf{v})+b(\mathbf{u}-\mathbf{v})=\mathbf{0}$。這表示 $(a+b)\mathbf{u}+(a-b)\mathbf{v}=\mathbf{0}$。因爲 $\{\mathbf{u},\mathbf{v}\}$是線性獨立子集, 所以 $a+b=0$, $a-b=0$, 解得 $a=b=0$。故 $\{\mathbf{u}+\mathbf{v},\mathbf{u}-\mathbf{v}\}$是線性獨立子集。反過來, 設 $\{\mathbf{u}+\mathbf{v},\mathbf{u}-\mathbf{v}\}$是線性獨立子集。令 $a\mathbf{u}+b\mathbf{v}=\mathbf{0}$, 這表示 $\dfrac{a+b}{2}(\mathbf{u}+\mathbf{v})+\dfrac{a-b}{2}(\mathbf{u}-\mathbf{v})=\mathbf{0}$, 所以$\dfrac{a+b}{2}=\dfrac{a-b}{2}=0$, 這表示 $a=b=0$, 故 $\{\mathbf{u},\mathbf{v}\}$是線性獨立子集。

2. 設 $\{\mathbf{u}, \mathbf{v}, \mathbf{w}\}$ 是線性獨立子集, 並令 $a(\mathbf{u} + \mathbf{v}) + b(\mathbf{u} + \mathbf{w}) + c(\mathbf{v} + \mathbf{w}) = \mathbf{0}$。則 $(a + b)\mathbf{u} + (a + c)\mathbf{v} + (b + c)\mathbf{w} = \mathbf{0}$, 因爲 $\{\mathbf{u}, \mathbf{v}, \mathbf{w}\}$ 是線性獨立子集, 所以 $a + b = 0, a + c = 0, b + c = 0$, 解得 $a = b = c = 0$, 故 $\{\mathbf{u} + \mathbf{v}, \mathbf{u} + \mathbf{w}, \mathbf{v} + \mathbf{w}\}$ 是線性獨立子集。

反過來, 設 $\{\mathbf{u}+\mathbf{v}, \mathbf{u}+\mathbf{w}, \mathbf{v}+\mathbf{w}\}$ 是線性獨立子集, 令 $a\mathbf{u}+b\mathbf{v}+c\mathbf{w} = \mathbf{0}$。這表示 $(\frac{a+b-c}{2})(\mathbf{u}+\mathbf{v})+(\frac{a-b+c}{2})(\mathbf{u}+\mathbf{w})+(\frac{-a+b+c}{2})(\mathbf{v}+\mathbf{w}) = \mathbf{0}$, 因爲 $\{\mathbf{u}+\mathbf{v}, \mathbf{u}+\mathbf{w}, \mathbf{v}+\mathbf{w}\}$ 是線性獨立子集, 故 $\frac{a+b-c}{2} = 0, \frac{a-b+c}{2} = 0, \frac{-a+b+c}{2} = 0$, 解得 $a = b = c = 0$, 故 $\{\mathbf{u}, \mathbf{v}, \mathbf{w}\}$ 是線性獨立子集。

習題 2.50 $(***)$ 設 $\mathcal{V}$ 是佈於 $\mathbb{Z}_2$ 的向量空間, 若 $\{\mathbf{u}, \mathbf{v}\}$ 是 $\mathcal{V}$ 中的線性獨立子集, 試問 $\{\mathbf{u} + \mathbf{v}, \mathbf{u} - \mathbf{v}\}$ 是 $\mathcal{V}$ 中的線性獨立子集嗎? 若是, 證明你的猜測, 若否, 舉出反例。

解答:

不是。考慮 $(\mathbb{Z}_2^2, \mathbb{Z}_2)$, 很明顯地, $\{(1,0), (0,1)\}$ 是 $(\mathbb{Z}_2^2, \mathbb{Z}_2)$ 的線性獨立子集, 但 $(1,0) + (0,1) = (1,1), (1,0) - (0,1) = (1,1)$, 所以 $\{(1,0) + (0,1), (1,0) - (0,1)\}$ 不是線性獨立子集。

習題 2.51 $(**)$ 寫出所有 $(\mathbb{Z}_2^2, \mathbb{Z}_2)$ 中的線性獨立子集。

解答:

含一個向量的: *{(1,0)}*, *{(0,1)}*, *{(1,1)}*。

含兩個向量的: *{(1,0),(0,1)}*, *{(1,0),(1,1)}*, *{(0,1),(1,1)}*。

習題 2.52 $(**)$ 令 $\mathcal{V} = (\mathbb{Z}_2^3, \mathbb{Z}_2)$, $\mathcal{W} = \{(x_1, x_2, x_3) | x_1 + x_2 + x_3 = 0\}$ 是 $\mathcal{V}$ 中的子空間。試寫出所有 $\mathcal{W}$ 中的線性獨立子集。

解答.

由 $\mathcal{W}$ 的特性, 我們知道,

$$\begin{aligned}
(x_1, x_2, x_3) &= (x_1, x_2, -x_1 - x_2) \\
&= (x_1, x_2, x_1 + x_2) \\
&= (x_1, 0, x_1) + (0, x_2, x_2) \\
&= x_1(1, 0, 1) + x_2(0, 1, 1),
\end{aligned}$$

所以

$$\begin{aligned} \mathcal{W} &= \operatorname{span}\{(1,0,1),(0,1,1)\} \\ &= \{(1,0,1),(0,1,1),(1,1,0),(0,0,0)\}。 \end{aligned}$$

因此 $\mathcal{W}$ 中所有的線性獨立子集爲 $\{(1,0,1)\}$, $\{(0,1,1)\}$, $\{(1,1,0)\}$, $\{(1,0,1),$ $(0,1,1)\}$, $\{(1,0,1),(1,1,0)\}$, $\{(0,1,1),(1,1,0)\}$。

2.7節習題

習題 **2.53** (∗) 試求 $(\mathbb{C}^n,\mathbb{C})$ 和 $(\mathbb{C}^n,\mathbb{R})$ 的維度。

解答:

因爲 $\left\{ \begin{bmatrix} 1 \\ 0 \\ \vdots \\ 0 \end{bmatrix}, \begin{bmatrix} 0 \\ 1 \\ \vdots \\ 0 \end{bmatrix}, \cdots, \begin{bmatrix} 0 \\ 0 \\ \vdots \\ 1 \end{bmatrix} \right\}$ 是 $(\mathbb{C}^n,\mathbb{C})$ 的一組基底, 所以 $\dim(\mathbb{C}^n,\mathbb{C})=n$。

而 $\left\{ \begin{bmatrix} 1 \\ 0 \\ \vdots \\ 0 \end{bmatrix}, \begin{bmatrix} 0 \\ 1 \\ \vdots \\ 0 \end{bmatrix}, \begin{bmatrix} 0 \\ 0 \\ \vdots \\ 1 \end{bmatrix}, \begin{bmatrix} i \\ 0 \\ \vdots \\ 0 \end{bmatrix}, \cdots, \begin{bmatrix} 0 \\ 0 \\ \vdots \\ i \end{bmatrix} \right\}$ 是 $(\mathbb{C}^n,\mathbb{R})$ 的一組基底, 所以

$\dim(\mathbb{C}^n,\mathbb{R})=2n$。

習題 **2.54** (∗∗) 完成定理2.100第2部分之證明。解答:

設 $\mathcal{V}$ 是 n 維向量空間。假設 $\mathcal{B}=\{\mathbf{x}_1,\cdots,\mathbf{x}_n\}$ 是 $\mathcal{V}$ 的一組線性獨立子集。則對任意的 $\mathbf{v}\in\mathcal{V}$, $\{\mathbf{x}_1,\cdots,\mathbf{x}_n,\mathbf{v}\}$ 是線性相依子集。因此存在不全爲零的常數 $a_1,\cdots,a_n$, $a_{n+1}\in\mathbb{F}$, 使得 $a_1\mathbf{x}_1+\cdots+a_n\mathbf{x}_n+a_{n+1}\mathbf{v}=0$。但 $a_{n+1}\neq 0$, 否則 $a_1=a_2=\cdots=a_n=0$ (因爲 $\mathcal{B}$ 是線性獨立子集), 故

$$\mathbf{v}=(-\frac{a_1}{a_{n+1}})\mathbf{x}_1+\cdots+(-\frac{a_n}{a_{n+1}})\mathbf{x}_n。$$

這表示 $\mathbf{v}\in\operatorname{span}(\mathcal{B})=\mathcal{V}$。故 $\mathcal{B}$ 是 $\mathcal{V}$ 的一組基底。

習題 **2.55** (∗∗) 證明推論2.103。(提示: 可利用數學歸納法)

解答:

我們利用數學歸納法來證明這一題。若$m = 0$, 則$\mathcal{S}$是空集合。在這種情況下, 我們可以選擇 $\mathcal{S}_1 = \mathcal{B}$。假設 $m = m_1 < n, m_1 \neq 0$時定理敘述成立, 我們要證明 $m = m_1 + 1$時定理敘述也成立。令$\mathcal{S} = \{\mathbf{y}_1, \mathbf{y}_2, \cdots, \mathbf{y}_m, \mathbf{y}_{m+1}\}$ 是$\mathcal{V}$的線性獨立子集, 則$\mathcal{S}' = \{\mathbf{y}_1, \cdots, \mathbf{y}_m\}$也是$\mathcal{V}$的線性獨立集。根據假設, 存在 $\mathcal{B}$的子集 $\mathcal{S}_1 = \{\mathbf{x}_1, \mathbf{x}_2, \cdots, \mathbf{x}_{n-m}\}$使得$\mathcal{S}' \cup \mathcal{S}_1 = \{\mathbf{y}_1, \cdots, \mathbf{y}_m, \mathbf{x}_1, \cdots, \mathbf{x}_{n-m}\}$ 是$\mathcal{V}$的一組基底, 因此 $\mathbf{y}_{m+1} \in \mathrm{span}(\mathcal{S}' \cup \mathcal{S}_1)$。這表示存在純量 $a_1, a_2, \cdots, a_m, b_1, b_2, \cdots, b_{n-m}$使得$\mathbf{y}_{m+1} = a_1\mathbf{y}_1 + \cdots + a_m\mathbf{y}_m + b_1\mathbf{x}_1 + \cdots + b_{n-m}\mathbf{x}_{n-m}$。很明顯地 $b_1, \cdots, b_{n-m}$不全爲零, 否則違反了$\{\mathbf{y}_1, \mathbf{y}_2, \cdots, \mathbf{y}_m, \mathbf{y}_{m+1}\}$是線性獨立子集的假設。不失一般性, 令 $b_1 \neq 0$, 則

$$\mathbf{x}_1 = (-\frac{a_1}{b_1})\mathbf{y}_1 + (-\frac{a_2}{b_1})\mathbf{y}_2 + \cdots + (-\frac{m}{b_1})\mathbf{y}_m + (\frac{1}{b_1})\mathbf{y}_{m+1}$$
$$+ (-\frac{b_2}{b_1})\mathbf{x}_2 + \cdots + (-\frac{b_{n-m}}{b_1})\mathbf{x}_{n-m} \text{。}$$

因此$\mathrm{span}(\mathcal{S}_1 \cup \mathcal{S} - \{\mathbf{x}_1\}) = \mathcal{V}$。又 $\mathcal{S}_1 \cup \mathcal{S} - \{\mathbf{x}_1\}$恰有 n個向量, 根據定理 2.100, 我們知道 $\mathcal{S}_1 \cup \mathcal{S} - \{\mathbf{x}_1\}$是$\mathcal{V}$的一組基底。故根據數學歸納法, 定理敘述對所有非負整數 m皆成立。

習題 **2.56** (∗∗) 完成定理2.105第2部分之證明。

解答:

設$\mathcal{B} = \{\mathbf{w}_1, \cdots, \mathbf{w}_n\}$是$\mathcal{W}$的一組基底, 則$\mathrm{span}(\mathcal{B}) = \mathcal{W}$。但因爲 $\dim\mathcal{W} = \dim\mathcal{V}$, 所以$\mathcal{B}$亦爲$\mathcal{V}$的基底, 故$\mathrm{span}(\mathcal{B}) = \mathcal{V}$。這表示$\mathcal{V} = \mathcal{W}$。

習題 **2.57** (∗∗) 設$\mathcal{V}$是n維的向量空間。令$\mathcal{S}$是一個$\mathcal{V}$中向量個數小於等於 n的擴展集。試證明$\mathcal{S}$是$\mathcal{V}$中的一組基底。

解答:

若 $\mathcal{S}$是向量個數小於 n的擴展集, 則根據推論 2.90知 $\dim\mathcal{V} < n$。但這違反了$\dim\mathcal{V} = n$的假設, 所以 $\mathcal{S}$的向量個數爲 n。再根據定理 2.100, $\mathcal{S}$是 $\mathcal{V}$中的一組基底。故得證。

習題 **2.58** (∗∗) 請描述$(\mathbb{R}^3, \mathbb{R})$中不同維度的子空間。

解答:

零維：$\{\mathbf{0}\}$。

一維：$\{\lambda\,(a,b,c)\mid$ 其中 a,b,c是給定的不全爲零的實數,λ是任意實數 $\}$。

二維：$\{\lambda\,(a,b,c)+\gamma\,(d,e,f)\mid$ 其中 a,b,c,d,e,f是給定的實數, 並且$\{(a,b,c),$ $(d,e,f)\}$是線性獨立子集, λ,γ是任意實數 $\}$ 。

三維：$\mathbb{R}^3$自己。

習題 2.59 $(*)$ 請問下列集合何者是$\mathbb{R}^3$的基底。

1. $\{(1,1,0),(0,1,1),(1,0,1)\}$。

2. $\{(2,-1,3),(1,5,2),(1,-6,1)\}$。

3. $\{(1,1,1),(2,2,2),(1,0,1)\}$。

解答：

1. 因爲 $\{(1,1,0),(0,1,1),(1,0,1)\}$是$\mathbb{R}^3$中的線性獨立子集, 故爲 $\mathbb{R}^3$中的一組基底。

2. 因爲 $(2,-1,3)-(1,5,2)-(1,-6,1)=\mathbf{0}$, 所以 $\{(2,-1,3),(1,5,2),(1,-6,1)\}$ 是 $\mathbb{R}^3$中的線性相依子集, 故不是 $\mathbb{R}^3$中的一組基底。

3. 因爲 $2(1,1,1)-(2,2,2)+0(1,0,1)=\mathbf{0}$, 所以 $\{(1,1,1),(2,2,2),(1,0,1)\}$ 是 $\mathbb{R}^3$中的線性相依子集, 故不是基底。

習題 2.60 $(**)$ 設$\mathcal{V}$是向量空間, $\mathbf{w},\mathbf{u},\mathbf{v}$是$\mathcal{V}$中相異的向量。試證明 $\{\mathbf{u},\mathbf{v},\mathbf{w}\}$是$\mathcal{V}$的基底若且唯若 $\{\mathbf{u}+\mathbf{v}+\mathbf{w},\mathbf{v}+\mathbf{w},\mathbf{w}\}$是$\mathcal{V}$的基底。

解答：

設 $\{\mathbf{u},\mathbf{v},\mathbf{w}\}$是 $\mathcal{V}$的基底, 則 $\dim\mathcal{V}=3$。因此若要證明$\{\mathbf{u}+\mathbf{v}+\mathbf{w},\mathbf{v}+\mathbf{w},\mathbf{w}\}$是 $\mathcal{V}$的基底, 只需證明$\{\mathbf{u}+\mathbf{v}+\mathbf{w},\mathbf{v}+\mathbf{w},\mathbf{w}\}$ 是線性獨立子集即可。令 $a(\mathbf{u}+\mathbf{v}+\mathbf{w})+b(\mathbf{v}+\mathbf{w})+c\mathbf{w}=\mathbf{0}$, 則 $a\mathbf{u}+(a+b)\mathbf{v}+(a+b+c)\mathbf{w}=\mathbf{0}$。因爲 $\{\mathbf{u},\mathbf{v},\mathbf{w}\}$是線性獨立子集, 所以 $a=0,a+b=0,a+b+c=0$。這表示 $a=b=c=0$。因此$\{\mathbf{u}+\mathbf{v}+\mathbf{w},\mathbf{v}+\mathbf{w},\mathbf{w}\}$是 $\mathcal{V}$的基底。反過來, 若$\{\mathbf{u}+\mathbf{v}+\mathbf{w},\mathbf{v}+\mathbf{w},\mathbf{w}\}$是 $\mathcal{V}$的基底, 則要證明 $\{\mathbf{u},\mathbf{v},\mathbf{w}\}$是 $\mathcal{V}$的基底, 我們只需證明$\{\mathbf{u},\mathbf{v},\mathbf{w}\}$是線性獨立子集即可。

令 $a\mathbf{u} + b\mathbf{v} + c\mathbf{w} = \mathbf{0}$, 則 $(a-b)\mathbf{u} + (b-c)(\mathbf{u}+\mathbf{v}) + c(\mathbf{u}+\mathbf{v}+\mathbf{w}) = \mathbf{0}$。因此 $a-b=0$, $b-c=0$, $c=0$。這表示 $a=b=c=0$。故 $\{\mathbf{u},\mathbf{v},\mathbf{w}\}$ 是 $\mathcal{V}$ 的一組基底。

習題 **2.61** $(***)$ 令 $\mathcal{V} = \mathbb{R}^{n\times n}$, $\mathcal{W} = \{\mathbf{A} | \mathbf{A} \in \mathbb{R}^{n\times n}, \mathrm{tr}(\mathbf{A}) = 0\}$ 是 $\mathcal{V}$ 的子空間。試找出 $\mathcal{W}$ 的基底並指出 $\mathcal{W}$ 的維度。

解答:

我們可以選擇基底爲

$$
\left\{
\begin{pmatrix}
1 & 0 & 0 & \cdots & 0 \\
0 & 0 & 0 & \cdots & 0 \\
\vdots & \vdots & 0 & & 0 \\
\vdots & \vdots & \vdots & \ddots & \vdots \\
0 & 0 & 0 & \cdots & -1
\end{pmatrix},
\begin{pmatrix}
0 & 0 & 0 & \cdots & 0 \\
0 & 1 & 0 & \cdots & 0 \\
0 & 0 & 0 & \cdots & 0 \\
\vdots & \vdots & \vdots & \ddots & \vdots \\
0 & 0 & 0 & \cdots & -1
\end{pmatrix},
\right.
$$

$$
\begin{pmatrix}
0 & 0 & 0 & 0 & \cdots & 0 \\
0 & 0 & 0 & 0 & \cdots & 0 \\
0 & 0 & 1 & 0 & \cdots & 0 \\
\vdots & \vdots & \vdots & \ddots & & 0 \\
\vdots & \vdots & \vdots & & \ddots & \vdots \\
0 & 0 & 0 & \cdots & & -1
\end{pmatrix},
\cdots,
\begin{pmatrix}
0 & 0 & 0 & \cdots & 0 & 0 \\
0 & 0 & 0 & \cdots & 0 & 0 \\
\vdots & \vdots & \vdots & & \vdots & \vdots \\
\vdots & \vdots & \vdots & & \vdots & \vdots \\
0 & 0 & 0 & \cdots & 1 & 0 \\
0 & 0 & 0 & \cdots & 0 & -1
\end{pmatrix},
$$

$$
\begin{pmatrix}
0 & 1 & 0 & \cdots & \cdots & 0 \\
0 & 0 & 0 & \cdots & \cdots & 0 \\
\vdots & \vdots & \vdots & \ddots & \cdots & 0 \\
\vdots & \vdots & \vdots & \cdots & \ddots & \vdots \\
0 & 0 & 0 & \cdots & \cdots & 0
\end{pmatrix},
\cdots,
\begin{pmatrix}
0 & 0 & 1 & 0 & \cdots & 0 \\
0 & 0 & 0 & 0 & \cdots & 0 \\
\vdots & \vdots & \vdots & \cdots & \ddots & \vdots \\
\vdots & \vdots & \vdots & \cdots & \ddots & \vdots \\
0 & 0 & 0 & 0 & \cdots & 0
\end{pmatrix},
$$

$$
\cdots,
\begin{pmatrix}
0 & \cdots & \cdots & 0 & 0 \\
\vdots & \ddots & \cdots & \vdots & \vdots \\
\vdots & \vdots & \ddots & \vdots & \vdots \\
0 & \cdots & \cdots & 0 & 0 \\
0 & \cdots & \cdots & 1 & 0
\end{pmatrix}
\right\}
$$

所以 $\mathcal{W}$ 的維度爲 $n^2 - 1$。

習題 **2.62** (∗) 令 $\mathcal{V} = \mathbb{R}^3$, $\mathcal{W} = \{(x_1, x_2, x_3) | x_1 - 2x_2 + x_3 = 0, 2x_1 - 3x_2 + x_3 = 0, x_1, x_2, x_3 \in \mathbb{R}\}$ 是 $\mathcal{V}$ 的子空間。試找出 $\mathcal{W}$ 的一組基底。解答：

解方程式

$$\begin{cases} x_1 - 2x_2 + x_3 = 0 \,, \\ 2x_1 - 3x_2 + x_3 = 0 \,, \end{cases}$$

得 $x_1 = x_2 = x_3$。所以 $\{(1, 1, 1)\}$ 是 $\mathcal{W}$ 的一組基底。

習題 **2.63** (∗ ∗ ∗) 令 $\mathcal{V} = \mathbb{R}^{2 \times 2}$, $\mathcal{W}_1 = \left\{ \begin{bmatrix} a & b \\ c & a \end{bmatrix} \middle| a, b, c \in \mathbb{R} \right\}$, $\mathcal{W}_2 =$

$\left\{ \begin{bmatrix} 0 & a \\ -a & b \end{bmatrix} \middle| a, b \in \mathbb{R} \right\}$。試證明 $\mathcal{W}_1$ 和 $\mathcal{W}_2$ 是 $\mathcal{V}$ 的子空間，並找出 $\mathcal{W}_1, \mathcal{W}_2, \mathcal{W}_1 \cap \mathcal{W}_2$ 和 $\mathcal{W}_1 + \mathcal{W}_2$ 的基底。

解答：

很明顯地, $\begin{bmatrix} 0 & 0 \\ 0 & 0 \end{bmatrix} \in \mathcal{W}_1$。又若 $\begin{bmatrix} a_1 & b_1 \\ c_1 & a_1 \end{bmatrix}$, $\begin{bmatrix} a_2 & b_2 \\ c_2 & a_2 \end{bmatrix} \in \mathcal{W}_1$, $d, e \in \mathbb{R}$, 則

$$d \begin{bmatrix} a_1 & b_1 \\ c_1 & a_1 \end{bmatrix} + e \begin{bmatrix} a_2 & b_2 \\ c_2 & a_2 \end{bmatrix} = \begin{bmatrix} da_1 + ea_2 & db_1 + eb_2 \\ dc_1 + ec_2 & da_1 + ea_2 \end{bmatrix} \in \mathcal{W}_1\,.$$

所以 $\mathcal{W}_1$ 是 $\mathcal{V}$ 的一個子空間。

相同地, $\begin{bmatrix} 0 & 0 \\ 0 & 0 \end{bmatrix} \in \mathcal{W}_2$。又若 $\begin{bmatrix} 0 & a_1 \\ -a_1 & b_1 \end{bmatrix}$, $\begin{bmatrix} 0 & a_2 \\ -a_2 & b_2 \end{bmatrix} \in \mathcal{W}_2$, $d, e \in \mathbb{R}$, 則

$$d \begin{bmatrix} 0 & a_1 \\ -a_1 & b_1 \end{bmatrix} + e \begin{bmatrix} 0 & a_2 \\ -a_2 & b_2 \end{bmatrix} = \begin{bmatrix} 0 & da_1 + ea_2 \\ -(da_1 + ea_2) & db_1 + eb_2 \end{bmatrix}$$

$\in \mathcal{W}_2$ 。所以 $\mathcal{W}_2$ 也是 $\mathcal{V}$ 的一個子空間。

我們可以選擇 $\mathcal{W}_1$ 的基底爲 $\left\{ \begin{bmatrix} 1 & 0 \\ 0 & 1 \end{bmatrix}, \begin{bmatrix} 0 & 1 \\ 0 & 0 \end{bmatrix}, \begin{bmatrix} 0 & 0 \\ 1 & 0 \end{bmatrix} \right\}$, $\mathcal{W}_2$ 的基底爲

$\left\{ \begin{bmatrix} 0 & 1 \\ -1 & 0 \end{bmatrix}, \begin{bmatrix} 0 & 0 \\ 0 & 1 \end{bmatrix} \right\}$。因爲 $\mathcal{W}_1 \cap \mathcal{W}_2 = \left\{ \begin{bmatrix} 0 & a \\ -a & 0 \end{bmatrix} \middle| a \in \mathbb{R} \right\}$, 所以我們可以選擇 $\mathcal{W}_1 \cap \mathcal{W}_2$ 的基底爲 $\left\{ \begin{bmatrix} 0 & 1 \\ -1 & 0 \end{bmatrix} \right\}$。又 $\mathcal{W}_1 + \mathcal{W}_2 = \mathcal{V}$, 所以我們可以選擇 $\mathcal{W}_1 + \mathcal{W}_2$ 的基底爲 $\left\{ \begin{bmatrix} 1 & 0 \\ 0 & 0 \end{bmatrix}, \begin{bmatrix} 0 & 1 \\ 0 & 0 \end{bmatrix}, \begin{bmatrix} 0 & 0 \\ 1 & 0 \end{bmatrix}, \begin{bmatrix} 0 & 0 \\ 0 & 1 \end{bmatrix} \right\}$。

習題 **2.64** $(***)$ 令a為任意實數, 令$\mathcal{V} = \mathbb{R}_n[t]$, $\mathcal{W} = \{f \mid f \in \mathbb{R}_n[t], f(a) = 0\}$。 試證明$\mathcal{W}$是$\mathcal{V}$的子空間並找出$\mathcal{W}$的維度。

解答:

很明顯地, $0 \in \mathcal{W}$。令 $f, g \in \mathcal{W}, b, c \in \mathbb{R}$, 則

$$(b\,f + c\,g)\,(a) = b\,f\,(a) + c\,g\,(a) = 0\,,$$

故 $\mathcal{W}$是 $\mathbb{R}_n[t]$的一個子空間。因為 $\{(t-a), (t-a)^2, (t-a)^3, \cdots,$
$(t-a)^{n-1}\}$是$\mathcal{W}$的一個基底, 所以 $\mathcal{W}$的維度是 $n-1$。

習題 **2.65** $(**)$ 令 $\mathcal{V} = \mathbb{R}^{n \times n}$, $\mathcal{W} = \{\mathbf{A} \mid \mathbf{A} = [a_{ij}] \in \mathcal{V}$, 並且對 $i = 1, 2, \cdots, n$, $a_{ii} = 0\}$。試證明$\mathcal{W}$是$\mathcal{V}$的子空間並找出$\mathcal{W}$的維度。

解答:

很明顯地, 零矩陣 $\mathbf{0} \in \mathcal{W}$。令 $\mathbf{A} = [a_{ij}], \mathbf{B} = [b_{ij}] \in \mathcal{W}, a, b \in \mathbb{R}$, 則對 $i = 1, 2, \cdots, n$, $a_{ii} = b_{ii} = 0$。且 $a\mathbf{A} + b\mathbf{B} = [aa_{ij} + bb_{ij}]$ 並且對 $i = 1, 2, \cdots, n$, 及 $a\,a_{ii} + b\,b_{ii} = 0$。所以 $a\mathbf{A} + b\mathbf{B} \in \mathcal{W}$, 故 $\mathcal{W}$是 $\mathcal{V}$的一個子空間。由於我們可以選擇

$$\left\{ \begin{bmatrix} 0 & 1 & 0 & \cdots & 0 \\ 0 & 0 & 0 & \cdots & 0 \\ \vdots & \vdots & \vdots & \ddots & \vdots \\ 0 & 0 & 0 & \cdots & 0 \end{bmatrix}, \begin{bmatrix} 0 & 0 & 1 & \cdots & 0 \\ 0 & 0 & 0 & \cdots & 0 \\ \vdots & \vdots & \vdots & \ddots & \vdots \\ 0 & 0 & 0 & \cdots & 0 \end{bmatrix}, \right.$$
$$\left. \cdots, \begin{bmatrix} 0 & 0 & 0 & \cdots & 0 & 0 \\ 0 & 0 & 0 & \cdots & 0 & 0 \\ \vdots & \vdots & \vdots & \ddots & \vdots & \vdots \\ 0 & 0 & 0 & \cdots & 1 & 0 \end{bmatrix} \right\}$$

作為 $\mathcal{W}$的基底, 所以$\dim \mathcal{W} = n^2 - n$。

習題 **2.66** $(*)$ 試找出$\mathcal{V} = (\mathbb{Z}_2^3, \mathbb{Z}_2)$的基底並找出$(\mathbb{Z}_2^3, \mathbb{Z}_2)$的維度。

解答:

對任意的 $(x_1, x_2, x_3) \in \mathbb{Z}_2^3$, 皆可表示為 $x_1(1,0,0) + x_2(0,1,0) + x_3(0,0,1)$, 所以 $\{(1,0,0), (0,1,0), (0,0,1)\}$是 $\mathbb{Z}_2^3$的一組基底。也因此 $\dim(\mathbb{Z}_2^3, \mathbb{Z}_2) = 3$。

習題 2.67 (**) 承上題, $W = \{(x_1, x_2, x_3) | x_1 + x_2 + x_3 = 0, x_1, x_2, x_3 \in \mathbb{Z}_2\}$是$V$的子空間。試寫出$W$所有可能的基底。

解答:

很明顯地, $W = \{(0,0,0), (1,1,0), (0,1,1), (1,0,1)\}$。而$W = \mathrm{span}\{(1,1,0), (0,1,1)\}$, 所以 $\dim W = 2$。因此尋找 W 所有可能的基底, 亦即爲尋找所有 W 中元素個數爲 2 的線性獨立子集, 所以爲 $\{(1,1,0), (0,1,1)\}$, $\{(1,1,0), (1,0,1)\}$, 和$\{(0,1,1), (1,0,1)\}$。

習題 2.68 (***) 承上題, $W = \{(x_1, x_2, x_3) | x_1 + x_2 + x_3 = 0, x_1 - x_2 + x_3 = 0, x_1, x_2, x_3 \in \mathbb{Z}_2\}$是$V$的子空間。試寫出$W$所有可能的基底。

解答:

在 $\mathbb{Z}_2$中, 加法反元素即爲自己本身。所以$x_1 - x_2 + x_3 = 0$可以改寫爲$x_1 + x_2 + x_3 = 0$, 因此 $W = \{(x_1, x_2, x_3) \mid x_1 + x_2 + x_3 = 0\}$。由習題 2.67得知, W可能的基底爲$\{(1,1,0), (0,1,1)\}$, $\{(1,1,0), (1,0,1)\}$, 和$\{(0,1,1), (1,0,1)\}$。

2.8節習題

習題 2.69 (**) 證明定理2.111。

解答:

令 $\mathcal{B}_1 = \{\mathbf{v}_1, \mathbf{v}_2, \cdots, \mathbf{v}_n\}$, $\mathcal{B}_2 = \{\mathbf{w}_1, \mathbf{w}_2, \cdots, \mathbf{w}_m\}$, 假設 $\mathcal{B}_1 \cap \mathcal{B}_2 = \emptyset$ 並且 $\mathcal{B}_1 \cup \mathcal{B}_2$是$V$的基底。則 $V = \mathrm{span}(\mathcal{B}_1 \cup \mathcal{B}_2)$。因此對所有的 $\mathbf{v} \in V$, 皆存在 $a_1, \cdots, a_n, b_1, \cdots, b_m \in \mathbb{F}$使得

$$\mathbf{v} = (a_1\mathbf{v}_1 + \cdots + a_n\mathbf{v}_n) + (b_1\mathbf{w}_1 + \cdots + b_m\mathbf{w}_m),$$

所以 $\mathbf{v} \in \mathrm{span}(\mathcal{B}_1) + \mathrm{span}(\mathcal{B}_2) = W_1 + W_2$。再令 $\mathbf{w} \in W_1 \cap W_2$, 則必存在 $c_1, \cdots, c_n, d_1, \cdots, d_m \in \mathbb{F}$使得

$$\mathbf{w} = (c_1\mathbf{v}_1 + \cdots + c_n\mathbf{v}_n) = (d_1\mathbf{w}_1 + \cdots + d_m\mathbf{w}_m),$$

所以$c_1\mathbf{v}_1 + \cdots + c_n\mathbf{v}_n - d_1\mathbf{w}_1 - \cdots - d_m\mathbf{w}_m = 0$。因爲$\mathcal{B}_1 \cap \mathcal{B}_2 = \emptyset$且$\mathcal{B}_1 \cup \mathcal{B}_2$是$V$的基底, 所以$\{\mathbf{v}_1, \cdots, \mathbf{v}_n, \mathbf{w}_1, \cdots, \mathbf{w}_n\}$是線性獨立子集, 故$c_1 = \cdots = c_n = d_1 =$

$\cdots = d_m = 0$, 因此, $\mathbf{w} = \mathbf{0}$, 這表示 $\mathcal{W}_1 \cap \mathcal{W}_2 = \{\mathbf{0}\}$。因此 $\mathcal{V} = \mathcal{W}_1 \bigoplus \mathcal{W}_2$。反過來, 假設 $\mathcal{V} = \mathcal{W}_1 \bigoplus \mathcal{W}_2$。則對任意 $\mathbf{v} \in \mathcal{V}$, 存在唯一的 $\mathbf{u}_1 \in \mathcal{W}_1$, $\mathbf{u}_2 \in \mathcal{W}_2$, 使得 $\mathbf{v} = \mathbf{u}_1 + \mathbf{u}_2$。這表示存在 $a_1, \cdots, a_n, b_1, \cdots, b_m \in \mathbb{F}$使得

$$\begin{aligned} \mathbf{v} &= \mathbf{u}_1 + \mathbf{u}_2 \\ &= (a_1\mathbf{v}_1 + \cdots + a_n\mathbf{v}_n) + (b_1\mathbf{w}_1 + \cdots + b_m\mathbf{w}_m), \end{aligned}$$

故$\mathrm{span}(\mathcal{B}_1 \cup \mathcal{B}_2) = \mathcal{V}$。令$(a_1\mathbf{v}_1 + \cdots + a_n\mathbf{v}_n) + (b_1\mathbf{w}_1 + \cdots + b_m\mathbf{w}_m) = \mathbf{0}$, 則$a_1\mathbf{v}_1 + \cdots + a_n\mathbf{v}_n = -b_1\mathbf{w}_1 - \cdots - b_m\mathbf{w}_m$。但 $\mathcal{W}_1 \cap \mathcal{W}_2 = \{\mathbf{0}\}$, 所以 $a_1\mathbf{v}_1 + \cdots + a_n\mathbf{v}_n = \mathbf{0}$, $b_1\mathbf{w}_1 + \cdots + b_m\mathbf{w}_m = \mathbf{0}$。因為 $\mathcal{B}_1, \mathcal{B}_2$分別是$\mathcal{W}_1$與$\mathcal{W}_2$中的線性獨立子集, 所以 $a_1 = \cdots = a_n = b_1 = \cdots = b_m = 0$, 故 $\mathcal{B}_1 \cup \mathcal{B}_2$是$\mathcal{V}$中的線性獨立子集。這證明了$\mathcal{B}_1 \cup \mathcal{B}_2$是$\mathcal{V}$的一組基底。最後, 令 $\mathcal{B} \subset \mathcal{B}_1 \cap \mathcal{B}_2$, 則 $\mathrm{span}(\mathcal{B}) \subset \mathcal{W}_1$ 並且$\mathrm{span}(\mathcal{B}) \subset \mathcal{W}_2$。但因為 $\mathcal{W}_1 \cap \mathcal{W}_2 = \{\mathbf{0}\}$, 所以 $\mathrm{span}(\mathcal{B}) = \{\mathbf{0}\}$, 故 $\mathcal{B} = \emptyset$, 也就是 $\mathcal{B}_1 \cap \mathcal{B}_2 = \emptyset$。

習題 **2.70** ($\ast\ast$) 試完成定理2.112的證明。

解答:

這一題可以直接由定理 2.111 證明。因為 $\{\mathbf{x}_1, \mathbf{x}_2, \cdots, \mathbf{x}_r\} \cup \{\mathbf{x}_{r+1}, \cdots, \mathbf{x}_n\}$ 是$\mathcal{V}$的一組基底, 而$\{\mathbf{x}_1, \cdots, \mathbf{x}_r\} \cap \{\mathbf{x}_{r+1}, \cdots, \mathbf{x}_n\} = \emptyset$, 所以直接由定理 2.111得知$\mathcal{V} = \mathcal{W} \bigoplus \mathcal{U}$。

習題 **2.71** ($\ast\ast$) 試完成定理2.114的證明。

解答:

由定理 2.111 我們知道 $\{\mathbf{x}_1, \mathbf{x}_2, \cdots, \mathbf{x}_r, \mathbf{x}_{r+1}, \cdots, \mathbf{x}_n\}$ 是 $\mathcal{V}$ 的一組基底, 所以 $\dim \mathcal{V} = r + (n - r) = \dim \mathcal{W}_1 + \dim \mathcal{W}_2$。

習題 **2.72** ($\ast\ast$) 證明定理2.116。

解答:

令 $\mathcal{B}_1 = \{\mathbf{x}_1, \cdots, \mathbf{x}_r\}$是 $\mathcal{W}_1 \cap \mathcal{W}_2$的一組基底, 擴展 $\mathcal{B}_1$成 $\mathcal{B}_2 = \{\mathbf{x}_1, \cdots, \mathbf{x}_r, \mathbf{x}_{r+1}, \cdots, \mathbf{x}_m\}$為 $\mathcal{W}_1$的基底。並擴展$\mathcal{B}_1$成$\mathcal{B}_2{'} = \{\mathbf{x}_1, \cdots, \mathbf{x}_r, \mathbf{y}_{r+1}, \cdots, \mathbf{y}_n\}$為$\mathcal{W}_2$的基底。很明顯地, $\mathcal{B} = \{\mathbf{x}_1, \cdots, \mathbf{x}_r, \mathbf{x}_{r+1}, \cdots, \mathbf{x}_m, \mathbf{y}_{r+1}, \cdots, \mathbf{y}_n\}$ 是 $\mathcal{W}_1 + \mathcal{W}_2$的一組擴展子集, 故$\mathcal{W}_1 + \mathcal{W}_2$亦為有限維度。很明顯地$\mathrm{span}\{\mathbf{x}_1, \cdots, \mathbf{x}_r, \mathbf{x}_{r+1}, \cdots, \mathbf{x}_m\}$

$\cap \mathrm{span}\{\mathbf{y}_{r+1}, \cdots, \mathbf{y}_n\} = \{\mathbf{0}\}$。因爲若 $\mathbf{v} \neq \mathbf{0}$ 且 $\mathbf{v} \in \mathrm{span}\{\mathbf{x}_1, \cdots, \mathbf{x}_r, \mathbf{x}_{r+1}, \cdots,$ $\mathbf{x}_m\} \cap \mathrm{span}\{\mathbf{y}_{r+1}, \cdots, \mathbf{y}_n\}$，這表示 $\mathbf{v} \in \mathcal{W}_1 \cap \mathcal{W}_2$，也就是說存在不全爲零 $c_1, c_2, \cdots,$ c_r，以及不全爲零 $c_{r+1}, \cdots, c_n$，使得 $\mathbf{v} = c_1\mathbf{x}_1 + c_2\mathbf{x}_2 + \cdots + c_r\mathbf{x}_r = c_{r+1}\mathbf{y}_{r+1}, \cdots,$ $c_n\mathbf{y}_n$，這違反了 $\{\mathbf{x}_1, \cdots, \mathbf{x}_r, \mathbf{y}_{r+1}, \cdots, \mathbf{y}_n\}$ 是 $\mathcal{W}_2$ 的基底。令

$$a_1\mathbf{x}_1 + \cdots + a_r\mathbf{x}_r + a_{r+1}\mathbf{x}_{r+1} + \cdots + a_m\mathbf{x}_m + b_{r+1}\mathbf{y}_{r+1} + \cdots + b_n\mathbf{y}_n = \mathbf{0} \,,$$

則

$$a_1\mathbf{x}_1 + \cdots + a_r\mathbf{x}_r + a_{r+1}\mathbf{x}_{r+1} + \cdots + a_m\mathbf{x}_m = -b_{r+1}\mathbf{y}_{r+1} - \cdots - b_n\mathbf{y}_n \,。$$

所以 $a_1\mathbf{x}_1 + \cdots + a_r\mathbf{x}_r + a_{r+1}\mathbf{x}_{r+1} + \cdots + a_m\mathbf{x}_m = \mathbf{0}$，並且 $b_{r+1}\mathbf{y}_{r+1} + \cdots + b_n\mathbf{y}_n = \mathbf{0}$，因爲 $\{\mathbf{x}_1, \cdots, \mathbf{x}_m\}$ 是 $\mathcal{W}_1$ 的基底，$\{\mathbf{y}_{r+1}, \cdots, \mathbf{y}_n\}$ 是 $\mathcal{W}_2$ 中的線性獨立子集，因此

$$a_1 = \cdots = a_r = a_{r+1} = \cdots = a_m = 0,$$
$$b_{r+1} = \cdots = b_n = 0,$$

所以 $\mathcal{B}$ 是 $\mathcal{W}_1 + \mathcal{W}_2$ 中的線性獨立子集。因此 $\mathcal{B}$ 是 $\mathcal{W}_1 + \mathcal{W}_2$ 的一組基底。故

$$\begin{aligned} \dim(\mathcal{W}_1 + \mathcal{W}_2) &= m + n - r \\ &= \dim\mathcal{W}_1 + \dim\mathcal{W}_2 - \dim(\mathcal{W}_1 \cap \mathcal{W}_2) \,。\end{aligned}$$

習題 2.73 (∗∗) 證明定理2.120。

解答:

假設 $\mathcal{V} = \mathcal{W}_1 \oplus \mathcal{W}_2 \oplus \cdots \oplus \mathcal{W}_k$，則直接根據定義 $\mathcal{V} = \mathcal{W}_1 + \mathcal{W}_2 + \cdots + \mathcal{W}_k$。固定 i，假設 $\mathbf{v} \in \mathcal{W}_i \cap (\sum_{j \neq i} \mathcal{W}_j)$，則存在 $\mathbf{w}_i \in \mathcal{W}_i$，$\mathbf{w}_1 \in \mathcal{W}_1$，$\mathbf{w}_2 \in \mathcal{W}_2$，$\cdots,$ $\mathbf{w}_{i-1} \in \mathcal{W}_{i-1}$，$\mathbf{w}_{i+1} \in \mathcal{W}_{i+1}$，$\cdots,$ $\mathbf{w}_k \in \mathcal{W}_k$，使得 $\mathbf{v} = \mathbf{w}_i$ 並且 $\mathbf{v} = \mathbf{w}_1 + \mathbf{w}_2 + \cdots + \mathbf{w}_{i-1} + \mathbf{w}_{i+1} + \cdots + \mathbf{w}_k$，由直和的定義知 $\mathbf{v}$ 的分解是唯一的，故 $\mathbf{w}_1 = \mathbf{w}_2 = \cdots = \mathbf{w}_i = \mathbf{w}_{i+1} = \cdots = \mathbf{w}_k = \mathbf{0}$。故 $\mathbf{v} = \mathbf{0}$，因此，$\mathcal{W}_i \cap (\sum_{j \neq i} \mathcal{W}_j) = \{\mathbf{0}\}$。

反過來, 假設

1. $\mathcal{V} = \mathcal{W}_1 + \mathcal{W}_2 + \cdots + \mathcal{W}_k$。

2. 對所有 $i = 1, 2, \cdots, k$, $\mathcal{W}_i \cap (\sum\limits_{j \neq i} \mathcal{W}_j) = \{\mathbf{0}\}$。

我們要證明 $\mathbf{v} = \mathbf{w}_1 + \mathbf{w}_2 + \cdots + \mathbf{w}_k$, 的分解是唯一的, 其中 $\mathbf{w}_i \in \mathcal{W}_i$, 令 $\mathbf{v} = \mathbf{w}_1 + \mathbf{w}_2 + \cdots + \mathbf{w}_k = \mathbf{w}_1' + \mathbf{w}_2' + \cdots + \mathbf{w}_k'$, 其中 $\mathbf{w}_1, \mathbf{w}_1' \in \mathcal{W}_1$, $\mathbf{w}_2, \mathbf{w}_2' \in \mathcal{W}_2$, $\cdots$, $\mathbf{w}_k, \mathbf{w}_k' \in \mathcal{W}_k$。則 $\mathbf{w}_1 - \mathbf{w}_1' = \mathbf{w}_2' - \mathbf{w}_2 + \cdots + (\mathbf{w}_k' - \mathbf{w}_k)$, 但 $\mathcal{W}_i \cap (\sum\limits_{j \neq i} \mathcal{W}_j) = \{\mathbf{0}\}$, 所以 $\mathbf{w}_1 - \mathbf{w}_1' = \mathbf{0}$。用同樣的方法, 我們得到對所有 $i = 1, 2, \cdots, k$, $\mathbf{w}_i = \mathbf{w}_i'$。因此, $\mathcal{V}$的表示方法是唯一的。故根據直和的定義, $\mathcal{V} = \mathcal{W}_1 \oplus \mathcal{W}_2 \oplus \cdots \oplus \mathcal{W}_k$。

習題 **2.74** (∗∗) 證明定理2.122。

解答:

我們對k作數學歸納法。當$k = 2$時的情況, 我們已在定理 2.111(習題2.69)時證得。現在假設這個定理對 $k = 2, \cdots, n$時成立。設 $\mathcal{V} = \mathcal{W}_1 \oplus \cdots \oplus \mathcal{W}_{n+1}$, 則根據定義, $\mathcal{V} = (\mathcal{W}_1 \oplus \cdots \oplus \mathcal{W}_n) \oplus \mathcal{W}_{n+1}$。因此由假設得知 $\mathcal{B}_1, \mathcal{B}_2, \cdots, \mathcal{B}_n$兩兩互斥且$\mathcal{B}_1 \bigcup \mathcal{B}_2 \bigcup \cdots \bigcup \mathcal{B}_n$是 $\mathcal{W}_1 \oplus \cdots \oplus \mathcal{W}_n$的基底, 也因此$\mathcal{B}_1, \mathcal{B}_2, \cdots, \mathcal{B}_n, \mathcal{B}_{n+1}$兩兩互斥, 且 $\mathcal{B}_1 \bigcup \mathcal{B}_2 \bigcup \cdots \bigcup \mathcal{B}_n \bigcup \mathcal{B}_{n+1}$是$\mathcal{V}$的基底。反過來, 假設兩兩互斥的集合 $\mathcal{B}_1, \mathcal{B}_2, \cdots, \mathcal{B}_{n+1}$分別是 $\mathcal{W}_1, \cdots, \mathcal{W}_{n+1}$的基底, 則根據假設 $\mathcal{W}_1 \oplus \cdots \oplus \mathcal{W}_n$以及 $\mathcal{V} = (\mathcal{W}_1 \oplus \cdots \oplus \mathcal{W}_n) \oplus \mathcal{W}_{n+1} = \mathcal{W}_1 \oplus \cdots \oplus \mathcal{W}_{n+1}$。故由數學歸納法原本定理成立。

習題 **2.75** (∗∗) 令 $\mathcal{V}$是有限維度向量空間, $\mathcal{W}_1, \mathcal{W}_2, \mathcal{W}_3$ 是 $\mathcal{V}$的子空間, 試推廣定理 2.116(布林公式)並證明之。

解答:

這一題的答案並不是單純的等式。

$$
\begin{aligned}
&\dim((\mathcal{W}_1 + \mathcal{W}_2) + \mathcal{W}_3) \\
&= \dim(\mathcal{W}_1 + \mathcal{W}_2) + \dim\mathcal{W}_3 - \dim((\mathcal{W}_1 + \mathcal{W}_2) \cap \mathcal{W}_3) \\
&= \dim\mathcal{W}_1 + \dim\mathcal{W}_2 - \dim(\mathcal{W}_1 \cap \mathcal{W}_2) + \dim\mathcal{W}_3 \\
&\quad - \dim((\mathcal{W}_1 + \mathcal{W}_2) \cap \mathcal{W}_3).
\end{aligned}
$$

但一般來說 $(\mathcal{W}_1 + \mathcal{W}_2) \cap \mathcal{W}_3 \supset (\mathcal{W}_1 \cap \mathcal{W}_3) + (\mathcal{W}_2 \cap \mathcal{W}_3)$，所以

$$\dim(\mathcal{W}_1 + \mathcal{W}_2 + \mathcal{W}_3)$$
$$\leq \dim\mathcal{W}_1 + \dim\mathcal{W}_2 + \dim\mathcal{W}_3 - \dim(\mathcal{W}_1 \cap \mathcal{W}_2)$$
$$- \dim((\mathcal{W}_1 \cap \mathcal{W}_3) + (\mathcal{W}_2 \cap \mathcal{W}_3))$$
$$= \dim\mathcal{W}_1 + \dim\mathcal{W}_2 + \dim\mathcal{W}_3 - \dim(\mathcal{W}_1 \cap \mathcal{W}_2)$$
$$- (\dim(\mathcal{W}_1 \cap \mathcal{W}_3) + \dim(\mathcal{W}_2 \cap \mathcal{W}_3) - \dim(\mathcal{W}_1 \cap \mathcal{W}_2 \cap \mathcal{W}_3))$$
$$= \dim\mathcal{W}_1 + \dim\mathcal{W}_2 + \dim\mathcal{W}_3 - \dim(\mathcal{W}_1 \cap \mathcal{W}_2)$$
$$- \dim(\mathcal{W}_1 \cap \mathcal{W}_3) - \dim(\mathcal{W}_2 \cap \mathcal{W}_3) + \dim(\mathcal{W}_1 \cap \mathcal{W}_2 \cap \mathcal{W}_3) \text{。}$$

習題 2.76 設 $\mathcal{V}$ 是有限維度向量空間，$\mathcal{W}_1, \cdots, \mathcal{W}_k$ 是 $\mathcal{V}$ 的子空間。證明下列兩敘述等效。

1. $\mathcal{V} = \mathcal{W}_1 \oplus \cdots \oplus \mathcal{W}_k$。

2. $\mathcal{V} = \mathcal{W}_1 + \cdots + \mathcal{W}_k$，且若 $\mathbf{w}_1 + \cdots + \mathbf{w}_k = \mathbf{0}, \mathbf{w}_i \in \mathcal{W}_i$，則對所有的 $i = 1, \cdots, k$，必有 $\mathbf{w}_i = \mathbf{0}$。

解答：

假設 $\mathcal{V} = \mathcal{W}_1 \oplus \mathcal{W}_2 \oplus \cdots \oplus \mathcal{W}_k$。直接根據定義知 $\mathcal{V} = \mathcal{W}_1 + \mathcal{W}_2 + \cdots + \mathcal{W}_k$。令 $\mathbf{w}_1 + \cdots + \mathbf{w}_k = \mathbf{0}$，其中 $\mathbf{w}_i \in \mathcal{W}_i$。則對任意的 i，$-\mathbf{w}_i = \sum_{j \neq i} \mathbf{w}_j \in \sum_{j \neq i} \mathcal{W}_j$，但 $-\mathbf{w}_i \in \mathcal{W}_i$，所以根據定理 2.120 推得

$$-\mathbf{w}_i \in \mathcal{W}_i \cap \sum_{j \neq i} \mathcal{W}_j = \{\mathbf{0}\} \text{，}$$

所以 $\mathbf{w}_i = \mathbf{0}$，故得證。

反過來，假設 $\mathcal{V} = \mathcal{W}_1 + \mathcal{W}_2 + \cdots + \mathcal{W}_k$，且 $\mathbf{w}_1 + \cdots + \mathbf{w}_k = \mathbf{0}$，$\mathbf{w}_i \in \mathcal{W}_i$，則對所有 $i = 1, 2, \cdots, k$，必有 $\mathbf{w}_i = \mathbf{0}$。我們只需證明定義 2.119 中的條件 2 成立即可。令 $\mathbf{v} = \mathbf{w}_1 + \cdots + \mathbf{w}_k = \mathbf{w}_1' + \cdots + \mathbf{w}_k'$，其中 $\mathbf{w}_i, \mathbf{w}_i' \in \mathcal{W}_i$。則 $(\mathbf{w}_1 - \mathbf{w}_1') + \cdots + (\mathbf{w}_k - \mathbf{w}_k') = \mathbf{0}$。則根據假設知 $\mathbf{w}_i - \mathbf{w}_i' = \mathbf{0}$，即 $\mathbf{w}_i = \mathbf{w}_i'$。所以 $\mathbf{v}$ 的表示法是唯一的，因此 $\mathcal{V} = \mathcal{W}_1 \oplus \mathcal{W}_2 \oplus \cdots \oplus \mathcal{W}_k$。

習題 **2.77** (∗∗) 證明定理2.123。

解答:

首先我們假設 $\mathcal{V} = \mathcal{W}_1 \oplus \mathcal{W}_2 \oplus \cdots \oplus \mathcal{W}_k$。我們要證明$\dim \mathcal{V} = \dim \mathcal{W}_1 + \dim \mathcal{W}_2 + \cdots + \dim \mathcal{W}_k$。令 $\mathcal{B}_i$是 $\mathcal{W}_i$的基底, 則由定理 2.122我們知道$\mathcal{B}_1, \mathcal{B}_2, \cdots, \mathcal{B}_k$兩兩互斥且 $\mathcal{B}_1 \cup \mathcal{B}_2 \cup \cdots \cup \mathcal{B}_k$是$\mathcal{V}$的基底, 所以 $\dim \mathcal{V} = \dim \mathcal{W}_1 + \cdots + \dim \mathcal{W}_k$。反過來, 令 $\dim \mathcal{V} = \dim \mathcal{W}_1 + \cdots + \dim \mathcal{W}_k$。我們證明 $\mathcal{V} = \mathcal{W}_1 \oplus \cdots \oplus \mathcal{W}_k$。設 $\mathcal{B}_i$是 $\mathcal{W}_i$的一組基底。所以$\text{span}(\bigcup \mathcal{B}_i) = \mathcal{V}$。又因爲$\dim \mathcal{V} = \dim \mathcal{W}_1 + \cdots + \dim \mathcal{W}_n$, 所以$\bigcup_i \mathcal{B}_i$是$\mathcal{V}$的一組基底。固定 i, 並假設存在 $\mathbf{0} \neq \mathbf{v} \in \mathcal{W}_i \cap \sum_{i \neq j} \mathcal{W}_j$, 則 $\mathbf{v} \in \mathcal{W}_i = \text{span}(\mathcal{B}_i)$ 並且 $\mathbf{v} \in \sum_{i \neq j} \mathcal{W}_j = \text{span}(\bigcup_{j \neq i} \mathcal{B}_i)$。這表示 $\mathbf{v}$可寫成 $\mathcal{B}_1 \cup \mathcal{B}_2 \cup \cdots \cup \mathcal{B}_k$中不同向量的線性組合, 但這就違反了$\mathcal{B}_1 \cup \mathcal{B}_2 \cup \cdots \cup \mathcal{B}_k$是 $\mathcal{V}$的基底。因此, 對所有 $i = 1, 2, \cdots, k$, $\mathcal{W}_i \cap (\sum_{i \neq j} \mathcal{W}_j) = \{\mathbf{0}\}$, 再根據定理 2.120, $\mathcal{V} = \mathcal{W}_1 \oplus \cdots \oplus \mathcal{W}_k$。

2.9節習題

習題 **2.78** (∗∗) 令$\mathcal{V}$是向量空間,$\mathcal{W}$是$\mathcal{V}$的子空間。

1. 證明$\mathcal{R}_\mathcal{W} = \{(\mathbf{x}, \mathbf{y}) | \mathbf{x}, \mathbf{y} \in \mathcal{V}, \mathbf{x} - \mathbf{y} \in \mathcal{W}\}$是$\mathcal{V}$上的一個等價關係。

2. 設$\mathbf{u} \in \mathcal{V}$, 證明陪集$[\mathbf{u}]$是$\mathcal{V}$的子空間若且唯若$\mathbf{u} \in \mathcal{W}$。

3. 設$\mathbf{u}_1, \mathbf{u}_2 \in \mathcal{V}$, 證明$[\mathbf{u}_1] = [\mathbf{u}_2]$若且唯若$\mathbf{u}_1 - \mathbf{u}_2 \in \mathcal{W}$。

4. 定義陪集的加法與純量乘法如定義2.136。證明商集$\mathcal{V}/\mathcal{W}$是一個向量空間, 其中零向量爲$[\mathbf{0}] = \mathcal{W}$。

解答:

1. *(a)* 對任意的 $\mathbf{x} \in \mathcal{V}$, $\mathbf{x} - \mathbf{x} = \mathbf{0} \in \mathcal{W}$, 所以 $(\mathbf{x}, \mathbf{x}) \in \mathcal{R}_\mathcal{W}$。

   (b) 令 $(\mathbf{x}, \mathbf{y}) \in \mathcal{R}_\mathcal{W}$, 則 $\mathbf{x} - \mathbf{y} \in \mathcal{W}$。但這表示 $\mathbf{y} - \mathbf{x} = -(\mathbf{x} - \mathbf{y}) \in \mathcal{W}$。因此 $(\mathbf{y}, \mathbf{x}) \in \mathcal{R}_\mathcal{W}$。

(c) 令 $(\mathbf{x}, \mathbf{y}) \in \mathcal{R}_W$, $(\mathbf{y}, \mathbf{z}) \in \mathcal{R}_W$。則 $\mathbf{x} - \mathbf{y} \in \mathcal{W}$, $\mathbf{y} - \mathbf{z} \in \mathcal{W}$, 故 $(\mathbf{x} - \mathbf{y}) + (\mathbf{y} - \mathbf{z}) = \mathbf{x} - \mathbf{z} \in \mathcal{W}$, 所以 $(\mathbf{x}, \mathbf{z}) \in \mathcal{R}_W$。

所以 $\mathcal{R}_W$ 是 $\mathcal{V}$ 上的一個等價關係。

2. 若 $[\mathbf{u}]$ 是 $\mathcal{V}$ 的子空間, 則 $\mathbf{0} \in [\mathbf{u}]$。因此 $\mathbf{u} - \mathbf{0} = \mathbf{u} \in \mathcal{W}$。反過來, 若設 $\mathbf{u} \in \mathcal{W}$, 則因為 $\mathbf{u} - \mathbf{0} = \mathbf{u} \in \mathcal{W}$, 所以 $\mathbf{0} \in [\mathbf{u}]$。又若 $\mathbf{x}, \mathbf{y} \in [\mathbf{u}]$, 則 $\mathbf{x} - \mathbf{u} \in \mathcal{W}$, $\mathbf{y} - \mathbf{u} \in \mathcal{W}$。因為 $\mathbf{u} \in \mathcal{W}$, 所以 $\mathbf{x}, \mathbf{y} \in \mathcal{W}$。因此 $\mathbf{x} + \mathbf{y} - \mathbf{u} \in \mathcal{W}$, 亦即 $\mathbf{x} + \mathbf{y} \in [\mathbf{u}]$。最後, 令 $\mathbf{x} \in [\mathbf{u}], a \in \mathbb{F}$。則這表示 $\mathbf{x} - \mathbf{u} \in \mathcal{W}$。因為 $\mathbf{u} \in \mathcal{W}$, 所以 $\mathbf{x} \in \mathcal{W}$。因此 $a\mathbf{x} \in \mathcal{W}$, 這表示 $a\mathbf{x} - \mathbf{u} \in \mathcal{W}$。所以, $a\mathbf{x} \in [\mathbf{u}]$。

3. 假設 $[\mathbf{u}_1] = [\mathbf{u}_2]$, 則 $\mathbf{u}_1 \in [\mathbf{u}_2]$。這表示 $\mathbf{u}_1 - \mathbf{u}_2 \in \mathcal{W}$。反過來, 假設 $\mathbf{u}_1 - \mathbf{u}_2 \in \mathcal{W}$。令 $\mathbf{x} \in [\mathbf{u}_1]$, 則 $\mathbf{x} - \mathbf{u}_1 \in \mathcal{W}$。這表示 $(\mathbf{x} - \mathbf{u}_1) + (\mathbf{u}_1 - \mathbf{u}_2) = \mathbf{x} - \mathbf{u}_2 \in \mathcal{W}$, 因此 $\mathbf{x} \in [\mathbf{u}_2]$。故 $[\mathbf{u}_1] \subset [\mathbf{u}_2]$。同理可證 $[\mathbf{u}_2] \subset [\mathbf{u}_1]$, 故推得 $[\mathbf{u}_1] = [\mathbf{u}_2]$。

4. 向量加法與純量乘法的合理性已在課本中討論驗證過了。從向量加法與純量乘法的定義, 向量空間之公設 $1, 2, 5, 6, 7$ 是明顯成立的。對任意的 $[\mathbf{v}] \in \mathcal{V}/\mathcal{W}$,

$$[\mathbf{v}] + [\mathbf{0}] = [\mathbf{0}] + [\mathbf{v}] = [\mathbf{v} + \mathbf{0}] = [\mathbf{v}],$$

所以零向量存在, 且零向量為 $[\mathbf{0}] = \mathcal{W}$, 因此公設3成立。而對任意的 $[\mathbf{v}] \in \mathcal{V}/\mathcal{W}$, $[\mathbf{v}] + [-\mathbf{v}] = [\mathbf{v} - \mathbf{v}] = [\mathbf{0}]$, 因此加法反元素存在, 這表示條件公設4滿足。最後, $1 \cdot [\mathbf{v}] = [1 \cdot \mathbf{v}] = [\mathbf{v}]$, 所以向量空間之的公設8滿足。所以 $\mathcal{V}/\mathcal{W}$ 是一個向量空間。

習題 2.79 $(**)$ 令 $\mathcal{V} = \mathbb{R}^2$, $\mathcal{W} = \text{span}(\{1, 2\})$。

1. 試求等價類 $[(4, -2)]$ 中的向量。

2. 寫出所有 $\mathcal{V}/\mathcal{W}$ 中的向量。

3. 若將 $\mathbb{R}^2$ 中的每一個向量對應到平面的一點, 則 $\mathcal{W}$ 對應到平面上的一條通過原點的直線; 那 $[(4, -2)]$ 對應到什麼樣的圖形?

解答:

1. $(a,b) \in [(4,-2)]$若且唯若 $(a,b) - (4,-2) \in \text{span}(\{1,2\})$, 亦即 $(a-4,b+2) = c(1,2)$, 其中 $c \in \mathbb{R}$。所以 $(a,b) = (c+4, 2c-2)$。故 $[(4,-2)] = \{(c+4, 2c-2)|c \in \mathbb{R}\}$。

2. $\mathcal{V}/\mathcal{W} = \{[(-2a,a)]|a \in \mathbb{R}\}$。

3. 由 1可得知是一條平行於$\mathcal{W}$的直線。

習題 **2.80** $(***)$ 令$\mathcal{V} = (\mathbb{Z}_2^2, \mathbb{Z}_2)$, $\mathcal{W} = \text{span}(\{(1,0)\})$。

1. 試寫出所有$\mathcal{V}/\mathcal{W}$中的向量。

2. 試用$\mathcal{V}/\mathcal{W}$與$\mathcal{W}$的維度關係驗證你第一小題給出的答案。

3. 若將$\mathbb{Z}_2^2$中的每一個向量對應到平面的一點, 則$\mathcal{W}$對應到平面上什麼樣的圖形? 所有$\mathcal{V}/\mathcal{W}$中的向量又對應到什麼樣的圖形?

解答:

1. $[(1,0)] = [(0,0)] = \{(1,0),(0,0)\}$,
   $[(1,1)] = [(0,1)] = \{(0,1),(1,1)\}$,
   所以$\mathcal{V}/\mathcal{W} = \{[(0,0)], [(1,1)]\}$。

2. 很明顯地 $\dim(\mathcal{V}/\mathcal{W}) = 1$, $\dim\mathcal{W} = 1$, 所以 $\dim(\mathcal{V}/\mathcal{W}) + \dim\mathcal{W} = 2 = \dim\mathbb{Z}_2^2$。

3. $\mathcal{W}$對應到平面的兩個點 $(1,0)$及 $(0,0)$, $\mathcal{V}/\mathcal{W}$對應到兩個點 $[(0,0)]$及 $[(1,1)]$, 如圖 2.1和 2.2。

習題 **2.81** $(**)$ 證明定理2.141。
解答:
若 $W = \{\mathbf{0}\}$則 $\mathcal{V}/\mathcal{W} \cong \mathcal{V}$; 若 $W = \mathcal{V}$, 則$\mathcal{V}/\mathcal{W} \cong \{\mathbf{0}\}$。以上兩種情況定理顯然成立。底下設 $W \neq \{\mathbf{0}\}$, 且 $W \neq \mathcal{V}$。令 $\{\mathbf{w}_1, \cdots, \mathbf{w}_k\}$是 $\mathcal{W}$一組基底, 擴展此基

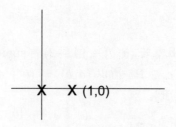

圖 2.1: $\mathcal{W}$對應的圖形

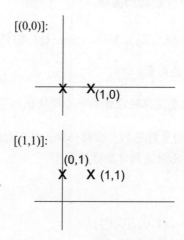

圖 2.2: $\mathcal{V}/\mathcal{W}$對應的圖形

底使得 $\{\mathbf{u}_1,\cdots,\mathbf{u}_r,\mathbf{w}_1,\cdots,\mathbf{w}_k\}$爲 $\mathcal{V}$之一組基底。我們只需證明 $\{[\mathbf{u}_1],\cdots,[\mathbf{u}_r]\}$ 是$\mathcal{V}/\mathcal{W}$的一組基底即可。令$[\mathbf{u}] \in \mathcal{V}/\mathcal{W}$, 則存在 $a_1,\cdots,a_r,b_1,\cdots,b_k \in \mathbb{F}$, 使得

$$\mathbf{u} = a_1\mathbf{u}_1 + \cdots + a_r\mathbf{u}_r + b_1\mathbf{w}_1 + \cdots + b_k\mathbf{w}_k ,$$

這表示

$$[\mathbf{u}] = [a_1\mathbf{u}_1] + \cdots + [a_r\mathbf{u}_r] + [b_1\mathbf{w}_1] + \cdots + [b_k\mathbf{w}_k]$$
$$= a_1[\mathbf{u}_1] + \cdots + a_r[\mathbf{u}_r] + b_1[\mathbf{w}_1] + \cdots + b_k[\mathbf{w}_k]$$
$$= a_1[\mathbf{u}_1] + \cdots + a_r[\mathbf{u}_r] \text{ 。}$$

因此我們知道 $\{[\mathbf{u}_1], \cdots, [\mathbf{u}_r]\}$ 是 $\mathcal{V}/\mathcal{W}$ 的一組擴展子集。再者，令

$$c_1[\mathbf{u}_1] + \cdots + c_r[\mathbf{u}_r] = [\mathbf{0}] \, ,$$

則

$$[c_1\mathbf{u}_1 + \cdots + c_r\mathbf{u}_r] = [\mathbf{0}] \, 。$$

這表示存在 $d_1, \cdots, d_k \in \mathbb{F}$ 使得

$$c_1\mathbf{u}_1 + \cdots + c_r\mathbf{u}_r = d_1\mathbf{w}_1 + \cdots + d_k\mathbf{w}_k \, 。$$

因為 $\{\mathbf{u}_1, \cdots, \mathbf{u}_r, \mathbf{w}_1, \cdots, \mathbf{w}_k\}$ 是 $\mathcal{V}$ 中的線性獨立子集，所以 $c_1 = c_2 = \cdots = c_r = d_1 = \cdots = d_k = 0$，這表示 $\{[\mathbf{u}_1], \cdots, [\mathbf{u}_r]\}$ 是 $\mathcal{V}/\mathcal{W}$ 中的線性獨立子集，由此我們知道 $\{[\mathbf{u}_1], \cdots, [\mathbf{u}_r]\}$ 是 $\mathcal{V}/\mathcal{W}$ 中的一組基底，所以 $\dim(\mathcal{V}/\mathcal{W}) = r = \dim\mathcal{V} - \dim\mathcal{W}$。

第 3 章

線性映射

3.2節習題

習題 **3.1** (∗∗) 試證明定理3.1。
解答:

1. 令 $x \in T^{-1}(\mathcal{W})$, 則 $Tx \in \mathcal{W} \subset \mathcal{U}$, 故 $x \in T^{-1}(\mathcal{U})$。

2. 因爲 $\mathcal{W} \cap \mathcal{U} \subset \mathcal{W}$, 且 $\mathcal{W} \cap \mathcal{U} \subset \mathcal{U}$, 故由上項 1. 可得知 $T^{-1}(\mathcal{W} \cap \mathcal{U}) \subset T^{-1}(\mathcal{W}) \cap T^{-1}(\mathcal{U})$。反過來, 若 $x \in T^{-1}(\mathcal{W}) \cap T^{-1}(\mathcal{U})$, 則 $Tx \in \mathcal{W}$ 且 $Tx \in \mathcal{U}$, 所以 $Tx \in \mathcal{W} \cap \mathcal{U}$, 因此 $x \in T^{-1}(\mathcal{W} \cap \mathcal{U})$。

3. 因爲 $\mathcal{W} \subset \mathcal{W} \cup \mathcal{U}$ 且 $\mathcal{U} \subset \mathcal{W} \cup \mathcal{U}$, 所以 $T^{-1}(\mathcal{W}) \subset T^{-1}(\mathcal{W} \cup \mathcal{U})$ 且 $T^{-1}(\mathcal{U}) \subset T^{-1}(\mathcal{W} \cup \mathcal{U})$。故 $T^{-1}(\mathcal{W}) \cup T^{-1}(\mathcal{U}) \subset T^{-1}(\mathcal{W} \cup \mathcal{U})$。反過來, 令 $x \in T^{-1}(\mathcal{W} \cup \mathcal{U})$, 則 $Tx \in \mathcal{W} \cup \mathcal{U}$。若 $Tx \in \mathcal{W}$, 則 $x \in T^{-1}(\mathcal{W})$; 若 $Tx \in \mathcal{U}$, 則 $x \in T^{-1}(\mathcal{U})$。故 $x \in T^{-1}(\mathcal{W}) \cup T^{-1}(\mathcal{U})$, 所以 $T^{-1}(\mathcal{W} \cup \mathcal{U}) \subset T^{-1}(\mathcal{W}) \cup T^{-1}(\mathcal{U})$。

4. 令 $x \in \mathcal{V}$, 則 $Tx \in T(\mathcal{V})$, 因此得知 $x \in T^{-1}T(\mathcal{V})$。故 $\mathcal{V} \subset T^{-1}T(\mathcal{V})$。

5. 令 $y \in TT^{-1}(\mathcal{W})$, 則存在 $x \in T^{-1}(\mathcal{W})$, 滿足 $Tx = y$, 因此 $y \in \mathcal{W}$。

習題 **3.2** (∗∗) 試證明命題3.6。
解答:

對所有 $x \in \mathcal{S}$,

$$
\begin{aligned}
(H \circ (G \circ F))x &= H((G \circ F)x) \\
&= H(G(F(x))) \\
&= (H \circ G)(F(x)) \\
&= ((H \circ G) \circ F)x
\end{aligned}
$$

故 $H \circ (G \circ F) = (H \circ G) \circ F$。

習題 3.3 $(**)$ 試完成定理3.8第2及第3部份之證明。

解答:

第2部分:『充分性』設 F 爲蓋射,則對任意的 $z \in \mathcal{S}'$, 存在 $x \in \mathcal{S}$ 滿足 $Fx = z$。定義 $G_R : \mathcal{S}' \to \mathcal{S}$ 如下: $G_R z \triangleq x$, 則對所有的 $z \in \mathcal{S}'$ 恆有 $(F \circ G_R)(z) = F(G_R z) = F(x) = z$。因此 $F \circ G_R = I_{\mathcal{S}'}$, 故 F 是右可逆。『必要性』設 F 是右可逆, 則存在映射 $G_R : \mathcal{S}' \to \mathcal{S}$ 滿足 $F \circ G_R = I_{\mathcal{S}'}$, 故對所有 $z \in \mathcal{S}'$, $z = I_{\mathcal{S}'} z = (F \circ G_R)(z) = F(G_R z)$, 故 F 是蓋射。

第3部分: 由第1部分及第2部分立即證得 F 爲可逆若且唯若 F 爲蓋單映射。底下證明當 F 可逆時, 其逆映射唯一存在。設 $G : \mathcal{S}' \to \mathcal{S}$ 及 $H : \mathcal{S}' \to \mathcal{S}$ 均爲 F 之逆映射, 則 $G = G \circ I_{\mathcal{S}'} = G \circ (F \circ H) = (G \circ F) \circ H = I_{\mathcal{S}} \circ H = H$, 故得證。

習題 3.4 $(**)$ 證明當 $F : \mathcal{S} \longrightarrow \mathcal{S}'$ 爲蓋單映射時, 其左逆及右逆映射唯一存在, 且均等於其逆映射 F^{-1}。

解答:

令 G_R 及 G_L 分別爲 F 的右逆及左逆映射, 則

$$
\begin{aligned}
G_L &= G_L \circ I_{\mathcal{S}'} = G_L \circ (F \circ G_R) \\
&= (G_L \circ F) \circ G_R = I_{\mathcal{S}} \circ G_R = G_R
\end{aligned}
$$

故所有的左逆右逆映射均相等, 且均等於 F^{-1} (因爲 F^{-1} 同時爲 F 之左逆及右逆映射)。

習題 3.5 $(**)$ 試證明下列敘述:

1. 若 $F : \mathcal{S} \longrightarrow \mathcal{S}'$ 為可逆, 其逆映射 F^{-1} 亦為可逆, 且 $(F^{-1})^{-1} = F$。

2. 若 $F : \mathcal{S} \longrightarrow \mathcal{S}'$ 以及 $G : \mathcal{S}' \longrightarrow \mathcal{S}''$ 為可逆, 則其合成 $G \circ F$ 亦為可逆, 且 $(G \circ F)^{-1} = F^{-1} \circ G^{-1}$。

解答:

1. 設 $F : \mathcal{S} \longrightarrow \mathcal{S}'$ 為可逆, 則 $F^{-1} \circ F = I_S$, $F \circ F^{-1} = I_{S'}$, 故 F^{-1} 亦為可逆映射, 且 $(F^{-1})^{-1} = F$。

2. $(F^{-1} \circ G^{-1}) \circ (G \circ F) = F^{-1} \circ (G^{-1} \circ G) \circ F = F^{-1} \circ I_{S'} \circ F = F^{-1} \circ F = I_{S}$。 同理可證 $(G \circ F) \circ (F^{-1} \circ G^{-1}) = I_{S''}$, 故 $G \circ F$ 可逆且 $(G \circ F)^{-1} = F^{-1} \circ G^{-1}$。

習題 **3.6** $(*)$ 令 $\mathcal{S} = \{a, b, c\}$, $\mathcal{S}' = \{1, 2\}$, 試寫出從 $\mathcal{S}$ 到 $\mathcal{S}'$ 所有可能的映射。

解答:

有下列 8 種可能：

1. $a \to 1$, $b \to 1$, $c \to 1$,

2. $a \to 1$, $b \to 1$, $c \to 2$,

3. $a \to 1$, $b \to 2$, $c \to 2$,

4. $a \to 2$, $b \to 1$, $c \to 2$,

5. $a \to 2$, $b \to 2$, $c \to 1$,

6. $a \to 2$, $b \to 1$, $c \to 1$,

7. $a \to 2$, $b \to 2$, $c \to 2$,

8. $a \to 1$, $b \to 2$, $c \to 1$。

習題 **3.7** $(*)$ 試找到集合 $\mathcal{S}$, $\mathcal{T}$, 及 $\mathcal{U}$ 和映射 $F : \mathcal{S} \longrightarrow \mathcal{T}$, $G : \mathcal{T} \longrightarrow \mathcal{U}$ 使得 $G \circ F$ 是單射但 G 不是單射。

解答：

令 $\mathcal{S} = \{a, b\}$, $\mathcal{T} = \{d, e, f\}$, $\mathcal{U} = \{1, 2\}$。若 $F(a) = d$, $F(b) = e$, $G(d) = 1$, $G(e) = 2$, $G(f) = 1$, 則 $G \circ F(a) = 1$, 而 $G \circ F(b) = 2$, 所以 $G \circ F$ 爲單射。但 G 不是單射。

習題 3.8 $(*)$ 試找到集合 $\mathcal{S}$, $\mathcal{T}$, 及 $\mathcal{U}$ 和映射 $F : \mathcal{S} \longrightarrow \mathcal{T}$, $G : \mathcal{T} \longrightarrow \mathcal{U}$ 使得 $G \circ F$ 是蓋射但 F 不是蓋射。

解答：

集合 $\mathcal{S}, \mathcal{T}, \mathcal{U}, F, G$ 的定義與習題 3.7 相同, 則 $G \circ F$ 是蓋射, 而 F 不是蓋射。

習題 3.9 $(**)$ 令 $\mathcal{S}$, $\mathcal{T}$, 和 $\mathcal{U}$ 是非空集合。$F : \mathcal{S} \longrightarrow \mathcal{T}$ 及 $G : \mathcal{T} \longrightarrow \mathcal{U}$ 是定義在 $\mathcal{S}$ 及 $\mathcal{T}$ 上的映射。試證明

1. 若 F 和 G 皆是單射, 則 $G \circ F$ 是單射。

2. 若 F 和 G 皆是蓋射, 則 $G \circ F$ 是蓋射。

解答：

1. 令 $(G \circ F)x = (G \circ F)y$, 則 $G(Fx) = G(Fy)$。因爲 G 是單射, 所以 $Fx = Fy$, 又因爲 F 是單射, 所以 $x = y$, 因此 $G \circ F$ 是單射。

2. 對所有 $z \in \mathcal{U}$, 因爲 G 是蓋射, 所以存在 $z' \in \mathcal{T}$, 使得 $Gz' = z$, 又因爲 F 是蓋射, 所以存在 $z'' \in \mathcal{S}$ 滿足 $Fz'' = z'$, 故 $(G \circ F)z'' = z$, 因此 $G \circ F$ 是蓋射。

習題 3.10 $(**)$ 令 $\mathcal{S}$, $\mathcal{T}$, 和 $\mathcal{U}$ 是非空集合。$F : \mathcal{S} \longrightarrow \mathcal{T}$ 及 $G : \mathcal{T} \longrightarrow \mathcal{U}$ 是定義在 $\mathcal{S}$ 及 $\mathcal{T}$ 上的映射。試證明

1. 若 $G \circ F$ 是單射, 則 F 是單射。

2. 若 $G \circ F$ 是蓋射, 則 G 是蓋射。

解答：

1. 設 $Fx = Fy$, 則 $G(Fx) = G(Fy)$, 因此 $(G \circ F)x = (G \circ F)y$。因爲 $G \circ F$ 爲單射, 所以可得 $x = y$。這表示 F 是單射。

2. 對所有 $z \in \mathcal{U}$, 因爲 $G \circ F$ 是蓋射, 所以存在 $x \in \mathcal{S}$, 使得 $(G \circ F)x = z$, 所以 $G(Fx) = z$, 因此證明 G 是蓋射。

習題 3.11 $(*)$ 令 $F : \mathbb{R} \longrightarrow \mathbb{R}$ 定義爲 $F(x) = x^2$。試求集合 $F^{-1}([0,4])$。
解答: $F^{-1}([0,4]) = [-2,2]$。

習題 3.12 $(*)$ 試判斷下列映射何者是單射, 蓋射, 和蓋單映射。

1. $F : \mathbb{R}^+ \longrightarrow \mathbb{R}^+$, $F(x) = x^2$, 其中 $\mathbb{R}^+$ 表示正實數。

2. $F : \mathbb{R} \longrightarrow \mathbb{R}$, $F(x) = x^2$。

3. $F : \mathbb{R} \longrightarrow \mathbb{R}$, $F(x) = x^3$。

解答:

1. 蓋單映射。

2. 既非單射, 亦非蓋射。

3. 蓋單映射。

3.3節習題

習題 3.13 $(*)$ 證明 $\mathbf{L} : \mathcal{V} \longrightarrow \mathcal{W}$ 爲線性映射若且唯若對所有的 $\mathbf{x}, \mathbf{y} \in \mathcal{V}$, 所有的 $a, b \in \mathbb{F}$, 恆有 $\mathbf{L}(a\mathbf{x} + b\mathbf{y}) = a\mathbf{L}\mathbf{x} + b\mathbf{L}\mathbf{y}$。
解答:
『充分性』設 $b = 0$, 則 $\mathbf{L}(a\mathbf{x}) = a\mathbf{L}\mathbf{x}$。設 $a = 1, b = 1$, 則 $\mathbf{L}(\mathbf{x} + \mathbf{y}) = \mathbf{L}\mathbf{x} + \mathbf{L}\mathbf{y}$。
『必要性』設 $\mathbf{L}$ 是線性映射, 則 $\mathbf{L}(a\mathbf{x} + b\mathbf{y}) = \mathbf{L}(a\mathbf{x}) + \mathbf{L}(b\mathbf{y}) = a\mathbf{L}(\mathbf{x}) + b\mathbf{L}(\mathbf{y})$。

習題 **3.14** (**) 證明$\mathbf{L} : \mathcal{V} \longrightarrow \mathcal{W}$爲線性映射若且唯若對任意的 $n \in \mathbb{N}$, 所有的$\mathbf{x_i} \in \mathcal{V}$, 以及所有的$a_i \in \mathbb{F}$, 恆有$\mathbf{L}(a_1\mathbf{x}_1 + a_2\mathbf{x}_2 + \cdots + a_n\mathbf{x}_n) = a_1\mathbf{L}\mathbf{x}_1 + a_2\mathbf{L}\mathbf{x}_2 + \cdots + a_n\mathbf{L}\mathbf{x}_n$。

解答:

『充分性』令 $n = 2$, 即證得。

『必要性』我們用數學歸納法證明此一部分。設 $\mathbf{L}$是線性映射, 則 $n = 1$時由定義可得, $n = 2$時的情形已在習題 3.13中證得。設 $n = k - 1$時成立, 則當 $n = k$時,

$$
\begin{aligned}
\mathbf{L}(a_1\mathbf{x}_1 + \cdots + a_k\mathbf{x}_k) &= \mathbf{L}((a_1\mathbf{x}_1 + \cdots + a_{k-1}\mathbf{x}_{k-1}) + a_k\mathbf{x}_k) \\
&= \mathbf{L}(a_1\mathbf{x}_1 + \cdots + a_{k-1}\mathbf{x}_{k-1}) + \mathbf{L}(a_k\mathbf{x}_k) \\
&= a_1\mathbf{L}\mathbf{x}_1 + \cdots + a_{k-1}\mathbf{L}\mathbf{x}_{k-1} + a_k\mathbf{L}\mathbf{x}_k,
\end{aligned}
$$

故由數學歸納法得知$\mathbf{L}(a_1\mathbf{x}_1 + \cdots + a_n\mathbf{x}_n) = a_1\mathbf{L}\mathbf{x}_1 + \cdots + a_n\mathbf{L}\mathbf{x}_n$, 對任意的 $n \in \mathbb{N}$皆成立。

習題 **3.15** (**) 若$\mathbf{L} : \mathcal{V} \longrightarrow \mathcal{W}$爲線性映射, 證明$\mathbf{L}\mathbf{0}_\mathcal{V} = \mathbf{0}_\mathcal{W}$, 這裡的$\mathbf{0}_\mathcal{V}$及 $\mathbf{0}_\mathcal{W}$分別代表$\mathcal{V}$與$\mathcal{W}$中之零向量。

解答:

因爲$\mathbf{0}_\mathcal{V} = 0 \cdot \mathbf{0}_\mathcal{V}$, 所以$\mathbf{L}\mathbf{0}_\mathcal{V} = \mathbf{L}(0 \cdot \mathbf{0}_\mathcal{V}) = 0 \cdot \mathbf{L}(\mathbf{0}_\mathcal{V}) = \mathbf{0}_\mathcal{W}$。

習題 **3.16** (*) 試驗證例3.15中定義的$\mathbf{L}$是線性映射。

解答:

由矩陣的特性, 我們知道

$$\mathbf{L}(a\mathbf{A} + b\mathbf{B}) = (a\mathbf{A} + b\mathbf{B})^T = a\mathbf{A}^T + b\mathbf{B}^T = a\mathbf{L}(\mathbf{A}) + b\mathbf{L}(\mathbf{B})。$$

習題 **3.17** (**) 證明定理3.16。

解答:

我們知道若 $\mathbf{L}, \mathbf{M}$是線性映射, 則 $\mathbf{L} + \mathbf{M}$及$a\mathbf{L}$也是線性映射, 故向量加法與純量乘法封閉性是成立的。如果令 $(-\mathbf{L})(\mathbf{v}) \triangleq -(\mathbf{L}\mathbf{v})$, 則很明顯的$-\mathbf{L}$是$\mathbf{L}$的加法反元素。向量空間的其他條件亦很明顯成立。

習題 **3.18** ($**$) 證明定理3.18。

解答：

1. 對任意的 $\mathbf{y}_1, \mathbf{y}_2 \in \mathcal{W}$, 因爲$\mathbf{L}$可逆, 所以存在 $\mathbf{x}_1, \mathbf{x}_2 \in \mathcal{V}$, 使得 $\mathbf{L}\mathbf{x}_1 = \mathbf{y}_1$, $\mathbf{L}\mathbf{x}_2 = \mathbf{y}_2$。因此 $\mathbf{L}(\mathbf{x}_1 + \mathbf{x}_2) = \mathbf{L}\mathbf{x}_1 + \mathbf{L}\mathbf{x}_2 = \mathbf{y}_1 + \mathbf{y}_2$, 因而 $\mathbf{L}^{-1}(\mathbf{y}_1) + \mathbf{L}^{-1}(\mathbf{y}_2) = \mathbf{x}_1 + \mathbf{x}_2 = \mathbf{L}^{-1}(\mathbf{y}_1 + \mathbf{y}_2)$。

2. 對任意的 $\mathbf{y} \in \mathcal{W}$, 因爲$\mathbf{L}$可逆, 所以存在 $\mathbf{x} \in \mathcal{V}$, 使得 $\mathbf{L}\mathbf{x} = \mathbf{y}$。所以對任意的$c \in \mathbf{F}$, $\mathbf{L}(c\mathbf{x}) = c\mathbf{L}\mathbf{x} = c\mathbf{y}$。因此$\mathbf{L}^{-1}(c\mathbf{y}) = c\mathbf{x} = c\mathbf{L}^{-1}(\mathbf{y})$。

從以上可以得知 $\mathbf{L}^{-1}$是線性映射。

習題 **3.19** ($**$) 設$\dim\mathcal{V} = \mathrm{n} < \infty$, 且$\dim\mathcal{W} = \mathrm{m} < \infty$。試證明$\dim\mathcal{L}(\mathcal{V}, \mathcal{W}) = n \times m$, 並求出$\mathcal{L}(\mathcal{V}, \mathcal{W})$之一組基底。

解答：

令 $\{\mathbf{v}_1 \cdots \mathbf{v}_n\}$是 $\mathcal{V}$的一組基底, $\{\mathbf{w}_1 \cdots \mathbf{w}_m\}$是$\mathcal{W}$的一組基底。令 $\mathbf{L}_{ij}$, $i = 1, \cdots, n$, $j = 1, \cdots, m$, 定義爲滿足下式中的唯一線性映射：

$$\mathbf{L}_{ij}(\mathbf{v}_k) = \left\{ \begin{array}{ll} \mathbf{w}_j & 若k = i \\ \mathbf{0} & 若k \neq i。 \end{array} \right.$$

令 $\sum\limits_{i=1}^{n} \sum\limits_{j=1}^{m} c_{ij}\mathbf{L}_{ij} = \mathbf{0}$, 則$(\sum\limits_{i=1}^{n} \sum\limits_{j=1}^{m} c_{ij}\mathbf{L}_{ij})\mathbf{v}_k = \mathbf{0}$。由定義, 我們得到對$k = 1, \cdots, n$, $\sum\limits_{j=1}^{m} c_{kj}\mathbf{w}_j = \mathbf{0}$。因爲 $\{\mathbf{w}_1, \cdots, \mathbf{w}_m\}$是$\mathcal{W}$的一組基底, 所以對$k = 1, \cdots, n$, $j = 1, \cdots, m$, $c_{kj} = 0$。因此我們得到$\{\mathbf{L}_{ij} | i = 1, \cdots, n, j = 1, \cdots, m\}$是線性獨立子集。設$\mathbf{L} \in \mathcal{L}(\mathcal{V}, \mathcal{W})$, 且設$\mathbf{L}\mathbf{v}_i = \sum\limits_{j=1}^{m} a_{ij}\mathbf{w}_j$, $i = 1, 2, \cdots, n$, 其中$a_{ij} \in \mathbb{F}$。則對任意的$\mathbf{v} \triangleq \sum\limits_{i=1}^{n} b_i\mathbf{v}_i \in \mathcal{V}$, $b_i \in \mathbb{F}$, 恆有$\mathbf{L}\mathbf{v} = b_i \sum\limits_{i=1}^{n} \mathbf{L}\mathbf{v}_i = \sum\limits_{i=1}^{n} b_i(\sum\limits_{j=1}^{m} a_{ij}\mathbf{w}_j) = \sum\limits_{i=1}^{n} \sum\limits_{j=1}^{m} a_{ij}b_i\mathbf{w}_j = \sum\limits_{i=1}^{n} \sum\limits_{j=1}^{m} a_{ij} \sum\limits_{k=1}^{n} b_k (\mathbf{L}_{ij}\mathbf{v}_k) = \sum\limits_{i=1}^{n} \sum\limits_{j=1}^{m} a_{ij}\mathbf{L}_{ij} (\sum\limits_{k=1}^{m} b_k\mathbf{v}_k) = (\sum\limits_{i=1}^{n} \sum\limits_{j=1}^{m} a_{ij}\mathbf{L}_{ij})\mathbf{v}$, 故知$\{\mathbf{L}_{ij} | i = 1, 2, \cdots, n; j = 1, 2, \cdots, m\}$是$\mathcal{L}(\mathcal{V}, \mathcal{W})$之一組基底, 因此$\dim\mathcal{L}(\mathcal{V}, \mathcal{W}) = n \times m$。

習題 **3.20** $(*)$ 定義映射$\mathbf{L}: \mathbb{R}^n \longrightarrow \mathbb{R}$為

$$\mathbf{Lx} = \frac{1}{n} \sum_{i=1}^{n} x_i,$$

其中$\mathbf{x} = (x_1, \cdots, x_n) \in \mathbb{R}^n$。試證明$\mathbf{L}$為線性映射。

解答：

令 $\mathbf{x} = (x_1, \cdots, x_n)$, $\mathbf{y} = (y_1, \cdots, y_n)$。則

$$
\begin{aligned}
\mathbf{L}(a\mathbf{x} + b\mathbf{y}) &= \frac{1}{n} \sum_{i=1}^{n} (ax_i + by_i) \\
&= a\left(\frac{1}{n} \sum_{i=1}^{n} x_i\right) + b\left(\frac{1}{n} \sum_{i=1}^{n} y_i\right) \\
&= a\mathbf{Lx} + b\mathbf{Ly},
\end{aligned}
$$

故 $\mathbf{L}$是線性映射。

習題 **3.21** $(*)$ 令$\mathcal{V}$是佈於$\mathbb{R}$的向量空間, $\mathbf{v} \in \mathcal{V}$是任意固定向量。試問映射$\mathbf{L}: \mathbb{R} \longrightarrow \mathcal{V}$, 定義為$\mathbf{L}(a) = a\mathbf{v}$, 是否是線性映射? 試從定義驗證。

解答：

令 $c, a, b \in \mathbb{R}$, 則

1. $\mathbf{L}(a+b) = (a+b)\mathbf{v} = a\mathbf{v} + b\mathbf{v} = \mathbf{L}(a) + \mathbf{L}(b)$,

2. $\mathbf{L}(ca) = (ca)\mathbf{v} = c(a\mathbf{v}) = c\mathbf{L}(a)$。

故 $\mathbf{L}$是線性映射。

習題 **3.22** $(**)$ 承上題, 試證明任意$\mathbf{L} \in \mathcal{L}(\mathbb{R}, \mathcal{V})$皆存在唯一$\mathbf{v} \in \mathcal{V}$使得 $\mathbf{L}(a) = a\mathbf{v}$, 其中$a \in \mathbb{R}$。

解答:

設 $\mathbf{L} \in \mathcal{L}(\mathbb{R}, \mathcal{V})$, 令 $\mathbf{v} \triangleq \mathbf{L}(1)$, 則 $\mathbf{L}(a) = \mathbf{L}(a \cdot 1) = a \cdot \mathbf{L}(1) = a\mathbf{v}$。設存在另一 $\mathbf{u} \in \mathcal{V}$使得$\mathbf{L}(a) = a\mathbf{u}$。則對所有的 $a \in \mathbb{R}$, 恆有 $a\mathbf{u} = a\mathbf{v}$。令 $a = 1$可得 $\mathbf{u} = \mathbf{v}$。故 $\mathbf{v}$由 $\mathbf{L}$唯一決定。

習題 **3.23** (**) 令$\mathcal{V}$是佈於$\mathbb{R}$的向量空間, 試證明任意$\mathbf{L} \in \mathcal{L}(\mathbb{R}^2, \mathcal{V})$, 皆存在唯一$\mathbf{v}_1$, $\mathbf{v}_2 \in \mathcal{V}$使得$\mathbf{L}(\mathbf{a}) = a_1\mathbf{v}_1 + a_2\mathbf{v}_2$, 其中$\mathbf{a} = (a_1, a_2)$。

解答:

令 $\mathbf{L} \in \mathcal{L}(\mathbb{R}^2, \mathcal{V})$, 再令 $\mathbf{L}(1,0) = \mathbf{v}_1$, $\mathbf{L}(0,1) = \mathbf{v}_2$, 則

$$
\begin{aligned}
\mathbf{L}(\mathbf{a}) &= \mathbf{L}(a_1, a_2) \\
&= \mathbf{L}(a_1(1,0) + a_2(0,1)) \\
&= a_1\mathbf{L}(1,0) + a_2\mathbf{L}(0,1) \\
&= a_1\mathbf{v}_1 + a_2\mathbf{v}_2。
\end{aligned}
$$

設 $\mathbf{u}_1, \mathbf{u}_2 \in \mathcal{V}$亦滿足 $\mathbf{L}(\mathbf{a}) = a_1\mathbf{u}_1 + a_2\mathbf{u}_2$, 則 $a_1\mathbf{v}_1 + a_2\mathbf{v}_2 = a_1\mathbf{u}_1 + a_2\mathbf{u}_2$。若令 $a_1 = 1, a_2 = 0$, 得 $\mathbf{v}_1 = \mathbf{u}_1$; 若令 $a_1 = 0, a_2 = 1$, 則得 $\mathbf{v}_2 = \mathbf{u}_2$, 故知 $\mathbf{v}_1, \mathbf{v}_2$由 $\mathbf{L}$唯一決定。

習題 **3.24** (*) 設$\mathbf{T} : \mathbb{R}^2 \longrightarrow \mathbb{R}^2$是線性映射, 並且$\mathbf{T}(1,1) = (2,1)$, $\mathbf{T}(1,3) = (3,4)$, 試求$\mathbf{T}(2,3)$。

解答 :

令 $a(1,1) + b(1,3) = (2,3)$, 則 $a + b = 2$, $a + 3b = 3$。這表示 $b = \dfrac{1}{2}$, $a = \dfrac{3}{2}$, 故

$$
\begin{aligned}
\mathbf{T}(2,3) &= \mathbf{T}(\tfrac{3}{2}(1,1) + \tfrac{1}{2}(1,3)) \\
&= \tfrac{3}{2}\mathbf{T}(1,1) + \tfrac{1}{2}\mathbf{T}(1,3) \\
&= \tfrac{3}{2}(2,1) + \tfrac{1}{2}(3,4) \\
&= (\tfrac{9}{2}, \tfrac{7}{2})。
\end{aligned}
$$

習題 **3.25** (*) 試求矩陣$\mathbf{A}$使得$\mathbf{A}$的左乘映射 $\mathbf{L_A} : \mathbb{R}^2 \longrightarrow \mathbb{R}^3$滿足$\mathbf{L_A}(3,2) = (2,1,3)$, $\mathbf{L_A}(2,3) = (6,7,8)$。並求$\mathbf{L_A}(6,7)$。

解答 :

因為$\mathbf{L_A}(3,2) = (2,1,3)$, $\mathbf{L_A}(2,3) = (6,7,8)$。所以$\mathbf{L_A}(0,1) = \mathbf{L_A}(\tfrac{-2}{5}(3,2) + \tfrac{3}{5}(2,3)) = \tfrac{-2}{5}\mathbf{L_A}(3,2) + \tfrac{3}{5}\mathbf{L_A}(2,3) = \tfrac{-2}{5}(2,1,3) + \tfrac{3}{5}(6,7,8) = (\tfrac{14}{5}, \tfrac{19}{5}, \tfrac{18}{5})$。同

理可算出 $\mathbf{L_A}(1,0) = (\frac{-6}{5}, \frac{-11}{5}, \frac{-7}{5})$。
故

$$\mathbf{A} = \begin{bmatrix} \dfrac{-6}{5} & \dfrac{14}{5} \\[2mm] \dfrac{-11}{5} & \dfrac{19}{5} \\[2mm] \dfrac{-7}{5} & \dfrac{18}{5} \end{bmatrix}。$$

因此 $\mathbf{L_A}(6,7) = (\frac{62}{5}, \frac{67}{5}, \frac{84}{5})$。

習題 **3.26** (∗) 試求矩陣 $\mathbf{A}$ 使得 $\mathbf{A}$ 的左乘映射 $\mathbf{L_A} : \mathbb{Z}_2^2 \longrightarrow \mathbb{Z}_2^3$ 滿足 $\mathbf{L_A}(1,0) = (1,0,1)$, $\mathbf{L_A}(0,1) = (1,1,1)$。
解答：
因為 $\mathbf{L_A}(1,0) = (1,0,1)$, $\mathbf{L}_A(0,1) = (1,1,1)$, 所以

$$\mathbf{A} = \begin{bmatrix} 1 & 1 \\ 0 & 1 \\ 1 & 1 \end{bmatrix}。$$

習題 **3.27** (∗∗) 試寫出所有從 $\mathbb{Z}_2^2$ 到 $\mathbb{Z}_2$ 的線性映射。
解答：
$\mathbb{Z}_2^2 = \{ \begin{bmatrix} 1 \\ 0 \end{bmatrix}, \begin{bmatrix} 0 \\ 1 \end{bmatrix}, \begin{bmatrix} 0 \\ 0 \end{bmatrix}, \begin{bmatrix} 1 \\ 1 \end{bmatrix} \}$, $\mathbb{Z}_2 = \{0, 1\}$。$\mathbb{Z}_2^2$ 的一組基底為 $\{ \begin{bmatrix} 1 \\ 0 \end{bmatrix},$
$\begin{bmatrix} 0 \\ 1 \end{bmatrix} \}$, 而 $\mathbb{Z}_2$ 的一組基底是 $\{1\}$。所以可能的線性映射是滿足

1. $\mathbf{L}_1 \begin{bmatrix} 1 \\ 0 \end{bmatrix} = 1$, $\mathbf{L}_1 \begin{bmatrix} 0 \\ 1 \end{bmatrix} = 1$,

2. $\mathbf{L}_2 \begin{bmatrix} 1 \\ 0 \end{bmatrix} = 1$, $\mathbf{L}_2 \begin{bmatrix} 0 \\ 1 \end{bmatrix} = 0$,

3. $\mathbf{L}_3 \begin{bmatrix} 1 \\ 0 \end{bmatrix} = 0$, $\mathbf{L}_3 \begin{bmatrix} 0 \\ 1 \end{bmatrix} = 1$,

4. $\mathbf{L}_4 \begin{bmatrix} 1 \\ 0 \end{bmatrix} = 0$, $\mathbf{L}_4 \begin{bmatrix} 0 \\ 1 \end{bmatrix} = 0$

的唯一線性映射。

3.4節習題

習題 **3.28** (∗) 證明定理 3.24第 2部分。
解答：

1. $\mathbf{L}\mathbf{0}_\mathbf{v} = \mathbf{0}_\mathbf{w}$，所以 $\mathbf{0}_\mathbf{w} \in \mathcal{I}m(\mathbf{L})$。

2. 令 $\mathbf{w}_1, \mathbf{w}_2 \in \mathcal{I}m(\mathbf{L})$, $a \in \mathbb{F}$，則存在 $\mathbf{v}_1, \mathbf{v}_2 \in \mathcal{V}$ 使得 $\mathbf{w}_1 = \mathbf{L}\mathbf{v}_1$, $\mathbf{w}_2 = \mathbf{L}\mathbf{v}_2$, 故 $\mathbf{w}_1 + \mathbf{w}_2 = \mathbf{L}\mathbf{v}_1 + \mathbf{L}\mathbf{v}_2 = \mathbf{L}(\mathbf{v}_1 + \mathbf{v}_2) \in \mathcal{I}m(\mathbf{L})$, $a\mathbf{w}_1 = a\mathbf{L}\mathbf{v}_1 = \mathbf{L}(a\mathbf{v}_1) \in \mathcal{I}m(\mathbf{L})$。因此$\mathcal{I}m(\mathbf{L})$是$\mathcal{W}$的子空間。

習題 **3.29** (∗∗) 設$\mathcal{V}, \mathcal{W}$為向量空間, $\mathbf{L} \in \mathcal{L}(\mathcal{V}, \mathcal{W})$。試證明若$\mathbf{L}$為左可逆且$\mathbf{G}_L$為$\mathbf{L}$一左逆映射, 則$\mathbf{G}_L \in \mathcal{L}(\mathcal{I}m(\mathbf{L}), \mathcal{V})$。
解答：
令 $\mathbf{y}_1, \mathbf{y}_2 \in \mathcal{I}m(\mathbf{L})$, 因此存在 $\mathbf{x}_1, \mathbf{x}_2 \in \mathcal{V}$, 使得 $\mathbf{y}_1 = \mathbf{L}\mathbf{x}_1$, $\mathbf{y}_2 = \mathbf{L}\mathbf{x}_2$。這表示 $a\mathbf{y}_1 + b\mathbf{y}_2 = a\mathbf{L}\mathbf{x}_1 + b\mathbf{L}\mathbf{x}_2 = \mathbf{L}(a\mathbf{x}_1 + b\mathbf{x}_2)$, 因此 $\mathbf{G}_L(a\mathbf{y}_1 + b\mathbf{y}_2) = a\mathbf{x}_1 + b\mathbf{x}_2 = a\mathbf{G}_L\mathbf{y}_1 + b\mathbf{G}_L\mathbf{y}_2$, 這證明了 $\mathbf{G}_L$是線性映射。

習題 **3.30** (∗∗) 設$\mathcal{V}$和$\mathcal{W}$為向量空間, $\mathbf{L} \in \mathcal{L}(\mathcal{V}, \mathcal{W})$。試證明若$\mathbf{L}$為右可逆且$\mathbf{G}_R$為$\mathbf{L}$一右逆映射。

1. 試舉一反例說明$\mathbf{G}_R$不一定是線性。

2. 設$\mathcal{V}, \mathcal{W}$均為有限維度, 並假設$\mathbf{L} \in \mathcal{L}(\mathcal{V}, \mathcal{W})$為蓋射。試證明$\mathbf{L}$必有一線性右逆映射。

解答：

1. 考慮線性映射 $\mathbf{L} : \mathbb{R}^3 \to \mathbb{R}^2$, 其中$\mathbf{L}(x_1, x_2, x_3) = (x_1, x_2)$。若定義$\mathbf{G}_R :$ $\mathbb{R}^3 \to \mathbb{R}^2$為$\mathbf{G}_R(x_1, x_2) = (x_1, x_2, 1)$, 則很明顯地$\mathbf{L} \circ \mathbf{G}_R = \mathbf{I}_{\mathbb{R}^2}$, 但 $\mathbf{G}_R$不是線性映射。

2. 若$\mathcal{V}, \mathcal{W}$均為有限維度向量空間, $\mathbf{L} \in \mathcal{L}(\mathcal{V}, \mathcal{W})$為蓋射, 並令$\mathbf{B}_{\mathcal{W}} = \{\mathbf{w}_1,$ $\cdots, \mathbf{w}_m\}$ 為 $\mathcal{W}$的一組基底。因為 $\mathbf{L}$是蓋射, 所以存在$\mathbf{v}_1, \cdots, \mathbf{v}_m \in \mathcal{V}$使得$\mathbf{w}_1$ $= \mathbf{L}\mathbf{v}_1, \cdots, \mathbf{w}_m = \mathbf{L}\mathbf{v}_m$, 根據定理 3.19, 存在唯一的線性映射 $\mathbf{G}_R : \mathcal{W} \longrightarrow$ $\mathcal{V}$ 滿足$\mathbf{G}_R\mathbf{w}_1 = \mathbf{v}_1$, $\mathbf{G}_R\mathbf{w}_2 = \mathbf{v}_2, \cdots, \mathbf{G}_R\mathbf{w}_m = \mathbf{v}_m$, 很明顯地$\mathbf{L} \circ \mathbf{G}_R =$ $\mathbf{I}_{\mathcal{W}}$, 故 $\mathbf{G}_R$是 $\mathbf{L}$的線性右逆映射。

習題 3.31 (∗∗) 證明引理3.33。

解答:

1. 因為$\{\mathbf{L}\mathbf{v}_1, \cdots, \mathbf{L}\mathbf{v}_n\} \subset \mathcal{I}m(\mathbf{L})$, 所以$\mathrm{span}\{\mathbf{L}\mathbf{v}_1, \cdots, \mathbf{L}\mathbf{v}_n\} \subset \mathcal{I}m(\mathbf{L})$。令 $\mathbf{y} \in \mathcal{I}m(\mathbf{L})$, 所以存在著$\mathbf{x} \in \mathcal{V}$, 使得$\mathbf{y} = \mathbf{L}\mathbf{x}$。又 $\{\mathbf{v}_1, \cdots, \mathbf{v}_n\}$是$\mathcal{V}$的基底, 故$\mathbf{x}$可表示成 $\mathbf{v}_1, \cdots, \mathbf{v}_n$之線性組合$\mathbf{x} = a_1\mathbf{v}_1 + \cdots + a_n\mathbf{v}_n$, 因此$\mathbf{y} = \mathbf{L}\mathbf{x} =$ $\mathbf{L}(a_1\mathbf{v}_1 + \cdots + a_n\mathbf{v}_n) = a_1\mathbf{L}\mathbf{v}_1 + \cdots + a_n\mathbf{L}\mathbf{v}_n \in \mathrm{span}(\{\mathbf{L}\mathbf{v}_1, \cdots, \mathbf{L}\mathbf{v}_n\})$, 因此證得$\mathcal{I}m(\mathbf{L}) = \mathrm{span}(\{\mathbf{L}\mathbf{v}_1, \cdots, \mathbf{L}\mathbf{v}_n\})$。

2. 因為$\{\mathbf{L}\mathbf{v}_1, \cdots, \mathbf{L}\mathbf{v}_n\}$是 $\mathcal{I}m(\mathbf{L})$的一組擴展子集, 所以 $\dim$ $\mathcal{I}m(\mathbf{L}) \leq n$。

3. 設$\mathbf{L}$是單射, 並令$a_1\mathbf{L}\mathbf{v}_1 + \cdots + a_n\mathbf{L}\mathbf{v}_n = \mathbf{0}$, 這表示$\mathbf{L}(a_1\mathbf{v}_1 + \cdots + a_n\mathbf{v}_n) = \mathbf{0}$。因為$\mathbf{L}$是單射, 所以$a_1\mathbf{v}_1 + \cdots + a_n\mathbf{v}_n = \mathbf{0}$, 又 $\{\mathbf{v}_1, \cdots, \mathbf{v}_n\}$ 是$\mathcal{V}$的基底, 故$a_1 = \cdots = a_n = 0$, 這表示$\{\mathbf{L}\mathbf{v}_1, \cdots, \mathbf{L}\mathbf{v}_n\}$是$\mathcal{I}m(\mathbf{L})$的線性獨立擴展子集。所以$\{\mathbf{L}\mathbf{v}_1, \cdots, \mathbf{L}\mathbf{v}_n\}$是$\mathcal{I}m(\mathbf{L})$的一組基底。

習題 3.32 (∗) 試求下列線性映射的核空間與像空間, 並計算它們的維度。

1. $\mathbf{L} : \mathbb{R}^3 \longrightarrow \mathbb{R}^2$, 其定義為$\mathbf{L}(a_1, a_2, a_3) = (a_1, a_2)$。

2. $\mathbf{L} : \mathbb{R}^2 \longrightarrow \mathbb{R}^3$, 其定義為$\mathbf{L}(a_1, a_2) = (a_1 + a_2, a_1 - a_2, 0)$。

3. $\mathbf{L} : \mathbb{R}^{n \times n} \longrightarrow \mathbb{R}$, 其定義為$\mathbf{L}(\mathbf{A}) = \mathrm{tr}(\mathbf{A})$。

解答：

1. 像空間爲 $\mathbb{R}^2$, 維度爲 2。核空間爲 $\mathrm{span}(\{(0,0,1)\})$, 維度爲 1。

2. 像空間爲 $\mathrm{span}(\{(1,0,0),(0,1,0)\})$, 維度爲 2。若 $a_1+a_2=0$, $a_1-a_2=0$, 則 $a_1=a_2=0$。所以核空間爲 $\{(0,0)\}$, 維度爲 0。

3. 像空間爲 $\mathbb{R}$, 維度爲 1。核空間爲span

$$\left(\left\{
\begin{bmatrix} 0 & 1 & \cdots & \cdots & \cdots & 0 \\ 0 & 0 & \cdots & \cdots & \cdots & 0 \\ \vdots & \cdots & \cdots & \cdots & \cdots & 0 \\ \vdots & \cdots & \cdots & \cdots & \cdots & 0 \\ 0 & 0 & \cdots & \cdots & \cdots & 0 \end{bmatrix},
\begin{bmatrix} 0 & 0 & 1 & \cdots & \cdots & 0 \\ 0 & 0 & \ddots & & & 0 \\ \vdots & \vdots & \cdots & \ddots & & 0 \\ \vdots & \cdots & \cdots & & \cdots & 0 \\ 0 & 0 & 0 & \cdots & \cdots & 0 \end{bmatrix}, \cdots,\right.\right.$$

$$\begin{bmatrix} 0 & 0 & \cdots & \cdots & \cdots & 0 \\ 1 & 0 & \cdots & \cdots & \cdots & 0 \\ \vdots & \cdots & \cdots & \cdots & \cdots & 0 \\ \vdots & \cdots & \cdots & \cdots & \cdots & 0 \\ 0 & 0 & \cdots & \cdots & \cdots & 0 \end{bmatrix},
\begin{bmatrix} 0 & 0 & 0 & \cdots & \cdots & 0 \\ 0 & 0 & 1 & \cdots & \cdots & 0 \\ \vdots & \cdots & \cdots & \cdots & \cdots & 0 \\ \vdots & \cdots & \cdots & \cdots & \cdots & 0 \\ 0 & \cdots & \cdots & \cdots & \cdots & 0 \end{bmatrix}, \cdots,$$

$$\begin{bmatrix} 0 & 0 & \cdots & \cdots & \cdots & 0 \\ 0 & \ddots & & & & 0 \\ \vdots & \cdots & \ddots & & & 0 \\ \vdots & \cdots & \cdots & & \cdots & 0 \\ 0 & \cdots & \cdots & \cdots & 1 & 0 \end{bmatrix},
\begin{bmatrix} -1 & 0 & \cdots & \cdots & \cdots & 0 \\ 0 & 0 & \cdots & \cdots & \cdots & 0 \\ \vdots & \cdots & \cdots & \cdots & \cdots & 0 \\ \vdots & \cdots & \cdots & \cdots & \cdots & 0 \\ 0 & 0 & \cdots & \cdots & \cdots & 1 \end{bmatrix},$$

$$\begin{bmatrix} 0 & 0 & \cdots & \cdots & \cdots & 0 \\ 0 & -1 & \cdots & \cdots & \cdots & 0 \\ \vdots & \vdots & \ddots & & \cdots & 0 \\ \vdots & \vdots & \cdots & \ddots & \cdots & 0 \\ 0 & \cdots & \cdots & \cdots & \cdots & 1 \end{bmatrix}, \cdots,
\left.\left.\begin{bmatrix} 0 & 0 & \cdots & \cdots & 0 & 0 \\ 0 & 0 & \cdots & \cdots & 0 & 0 \\ \vdots & \vdots & \vdots & \vdots & \vdots & 0 \\ 0 & 0 & \cdots & \cdots & -1 & 0 \\ 0 & \cdots & \cdots & \cdots & \cdots & 1 \end{bmatrix}\right\}\right)。$$

共 n^2-1個元素, 所以維度爲 n^2-1。

習題 **3.33** $(*)$ 令$\mathcal{V}$和$\mathcal{W}$是有限維度向量空間, $\mathbf{L} \in \mathcal{L}(\mathcal{V}, \mathcal{W})$。試證明

1. 若$\mathbf{L}$是蓋射, 則$\dim\mathcal{W} \leq \dim\mathcal{V}$。

2. 若$\mathbf{L}$是單射, 則$\dim\mathcal{V} \leq \dim\mathcal{W}$。

(提示: 利用維度定理) 解答:

1. 由維度定理我們知道 $\mathrm{rank}(\mathbf{L}) + \mathrm{nullity}(\mathbf{L})=\dim\mathcal{V}$。若$\mathbf{L}$是蓋射, 則
   $\dim\mathcal{W} = \mathrm{rank}(\mathbf{L}) \leq \dim\mathcal{V}$。

2. 若$\mathbf{L}$是單射, 則 $\mathrm{nullity}(\mathbf{L}) = 0$, 由維度定理得知
   $\dim\mathcal{V} = \mathrm{rank}(\mathbf{L}) \leq \dim\mathcal{W}$。

習題 **3.34** (**) 令$\mathcal{V}$和$\mathcal{W}$是有限維度向量空間, 且$\mathbf{L} \in \mathcal{L}(\mathcal{V},\mathcal{W})$。並令 $\mathbf{Lv} = \mathbf{w}$。試證明

$$\mathbf{L}^{-1}(\{\mathbf{w}\}) = \{\mathbf{v} + \mathbf{v}' \mid \mathbf{v}' \in \mathcal{K}er\mathbf{L}\}。$$

解答:
很明顯地 $\{\mathbf{v} + \mathbf{v}' \mid \mathbf{v}' \in \mathcal{K}er\mathbf{L}\} \subset \mathbf{L}^{-1}(\{\mathbf{w}\})$。令 $\mathbf{y} \in \mathbf{L}^{-1}(\{\mathbf{w}\})$, 則 $\mathbf{Ly} = \mathbf{w}$, 又 $\mathbf{Lv} = \mathbf{w}$, 故 $\mathbf{L}(\mathbf{y} - \mathbf{v}) = \mathbf{0}$。這表示 $\mathbf{y} - \mathbf{v} \in \mathcal{K}er\mathbf{L}$。又 $\mathbf{y} = \mathbf{v} + (\mathbf{y} - \mathbf{v})$, 所以 $\mathbf{y} \in \{\mathbf{v} + \mathbf{v}' \mid \mathbf{v}' \in \mathcal{K}er\mathbf{L}\}$。故 $\mathbf{L}^{-1}(\{\mathbf{w}\}) = \{\mathbf{v} + \mathbf{v}' \mid \mathbf{v}' \in \mathcal{K}er\mathbf{L}\}$。

習題 **3.35** (*) 令$\mathbf{D} : \mathbb{F}_n[t] \longrightarrow \mathbb{F}_{n-1}[t]$為微分算子(定義同例3.13)。

1. 試求$\mathcal{K}er\mathbf{D}$。

2. 令$f \in \mathbb{F}_{n-1}[t]$, 試寫出$\mathbf{D}^{-1}(\{f\})$。

(提示: 利用第3.34題)
解答:

1. $\mathcal{K}er\mathbf{D}=\{a \mid a \in \mathbb{F}\}$。

2. 令 $f \in \mathbb{F}_{n-1}[t]$, 則 f可以表示成 $f=a_0 + a_1 t + \cdots + a_{n-2}t^{n-2}$, 很明顯地,
   若令 $f_i=a_0 t + \dfrac{a_1}{2}t^2 + \cdots + \dfrac{a_{n-2}}{n-1}t^{n-1}$, 則 $\mathbf{D}(f_i) = f$。由習題 3.34, 我們知
   道 $\mathbf{D}^{-1}(\{f\})=\{f_i + c \mid c \in \mathbb{F}\}$。

習題 **3.36** (∗) 試找出一個線性映射$L : \mathbb{R}^2 \longrightarrow \mathbb{R}^2$使得其像空間等於核空間(也就是$\mathcal{I}m L = \mathcal{K}er L$)。

解答：

令 $\mathbf{A} = \begin{bmatrix} 0 & 1 \\ 0 & 0 \end{bmatrix}$，則 $\mathcal{K}er \mathbf{L_A} = \mathrm{span}(\{ \begin{bmatrix} 1 \\ 0 \end{bmatrix} \})$，並且 $\mathcal{I}m \mathbf{L_A} = \mathrm{span}(\{ \begin{bmatrix} 1 \\ 0 \end{bmatrix} \})$。

習題 **3.37** (∗∗) 試建構出兩相異的線性映射L, M使得$\mathcal{I}m L = \mathcal{I}m M$ 及 $\mathcal{K}er L = \mathcal{K}er M$。

解答：

令 $\mathbf{A} = \begin{bmatrix} 1 & 0 \\ 0 & 1 \end{bmatrix}$，$\mathbf{B} = \begin{bmatrix} 2 & 0 \\ 0 & 2 \end{bmatrix}$，$\mathbf{L} = \mathbf{L_A}$，$\mathbf{M} = \mathbf{L_B}$，則$\mathcal{I}m L = \mathcal{I}m M$ 而且$\mathcal{K}er L = \mathcal{K}er M$。

習題 **3.38** (∗) 令$\mathcal{V} = \mathbb{R}_3[t]$，並考慮線性映射$L : \mathcal{V} \longrightarrow \mathcal{V}$，$L$的定義爲$L(f) = \frac{d^2 f}{dt^2} - f$。試證明$\mathcal{K}er L = \{0\}$。(提示: 直接證明$L$是單射)

解答：

令 $f = a_0 + a_1 t + a_2 t^2$，$g = b_0 + b_1 t + b_2 t^2$，並且 $\mathbf{L}(f) = \mathbf{L}(g)$。也就是 $\frac{d^2}{d^2 t} f - f = \frac{d^2}{d^2 t} g - g$。這表示 $2a_2 - (a_0 + a_1 t + a_2 t^2) = 2b_2 - (b_0 + b_1 t + b_2 t^2)$，因此 $a_0 = b_0$，$a_1 = b_1$以及 $a_2 = b_2$，亦即$f = g$。故 $\mathbf{L}$是單射，這也表示 $\mathcal{K}er \mathbf{L} = \{0\}$。

習題 **3.39** (∗ ∗ ∗) 令a是任意實數。試建立適當的線性映射$L : \mathbb{R}_3[t] \longrightarrow \mathbb{R}$以求出$\mathbb{R}_3[t]$的子空間

$$\mathcal{W} = \{f \mid f \in \mathbb{R}_3[t]並且f(a) = 0\}$$

的維度。

解答：

對所有 $f \in \mathbb{R}_3[t]$，皆可以寫成 $f = a_0 + a_1(t - a) + a_2(t - a)^2$。我們定義 $\mathbf{R} : \mathbb{R}_3[t] \longrightarrow \mathbb{R}$爲$\mathbf{R}(f) = a_0$，則 $\mathbf{R}$是一個線性蓋射，並且 $\mathcal{K}er \mathbf{R} = \mathcal{W}$。故 $\dim \mathcal{W} = \dim \mathcal{K}er \mathbf{R} = \dim \mathbb{R}_3[t] - \mathrm{rank}(\mathbf{R}) = 3 - 1 = 2$。

習題 **3.40** (∗) 試寫出所有$\mathcal{L}(\mathbb{Z}_2^2, \mathbb{Z}_2)$中的向量，並寫出它們的核空間與像空間。

解答：

從 3.27題中，我們得知 $\mathcal{L}(\mathbb{Z}_2^2, \mathbb{Z}_2)$中有4個向量，分別滿足了

1. $\mathbf{L}_1 \begin{bmatrix} 1 \\ 0 \end{bmatrix} = 1, \quad \mathbf{L}_1 \begin{bmatrix} 0 \\ 1 \end{bmatrix} = 1,$

2. $\mathbf{L}_2 \begin{bmatrix} 1 \\ 0 \end{bmatrix} = 1, \quad \mathbf{L}_2 \begin{bmatrix} 0 \\ 1 \end{bmatrix} = 0,$

3. $\mathbf{L}_3 \begin{bmatrix} 1 \\ 0 \end{bmatrix} = 0, \quad \mathbf{L}_3 \begin{bmatrix} 0 \\ 1 \end{bmatrix} = 1,$

4. $\mathbf{L}_4 \begin{bmatrix} 1 \\ 0 \end{bmatrix} = 0, \quad \mathbf{L}_4 \begin{bmatrix} 0 \\ 1 \end{bmatrix} = 0 \circ$

則 $\mathcal{K}er\mathbf{L}_1 = \{ \begin{bmatrix} 0 \\ 0 \end{bmatrix}, \begin{bmatrix} 1 \\ 1 \end{bmatrix} \}, \quad \mathcal{I}m\mathbf{L}_1 = \mathbb{Z}_2, \mathcal{K}er\mathbf{L}_2 = \{ \begin{bmatrix} 0 \\ 0 \end{bmatrix}, \begin{bmatrix} 0 \\ 1 \end{bmatrix} \}, \quad \mathcal{I}m\mathbf{L}_2 = \mathbb{Z}_2, \mathcal{K}er\mathbf{L}_3 = \{ \begin{bmatrix} 0 \\ 0 \end{bmatrix}, \begin{bmatrix} 1 \\ 0 \end{bmatrix} \}, \quad \mathcal{I}m\mathbf{L}_3 = \mathbb{Z}_2, \mathcal{K}er\mathbf{L}_4 = \mathbb{Z}_2^2, \quad \mathcal{I}m\mathbf{L}_4 = \{0\}$。

3.5節習題

習題 3.41 $(*)$ 令i定義如推論3.40, 請問$i^{-1}(\{0\})$是哪一個向量空間?
解答 : 零空間。

習題 3.42 $(**)$ 試證明例3.41中$\{\mathbf{L}_1, \mathbf{L}_2\}$是$\mathcal{L}(\mathbb{R}^2, \mathbb{R})$的一組基底。
解答 :
設 $\mathbf{L} \in \mathcal{L}(\mathbb{R}^2, \mathbb{R})$, 並令$\mathbf{L}(1,0) = a$, $\mathbf{L}(0,1) = b$, 則對所有的$c, d \in \mathbb{R}$, 有$\mathbf{L}(c,d) = \mathbf{L}(c(1,0) + d(0,1)) = ca + db = a\mathbf{L}_1(c,d) + b\mathbf{L}_2(c,d) = (a\mathbf{L}_1 + b\mathbf{L}_2)(c,d)$, 故$\{\mathbf{L}_1, \mathbf{L}_2\}$是$\mathcal{L}(\mathbb{R}^2, \mathbb{R})$ 的一組基底。

習題 3.43 $(*)$ 我們知道 $\dim\mathbb{R}_2[t]$與 $\dim(\mathrm{span}(\{e^{-2t}, e^t\}))$皆是 2。試建構$\mathbb{R}_2[t]$ 與 $\mathrm{span}(\{e^{-2t}, e^t\})$之間的同構映射。
解答 :
令 $\mathbf{L}(a + bt) = ae^{-2t} + be^t$, 則很明顯地 $\mathbf{L}$是 $\mathbb{R}_2[t]$與 $\mathrm{span}(\{e^{-2t}, e^t\})$之間的同構映射。

習題 **3.44** (∗) 令 $\mathcal{V} = \left\{ \begin{bmatrix} a & a-b \\ 0 & c \end{bmatrix} \mid a, b, c \in \mathbb{R} \right\}$。試證明 $\mathcal{V}$ 是一個向量空間，並建構 $\mathcal{V}$ 與 $\mathbb{R}^3$ 之間的同構映射。

解答：

對所有的 $a_1, a_2, b_1, b_2, c_1, c_2 \in \mathbb{R}$,

$$\begin{bmatrix} a_1 & a_1-b_1 \\ 0 & c_1 \end{bmatrix} + \begin{bmatrix} a_2 & a_2-b_2 \\ 0 & c_2 \end{bmatrix}$$

$$= \begin{bmatrix} a_1+a_2 & (a_1+a_2)-(b_1+b_2) \\ 0 & c_1+c_2 \end{bmatrix}$$

$$= \begin{bmatrix} a_2+a_1 & (a_2+a_1)-(b_2+b_1) \\ 0 & c_2+c_1 \end{bmatrix}$$

$$= \begin{bmatrix} a_2 & a_2-b_2 \\ 0 & c_2 \end{bmatrix} + \begin{bmatrix} a_1 & a_1-b_1 \\ 0 & c_1 \end{bmatrix},$$

所以加法具封閉性及交換性。很明顯地 $\begin{bmatrix} 0 & 0 \\ 0 & 0 \end{bmatrix} \in \mathcal{V}$, 並且 $\begin{bmatrix} a_1 & a_1-b_1 \\ 0 & c_1 \end{bmatrix} +$ $\begin{bmatrix} 0 & 0 \\ 0 & 0 \end{bmatrix} = \begin{bmatrix} a_1 & a_1-b_1 \\ 0 & c_1 \end{bmatrix}$。所以零矩陣為 $\mathcal{V}$ 中之零向量。又對所有的 $a, b, c \in$ $\mathbf{R}$, $\begin{bmatrix} -a & -a-(-b) \\ 0 & -c \end{bmatrix} \in \mathcal{V}$, 並且 $\begin{bmatrix} a & a-b \\ 0 & c \end{bmatrix} + \begin{bmatrix} -a & -a-(-b) \\ 0 & -c \end{bmatrix} = \begin{bmatrix} 0 & 0 \\ 0 & 0 \end{bmatrix}$, 故 $\begin{bmatrix} -a & -a-(-b) \\ 0 & -c \end{bmatrix}$ 為 $\begin{bmatrix} a & a-b \\ 0 & c \end{bmatrix}$ 之加法反元素。同理, 我們不難驗證有關向量空間純量乘法的公設也是成立的。定義 $\mathbf{L}: \mathbf{R}^3 \longrightarrow \mathcal{V}$ 如下: $\mathbf{L}(a, b, c) = \begin{bmatrix} a & a-b \\ 0 & c \end{bmatrix}$, 則 $\mathbf{L}$ 是 $\mathbf{R}^3$ 及 $\mathcal{V}$ 之間的一個同構映射。

習題 **3.45** (∗∗) 設 $\mathcal{V}$ 和 $\mathcal{W}$ 是有限維度向量空間, $\mathbf{L} \in \mathcal{L}(\mathcal{V}, \mathcal{W})$ 是同構映射。令 $\mathcal{U}$ 是 $\mathcal{V}$ 的子空間。

1. 試證明 $\mathbf{L}(\mathcal{U})$ 是 $\mathcal{W}$ 的子空間。

2. 試證明 $\dim \mathcal{U} = \dim \mathbf{L}(\mathcal{U})$。

解答：

1. *(a)* 因為 $\mathbf{0} \in \mathcal{U}$, 所以 $\mathbf{0}_\mathcal{W} = \mathbf{L}(\mathbf{0}) \in \mathbf{L}(\mathcal{U})$。

   (b) 若 $\mathbf{y}_1, \mathbf{y}_2 \in \mathbf{L}(\mathcal{U})$, $a \in \mathbb{F}$, 則存在 $\mathbf{x}_1, \mathbf{x}_2 \in \mathcal{U}$ 使得 $\mathbf{y}_1 = \mathbf{L}\mathbf{x}_1$, $\mathbf{y}_2 = \mathbf{L}\mathbf{x}_2$。因此 $\mathbf{y}_1 + \mathbf{y}_2 = \mathbf{L}\mathbf{x}_1 + \mathbf{L}\mathbf{x}_2 = \mathbf{L}(\mathbf{x}_1 + \mathbf{x}_2) \in \mathbf{L}(\mathcal{U})$, 並且 $a\mathbf{y} = a\mathbf{L}\mathbf{x} = \mathbf{L}(a\mathbf{x}) \in \mathbf{L}(\mathcal{U})$。由以上知道 $\mathbf{L}(\mathcal{U})$ 是 $\mathcal{W}$ 的子空間。

2. 設 $\{\mathbf{u}_1, \mathbf{u}_2, \cdots, \mathbf{u}_m\}$ 是 $\mathcal{U}$ 的基底, 則因為 $\mathbf{L}$ 是同構映射, 由引理 3.33 知 $\{\mathbf{L}\mathbf{u}_1, \mathbf{L}\mathbf{u}_2, \cdots, \mathbf{L}\mathbf{u}_m\}$ 是 $\mathbf{L}(\mathcal{U})$ 的基底, 也因此 $\dim \mathcal{U} = \dim \mathbf{L}(\mathcal{U})$。

3.6節習題

習題 3.46 $(*)$ 試證明例3.46中的 $\phi_\mathcal{B}$ 滿足1, 2兩性質。

解答：

1. 對所有 $\mathbf{e} = a_1 \mathbf{e}_1 + a_2 \mathbf{e}_2 + \cdots + a_n \mathbf{e}_n \in \mathbb{F}^n$, 若令 $\mathbf{v} = a_1 \mathbf{v}_1 + a_2 \mathbf{v}_2 + \cdots + a_n \mathbf{v}_n$, 則 $\phi_\mathcal{B}(\mathbf{v}) = \mathbf{e}$, 所以 $\phi_\mathcal{B}$ 是蓋射。令 $\mathbf{u} = b_1 \mathbf{v}_1 + b_2 \mathbf{v}_2 + \cdots + b_n \mathbf{v}_n$, $\mathbf{w} = c_1 \mathbf{v}_1 + c_2 \mathbf{v}_2 + \cdots + c_n \mathbf{v}_n$, 並且 $\phi_\mathcal{B}(\mathbf{u}) = \phi_\mathcal{B}(\mathbf{w})$。根據 $\phi_\mathcal{B}$ 的定義 $b_1 \mathbf{e}_1 + \cdots + b_n \mathbf{e}_n = c_1 \mathbf{e}_1 + \cdots + c_n \mathbf{e}_n$, 得知 $(b_1 - c_1)\mathbf{e}_1 + (b_2 - c_2)\mathbf{e}_2 + \cdots + (b_n - c_n)\mathbf{e}_n = 0$, 因為 $\{\mathbf{e}_1, \mathbf{e}_2, \cdots, \mathbf{e}_n\}$ 是線性獨立集, 故 $b_1 = c_1, b_2 = c_2, \cdots, b_n = c_n$, 所以 $\mathbf{u} = \mathbf{w}$。因此 $\phi_\mathcal{B}$ 是單射, 由此也證明了 $\phi_\mathcal{B}$ 是蓋單映射。

2. 可直接由 $\phi_\mathcal{B}$ 的定義得知。

習題 3.47 $(**)$ 試證明定理3.50。

解答：

1. 由於 $\mathcal{B}_\mathcal{W}$ 是 $\mathcal{W}$ 的有序基底, 所以對 $j = 1, 2, \cdots, n$, a_j 是唯一決定的。所以 $\mathbf{A}$ 是唯一決定的。

2. 設 $\mathbf{L}, \mathbf{M} \in \mathcal{L}(\mathcal{V}, \mathcal{W})$, $a, b \in \mathbf{F}$。令 $(a\mathbf{L} + b\mathbf{M})(\mathbf{v}_j) \triangleq \sum_{i=1}^{m} t_{ij} \mathbf{w}_i$, 且令

$$
\begin{aligned}
\Phi_{\mathcal{B}_\mathcal{V}}^{\mathcal{B}_\mathcal{W}}(\mathbf{L}) &= [\mathbf{L}]_{\mathcal{B}_\mathcal{V}}^{\mathcal{B}_\mathcal{W}} \triangleq [l_{ij}], \\
\Phi_{\mathcal{B}_\mathcal{V}}^{\mathcal{B}_\mathcal{W}}(\mathbf{M}) &= [\mathbf{M}]_{\mathcal{B}_\mathcal{V}}^{\mathcal{B}_\mathcal{W}} \triangleq [m_{ij}]。
\end{aligned}
$$

則

$$
\begin{aligned}
(a\mathbf{L} + b\mathbf{M})(\mathbf{v}_j) &= a\mathbf{L}\mathbf{v}_j + b\mathbf{M}\mathbf{v}_j \\
&= a\sum_{i=1}^{m} l_{ij}\mathbf{w}_i + b\sum_{i=1}^{m} m_{ij}\mathbf{w}_i \\
&= \sum_{i=1}^{m}(al_{ij} + bm_{ij})\mathbf{w}_i。
\end{aligned}
$$

因此 $t_{ij} = al_{ij} + bm_{ij}$, 也就是 $\Phi_{\mathcal{B}_\mathcal{W}}^{\mathcal{B}_\mathcal{V}}(a\mathbf{L} + b\mathbf{M}) = a\Phi_{\mathcal{B}_\mathcal{W}}^{\mathcal{B}_\mathcal{V}}(\mathbf{L}) + b\Phi_{\mathcal{B}_\mathcal{W}}^{\mathcal{B}_\mathcal{V}}(\mathbf{M})$。

3. 首先, 我們先證明 $\Phi_{\mathcal{B}_\mathcal{V}}^{\mathcal{B}_\mathcal{W}}$ 是蓋射。令 $\mathcal{B}_\mathcal{V} = \{\mathbf{v}_1, \cdots, \mathbf{v}_n\}$ 及 $\mathcal{B}_\mathcal{W}\{\mathbf{w}_1, \cdots, \mathbf{w}_m\}$ 分別是有限維度向量空間 $\mathcal{V}$ 和 $\mathcal{W}$ 之有序基底。令 $\mathbf{A} = [\mathbf{a}_1\ \mathbf{a}_2\ \cdots\ \mathbf{a}_n]$, 其中 $\mathbf{a}_j = \begin{bmatrix} a_{1j} \\ \vdots \\ a_{mj} \end{bmatrix}$。我們定義 $\mathbf{L}$ 是滿足

$$
\mathbf{L}\mathbf{v}_j = a_{1j}\mathbf{w}_1 + \cdots + a_{mj}\mathbf{w}_m
$$

的線性映射。則根據 $\Phi_{\mathcal{B}_\mathcal{V}}^{\mathcal{B}_\mathcal{W}}$ 的定義, $\Phi_{\mathcal{B}_\mathcal{V}}^{\mathcal{B}_\mathcal{W}}(\mathbf{L}) = \mathbf{A}$, 因此我們可以知道 $\Phi_{\mathcal{B}_\mathcal{V}}^{\mathcal{B}_\mathcal{W}}$ 是蓋射。接下來, 我們證明 $\Phi_{\mathcal{B}_\mathcal{V}}^{\mathcal{B}_\mathcal{W}}$ 是單射。令 $\Phi_{\mathcal{B}_\mathcal{V}}^{\mathcal{B}_\mathcal{W}}(\mathbf{M}) = \Phi_{\mathcal{B}_\mathcal{V}}^{\mathcal{B}_\mathcal{W}}(\mathbf{N}) = \mathbf{A}$, 其中 $\mathbf{M}, \mathbf{N}$ 是線性映射, $\mathbf{A} = [\mathbf{a}_1\ \mathbf{a}_2\ \cdots\mathbf{a}_n]$, $\mathbf{a}_j = \begin{bmatrix} a_{1j} \\ \vdots \\ a_{mj} \end{bmatrix}$。則由 $\Phi_{\mathcal{B}_\mathcal{V}}^{\mathcal{B}_\mathcal{W}}$ 的定義, 對 $j = 1, 2, \cdots n$, $\mathbf{M}\mathbf{v}_j = a_{1j}\mathbf{w}_1 + a_{2j}\mathbf{w}_2 + \cdots + a_{mj}\mathbf{w}_m = \mathbf{N}\mathbf{v}_j$。則由第三章定理3.19, 我們知道 $\mathbf{M} = \mathbf{N}$。這表示 $\Phi_{\mathcal{B}_\mathcal{V}}^{\mathcal{B}_\mathcal{W}}$ 是單射。因此得知 $\Phi_{\mathcal{B}_\mathcal{V}}^{\mathcal{B}_\mathcal{W}}$ 是可逆映射。

習題 **3.48** ($**$) 試驗證例3.56中定義的 $\mathbf{D}$ 是線性映射。
解答：

令 $s_1 = a_1 e^{3t} + b_1 e^{-4t}$, $s_2 = a_2 e^{3t} + b_2 e^{-4t}$。則對所有 $c, d \in \mathbb{R}$,

$$
\begin{aligned}
\mathbf{D}(cs_1 + ds_2) &= \mathbf{D}(ca_1 e^{3t} + cb_1 e^{-4t} + da_2 e^{3t} + db_2 e^{-4t}) \\
&= \mathbf{D}((ca_1 + da_2)e^{3t} + (cb_1 + db_2)e^{-4t}) \\
&= 3(ca_1 + da_2)e^{3t} - 4(cb_1 + db_2)e^{-4t} \\
&= (3ca_1 e^{3t} - 4cb_1 e^{-4t}) + (3da_2 e^{3t} - 4db_2 e^{-4t}) \\
&= c\mathbf{D}(s_1) + d\mathbf{D}(s_2) \,,
\end{aligned}
$$

所以 $\mathbf{D}$ 是線性映射。

習題 **3.49** 令 $\mathbf{A}, \mathbf{C} \in \mathbb{F}^{m \times n}$, $\mathcal{B}_n$ 與 $\mathcal{B}_m$ 分別是 $\mathbb{F}^n$ 與 $\mathbb{F}^m$ 的標準有序基底。試證明下列敘述。

1. $[\mathbf{L_A}]_{\mathcal{B}_n}^{\mathcal{B}_m} = \mathbf{A}$。

2. $\mathbf{L_A} = \mathbf{L_C}$ 若且唯若 $\mathbf{A} = \mathbf{C}$。

3. $\mathbf{L_{A+C}} = \mathbf{L_A} + \mathbf{L_C}$ 且對所有的 $a \in \mathbb{F}$, $\mathbf{L_{aA}} = a\mathbf{L_A}$。

4. 若 $\mathbf{L} \in \mathcal{L}(\mathbb{F}^n, \mathbb{F}^m)$, 則存在唯一的矩陣 $\mathbf{D} \in \mathbb{F}^{m \times n}$ 使得 $\mathbf{L} = \mathbf{L_D}$。事實上, $\mathbf{D} = [\mathbf{L}]_{\mathcal{B}_n}^{\mathcal{B}_m}$。

5. 若 $\mathbf{E} \in \mathbb{F}^{n \times p}$, 則 $\mathbf{L_{AE}} = \mathbf{L_A} \circ \mathbf{L_E}$。

6. 若 $m = n$, 則 $\mathbf{L_{I_n}} = \mathbf{I}_{\mathbb{F}^n}$。

解答:

1. 令 $\mathbf{A} = [a_{ij}]$, $\mathcal{B}_n = \{\mathbf{e}_1, \mathbf{e}_2, \cdots, \mathbf{e}_n\}$ 及 $\mathcal{B}_m = \{\bar{\mathbf{e}}_1, \bar{\mathbf{e}}_2, \cdots, \bar{\mathbf{e}}_m\}$ 是 $\mathbb{R}^n$ 與 $\mathbb{R}^m$ 的標準有序基底, 則

$$
\mathbf{L_A}\mathbf{e}_1 = \mathbf{A}\mathbf{e}_1 = a_{11}\bar{\mathbf{e}}_1 + a_{21}\bar{\mathbf{e}}_2 + a_{m1}\bar{\mathbf{e}}_m,
$$
$$
\vdots
$$
$$
\mathbf{L_A}\mathbf{e}_n = \mathbf{A}\mathbf{e}_n = a_{1n}\bar{\mathbf{e}}_1 + a_{2n}\bar{\mathbf{e}}_2 + a_{mn}\bar{\mathbf{e}}_m,
$$

故 $[\mathbf{L_A}]_{\mathcal{B}_n}^{\mathcal{B}_m} = [a_{ij}] = \mathbf{A}$。

2. 很明顯地, 若 $\mathbf{A} = \mathbf{C}$, 則 $\mathbf{L_A} = \mathbf{L_C}$。反過來, 設 $\mathbf{L_A} = \mathbf{L_C}$, 則 $\mathbf{A} = [\mathbf{L_A}]_{\mathcal{B}_n}^{\mathcal{B}_m} = [\mathbf{L_C}]_{\mathcal{B}_n}^{\mathcal{B}_m} = \mathbf{C}$。

3. 對所有的 $\mathbf{x} \in \mathbb{F}^n$, $\mathbf{L_{A+C}}(\mathbf{x}) = (\mathbf{A}+\mathbf{C})\mathbf{x} = \mathbf{Ax} + \mathbf{Cx} = \mathbf{L_Ax} + \mathbf{L_Cx} = (\mathbf{L_A} + \mathbf{L_C})\mathbf{x}$, 所以 $\mathbf{L_{A+C}} = \mathbf{L_A} + \mathbf{L_C}$。同理, $\mathbf{L_{aA}x} = (a\mathbf{A})\mathbf{x} = a(\mathbf{Ax}) = a\mathbf{L_Ax}$, 故 $\mathbf{L_{aA}} = a\mathbf{L_A}$。

4. 很明顯地, 若令 $\mathbf{D} = [\mathbf{L}]_{\mathcal{B}_n}^{\mathcal{B}_m}$, 則 $\mathbf{L} = \mathbf{L_D}$, 因此, 我們只需證明唯一性即可。令 $\mathbf{L} = \mathbf{L_D} = \mathbf{L_C}$, 則根據本題第 2 小題的結果, 知道 $\mathbf{C} = \mathbf{D} = [\mathbf{L}]_{\mathcal{B}_n}^{\mathcal{B}_m}$。

5. 對所有 $\mathbf{v} \in \mathbb{F}^n$,

$$\begin{aligned} \mathbf{L_{AE}v} &= (\mathbf{AE})\mathbf{v} = \mathbf{A}(\mathbf{Ev}) = \mathbf{A}(\mathbf{L_Ev}) \\ &= \mathbf{L_A}(\mathbf{L_Ev}) = (\mathbf{L_A} \circ \mathbf{L_E})\mathbf{v}, \end{aligned}$$

故 $\mathbf{L_{AE}} = \mathbf{L_A} \circ \mathbf{L_E}$。

6. 對所有 $\mathbf{v} \in \mathbb{F}^n$, $\mathbf{L_{I_n}v} = \mathbf{I_n v} = \mathbf{v} = \mathbf{I_{\mathbb{F}^n}v}$, 故 $\mathbf{L_{I_n}} = \mathbf{I_{\mathbb{F}^n}}$。

習題 3.50 試完成定理3.60的證明。

解答:

2. 『充分性』假設存在一個矩陣 $\mathbf{E} \in \mathbb{F}^{m \times n}$ 使得 $\mathbf{AE} = \mathbf{I_m}$, 則 $\mathbf{L_{AE}} = \mathbf{L_{I_m}}$。所以 $\mathbf{L_A} \circ \mathbf{L_E} = \mathbf{L_{I_m}} = \mathbf{I_{\mathbb{F}^m}}$, 這表示 $\mathbf{L_A}$ 是右可逆。

『必要性』設 $\mathbf{L_A}$ 是右可逆, 則存在線性映射 $\mathbf{M} \in \mathcal{L}(\mathbb{F}^m, \mathbb{F}^n)$ 使得 $\mathbf{L_A} \circ \mathbf{M} = \mathbf{I_{\mathbb{F}^m}}$。令 $\mathcal{B}_n$ 和 $\mathcal{B}_m$ 分別是 $\mathbb{F}^n$ 和 $\mathbb{F}^m$ 的標準有序基底, 則 $\mathbf{I_m} = [\mathbf{I_{\mathbb{F}^m}}]_{\mathcal{B}_m}^{\mathcal{B}_m} = [\mathbf{L_A} \circ \mathbf{M}]_{\mathcal{B}_m}^{\mathcal{B}_m} = [\mathbf{L_A}]_{\mathcal{B}_m}^{\mathcal{B}_m}[\mathbf{M}]_{\mathcal{B}_m}^{\mathcal{B}_n}$。令 $\mathbf{E} \triangleq [\mathbf{M}]_{\mathcal{B}_m}^{\mathcal{B}_n} \in \mathbb{F}^{n \times m}$, 又因為 $[\mathbf{L_A}]_{\mathcal{B}_n}^{\mathcal{B}_m} = \mathbf{A}$, 因此 $\mathbf{AE} = \mathbf{I_m}$。故 $\mathbf{A}$ 是右可逆。

3. 直接由 2, 3可得。

習題 3.51 試證明推論3.66。

解答:

$\mathbf{L_{A^{-1}}} \circ \mathbf{L_A} = \mathbf{L_{A^{-1}A}} = \mathbf{L_{I_n}} = \mathbf{I_{\mathbb{F}^n}}$, 並且 $\mathbf{L_A} \circ \mathbf{L_{A^{-1}}} = \mathbf{L_{AA^{-1}}} = \mathbf{L_{I_n}} = \mathbf{I_{\mathbb{F}^n}}$, 故 $(\mathbf{L_A})^{-1} = \mathbf{L_{A^{-1}}}$。

習題 **3.52** (∗∗) 令 $\mathcal{V} = \mathbb{F}_3[t]$。定義映射 $\mathbf{L} : \mathcal{V} \longrightarrow \mathcal{V}$ 為 $\mathbf{L}(f) = (t+1)f' + f$, 其中 $f \in \mathcal{V}$。

    1. 試證明 $\mathbf{L}$ 是線性映射。

    2. 參照 $\mathcal{V}$ 的基底 $\mathcal{B} = \{1, 2t, t^2\}$, 試求 $[\mathbf{L}]_{\mathcal{B}}$。

解答：

    1. 令 $f, g \in \mathbb{F}_3[t]$, $a, b \in \mathbb{F}$。則

$$
\begin{aligned}
\mathbf{L}(af + bg) &= (t+1)(af + bg)' + (af + bg) \\
&= (t+1)af' + af + (t+1)bg' + bg \\
&= a((t+1)f' + f) + b((t+1)g' + g) \\
&= a\mathbf{L}(f) + b\mathbf{L}(g) \,。
\end{aligned}
$$

    2.

$$
\begin{aligned}
\mathbf{L}(1) &= 1 = 1 \cdot 1 + 0 \cdot 2t + 0 \cdot t^2 \,, \\
\mathbf{L}(2t) &= (t+1) \cdot 2 + 2t = 2t + 2 + 2t = 4t + 2 \\
&= 2 \cdot 1 + 2 \cdot (2t) + 0 \cdot t^2 \,, \\
\mathbf{L}(t^2) &= (t+1)(2t) + t^2 = 2t^2 + 2t + t^2 \\
&= 3t^2 + 2t = 0 \cdot 1 + 1 \cdot (2t) + 3 \cdot t^2 \,。
\end{aligned}
$$

所以 $[\mathbf{L}]_{\mathcal{B}} = \begin{bmatrix} 1 & 2 & 0 \\ 0 & 2 & 1 \\ 0 & 0 & 3 \end{bmatrix}$。

習題 **3.53** (∗) 承上題, 令 $f(t) = 3t^2 + 5t + 2$。

    1. 試直接從定義求 $\mathbf{L}(f)$,

    2. 試計算 $[\mathbf{L}(f)]_{\mathcal{B}}$ 與 $[\mathbf{L}]_{\mathcal{B}}[f]_{\mathcal{B}}$, 並與第1部分的結果比較。

解答：

1. $\mathbf{L}(f) = (t+1)(6t+5) + (3t^2 + 5t + 2) = (6t^2 + 5t + 6t + 5) + (3t^2 + 5t + 2) = 9t^2 + 16t + 7$。

2. $[f]_{\mathcal{B}} = \begin{bmatrix} 2 \\ \frac{5}{2} \\ 3 \end{bmatrix}$, $[\mathbf{L}(f)]_{\mathcal{B}} = \begin{bmatrix} 7 \\ 8 \\ 9 \end{bmatrix}$, $[\mathbf{L}]_{\mathcal{B}}[f]_{\mathcal{B}} = \begin{bmatrix} 1 & 2 & 0 \\ 0 & 2 & 1 \\ 0 & 0 & 3 \end{bmatrix} \begin{bmatrix} 2 \\ \frac{5}{2} \\ 3 \end{bmatrix} = \begin{bmatrix} 7 \\ 8 \\ 9 \end{bmatrix}$, 故 $[\mathbf{L}]_{\mathcal{B}}[f]_{\mathcal{B}} = [\mathbf{L}(f)]_{\mathcal{B}}$。

習題 3.54 ($*$) 定義映射 $\mathbf{L}: \mathbb{R}^{2\times 2} \longrightarrow \mathbb{R}^{2\times 2}$ 爲 $\mathbf{L}(\mathbf{A}) = \mathbf{A}^T$, 其中 $\mathbf{A} \in \mathbb{R}^{2\times 2}$。

1. 試證明 $\mathbf{L}$ 是線性映射。

2. 參照 $\mathbf{R}^{2\times 2}$ 的基底 $\mathcal{B} = \left\{ \begin{bmatrix} 1 & 0 \\ 0 & 0 \end{bmatrix}, \begin{bmatrix} 0 & 1 \\ 0 & 0 \end{bmatrix}, \begin{bmatrix} 0 & 0 \\ 1 & 0 \end{bmatrix}, \begin{bmatrix} 0 & 0 \\ 0 & 1 \end{bmatrix} \right\}$, 試求 $[\mathbf{L}]_{\mathcal{B}}$。

解答：

1. 對所有 $\mathbf{A}, \mathbf{B} \in \mathbb{R}^{2\times 2}$, $a, b \in \mathbb{R}$, $\mathbf{L}(a\mathbf{A}+b\mathbf{B}) = (a\mathbf{A}+b\mathbf{B})^T = a\mathbf{A}^T + b\mathbf{B}^T = a\mathbf{L}(\mathbf{A}) + b\mathbf{L}(\mathbf{B})$, 所以 $\mathbf{L}$ 是線性映射。

2.

$$\mathbf{L}\left(\begin{bmatrix} 1 & 0 \\ 0 & 0 \end{bmatrix} \right) = \begin{bmatrix} 1 & 0 \\ 0 & 0 \end{bmatrix}$$

$$= 1 \cdot \begin{bmatrix} 1 & 0 \\ 0 & 0 \end{bmatrix} + 0 \cdot \begin{bmatrix} 0 & 1 \\ 0 & 0 \end{bmatrix} + 0 \cdot \begin{bmatrix} 0 & 0 \\ 1 & 0 \end{bmatrix} + 0 \cdot \begin{bmatrix} 0 & 0 \\ 0 & 1 \end{bmatrix},$$

$$\mathbf{L}\left(\begin{bmatrix} 0 & 1 \\ 0 & 0 \end{bmatrix} \right) = \begin{bmatrix} 0 & 0 \\ 1 & 0 \end{bmatrix}$$

$$= 0 \cdot \begin{bmatrix} 1 & 0 \\ 0 & 0 \end{bmatrix} + 0 \cdot \begin{bmatrix} 0 & 1 \\ 0 & 0 \end{bmatrix} + 1 \cdot \begin{bmatrix} 0 & 0 \\ 1 & 0 \end{bmatrix} + 0 \cdot \begin{bmatrix} 0 & 0 \\ 0 & 1 \end{bmatrix},$$

$$\mathbf{L}\left(\begin{bmatrix} 0 & 0 \\ 1 & 0 \end{bmatrix}\right) = \begin{bmatrix} 0 & 1 \\ 0 & 0 \end{bmatrix}$$

$$= 0 \cdot \begin{bmatrix} 0 & 0 \\ 0 & 0 \end{bmatrix} + 1 \cdot \begin{bmatrix} 0 & 1 \\ 0 & 0 \end{bmatrix} + 0 \cdot \begin{bmatrix} 0 & 0 \\ 1 & 0 \end{bmatrix} + 0 \cdot \begin{bmatrix} 0 & 0 \\ 0 & 1 \end{bmatrix},$$

$$\mathbf{L}\left(\begin{bmatrix} 0 & 0 \\ 0 & 1 \end{bmatrix}\right) = \begin{bmatrix} 0 & 0 \\ 0 & 1 \end{bmatrix}$$

$$= 0 \cdot \begin{bmatrix} 1 & 0 \\ 0 & 0 \end{bmatrix} + 0 \cdot \begin{bmatrix} 0 & 1 \\ 0 & 0 \end{bmatrix} + 0 \cdot \begin{bmatrix} 0 & 0 \\ 1 & 0 \end{bmatrix} + 1 \cdot \begin{bmatrix} 0 & 0 \\ 0 & 1 \end{bmatrix},$$

所以 $\quad [\mathbf{L}]_{\mathcal{B}} = \begin{bmatrix} 1 & 0 & 0 & 0 \\ 0 & 0 & 1 & 0 \\ 0 & 1 & 0 & 0 \\ 0 & 0 & 0 & 1 \end{bmatrix}$。

習題 3.55 (**) 定義映射 $\mathbf{L} : \mathbb{R}^{2 \times 2} \longrightarrow \mathbb{R}^{2 \times 2}$ 為 $\mathbf{L}(\mathbf{A}) = \begin{bmatrix} 1 & 2 \\ 2 & 1 \end{bmatrix} \mathbf{A} + 2\mathbf{A}^T$。

1. 試證明 $\mathbf{L}$ 是線性映射。

2. 參照 $\mathbf{R}^{2 \times 2}$ 的基底 $\mathcal{B} = \left\{ \begin{bmatrix} 1 & 0 \\ 0 & 0 \end{bmatrix}, \begin{bmatrix} 0 & 1 \\ 0 & 0 \end{bmatrix}, \begin{bmatrix} 0 & 0 \\ 1 & 0 \end{bmatrix}, \begin{bmatrix} 0 & 0 \\ 0 & 1 \end{bmatrix} \right\}$, 試求 $[\mathbf{L}]_{\mathcal{B}}$。

解答：

1. 對所有 $\mathbf{A}, \mathbf{B} \in \mathcal{V}$, $a, b \in \mathbb{R}$,

$$\begin{aligned} \mathbf{L}(a\mathbf{A} + b\mathbf{B}) &= \begin{bmatrix} 1 & 2 \\ 2 & 1 \end{bmatrix}(a\mathbf{A} + b\mathbf{B}) + 2(a\mathbf{A} + b\mathbf{B})^T \\ &= a\left(\begin{bmatrix} 1 & 2 \\ 2 & 1 \end{bmatrix}\mathbf{A} + 2\mathbf{A}^T\right) \\ &\quad + b\left(\begin{bmatrix} 1 & 2 \\ 2 & 1 \end{bmatrix}\mathbf{B} + 2\mathbf{B}^T\right) \\ &= a\mathbf{L}(\mathbf{A}) + b\mathbf{L}(\mathbf{B})。 \end{aligned}$$

2. 以下我們求 $[\mathbf{L}]_{\mathcal{B}}$。

$$\mathbf{L}\left(\begin{bmatrix} 1 & 0 \\ 0 & 0 \end{bmatrix}\right) = \begin{bmatrix} 3 & 0 \\ 2 & 0 \end{bmatrix}$$
$$= 3\begin{bmatrix} 1 & 0 \\ 0 & 0 \end{bmatrix} + 0\begin{bmatrix} 0 & 1 \\ 0 & 0 \end{bmatrix} + 2\begin{bmatrix} 0 & 0 \\ 1 & 0 \end{bmatrix} + 0\begin{bmatrix} 0 & 0 \\ 0 & 1 \end{bmatrix},$$

$$\mathbf{L}\left(\begin{bmatrix} 0 & 1 \\ 0 & 0 \end{bmatrix}\right) = \begin{bmatrix} 0 & 1 \\ 2 & 2 \end{bmatrix}$$
$$= 0\begin{bmatrix} 1 & 0 \\ 0 & 0 \end{bmatrix} + 1\begin{bmatrix} 0 & 1 \\ 0 & 0 \end{bmatrix} + 2\begin{bmatrix} 0 & 0 \\ 1 & 0 \end{bmatrix} + 2\begin{bmatrix} 0 & 0 \\ 0 & 1 \end{bmatrix},$$

$$\mathbf{L}\left(\begin{bmatrix} 0 & 0 \\ 1 & 0 \end{bmatrix}\right) = \begin{bmatrix} 2 & 2 \\ 1 & 0 \end{bmatrix}$$
$$= 2\begin{bmatrix} 1 & 0 \\ 0 & 0 \end{bmatrix} + 2\begin{bmatrix} 0 & 1 \\ 0 & 0 \end{bmatrix} + 1\begin{bmatrix} 0 & 0 \\ 1 & 0 \end{bmatrix} + 0\begin{bmatrix} 0 & 0 \\ 0 & 1 \end{bmatrix},$$

$$\mathbf{L}\left(\begin{bmatrix} 0 & 0 \\ 0 & 1 \end{bmatrix}\right) = \begin{bmatrix} 0 & 2 \\ 0 & 3 \end{bmatrix}$$
$$= 0\begin{bmatrix} 1 & 0 \\ 0 & 0 \end{bmatrix} + 2\begin{bmatrix} 0 & 1 \\ 0 & 0 \end{bmatrix} + 0\begin{bmatrix} 0 & 0 \\ 1 & 0 \end{bmatrix} + 3\begin{bmatrix} 0 & 0 \\ 0 & 1 \end{bmatrix},$$

所以 $[\mathbf{L}]_{\mathcal{B}} = \begin{bmatrix} 3 & 0 & 2 & 0 \\ 0 & 1 & 2 & 2 \\ 2 & 2 & 1 & 0 \\ 0 & 2 & 0 & 3 \end{bmatrix}$。

習題 **3.56** (∗) 試仿照例3.63的方法，求下列各矩陣的左逆矩陣。

1. $\begin{bmatrix} 1 & 0 \\ 0 & 2 \\ 0 & 1 \end{bmatrix}$。

2. $\begin{bmatrix} 1 \\ 2 \\ 0 \end{bmatrix}$。

3. $\begin{bmatrix} 1 & 0 & 0 \\ 0 & 1 & 0 \\ 0 & 0 & 0 \end{bmatrix}$。

解答：

1. 令 $\mathbf{A} = \begin{bmatrix} 1 & 0 \\ 0 & 2 \\ 0 & 1 \end{bmatrix}$。則 $\mathbf{L_A} \begin{bmatrix} 1 \\ 0 \end{bmatrix} = \begin{bmatrix} 1 \\ 0 \\ 0 \end{bmatrix}$，$\mathbf{L_A} \begin{bmatrix} 0 \\ 1 \end{bmatrix} = \begin{bmatrix} 0 \\ 2 \\ 1 \end{bmatrix}$，所以 $\mathbf{L_A}$ 的

左逆映射 $\mathbf{M}$ 只須要有以下性質：

$\mathbf{M} \begin{bmatrix} 1 \\ 0 \\ 0 \end{bmatrix} = \begin{bmatrix} 1 \\ 0 \end{bmatrix}$，$\mathbf{M} \begin{bmatrix} 0 \\ 2 \\ 1 \end{bmatrix} = \begin{bmatrix} 0 \\ 1 \end{bmatrix}$。

我們可以選擇

$\mathbf{M} \begin{bmatrix} 1 \\ 0 \\ 0 \end{bmatrix} = \begin{bmatrix} 1 \\ 0 \end{bmatrix}$，$\mathbf{M} \begin{bmatrix} 0 \\ 2 \\ 0 \end{bmatrix} = \begin{bmatrix} 0 \\ 1 \end{bmatrix}$，$\mathbf{M} \begin{bmatrix} 0 \\ 0 \\ 1 \end{bmatrix} = \begin{bmatrix} 0 \\ 0 \end{bmatrix}$。

故 $\begin{bmatrix} 1 & 0 \\ 0 & 2 \\ 0 & 1 \end{bmatrix}$ 的一個左逆矩陣是 $\begin{bmatrix} 1 & 0 & 0 \\ 0 & \frac{1}{2} & 0 \end{bmatrix}$。

2. 令 $\mathbf{A} = \begin{bmatrix} 1 \\ 2 \\ 0 \end{bmatrix}$。則 $\mathbf{L_A} \cdot 1 = \begin{bmatrix} 1 \\ 2 \\ 0 \end{bmatrix}$，所以 $\mathbf{L_A}$ 的左逆映射 $\mathbf{M}$ 只須要以下性

質：

$\mathbf{M} \begin{bmatrix} 1 \\ 2 \\ 0 \end{bmatrix} = 1$。

我們可以選擇

$\mathbf{M} \begin{bmatrix} 1 \\ 0 \\ 0 \end{bmatrix} = 1$，$\mathbf{M} \begin{bmatrix} 0 \\ 2 \\ 0 \end{bmatrix} = 0$，$\mathbf{M} \begin{bmatrix} 0 \\ 0 \\ 1 \end{bmatrix} = 0$，

所以 $\mathbf{A}$ 的一個左逆矩陣可以選擇爲 $\begin{bmatrix} 1 & 0 & 0 \end{bmatrix}$。

3. 因爲 $\begin{bmatrix} 1 & 0 & 0 \\ 0 & 1 & 0 \\ 0 & 0 & 0 \end{bmatrix}$ 無全行秩, 故其左逆矩陣不存在。

習題 3.57 (∗) 給定方陣 $\mathbf{A}$。若 $\mathbf{B}$ 是 $\mathbf{A}$ 的左逆矩陣, $\mathbf{C}$ 是 $\mathbf{A}$ 的右逆矩陣, 試證明 $\mathbf{B} = \mathbf{C}$, $\mathbf{A}$ 是可逆, 且其逆矩陣爲 $\mathbf{A}^{-1} = \mathbf{B} = \mathbf{C}$。解答 :

我們先證明 $\mathbf{A}$ 是可逆。因爲 $\mathbf{A}$ 的左逆矩陣及右逆矩陣存在, 所以根據定理 3.8, $\mathbf{L_A}$ 是單射及蓋射, 因此 $\mathbf{L_A}$ 是可逆映射。再根據定理 3.60, $\mathbf{A}$ 是可逆矩陣。接下來證明 $\mathbf{B} = \mathbf{C}$。很明顯地, $\mathbf{B} = \mathbf{BI} = \mathbf{B}(\mathbf{AC}) = (\mathbf{BA})\mathbf{C} = \mathbf{IC} = \mathbf{C}$。又 $\mathbf{A}^{-1} = \mathbf{A}^{-1}\mathbf{I} = \mathbf{A}^{-1}(\mathbf{AC}) = (\mathbf{A}^{-1}\mathbf{A})\mathbf{C} = \mathbf{IC} = \mathbf{C}$。所以 $\mathbf{A}^{-1} = \mathbf{B} = \mathbf{C}$。

3.7節習題

習題 3.58 (∗∗) 令 $\mathbf{L} : \mathbb{R}^2 \longrightarrow \mathbb{R}^2$ 定義爲 $\mathbf{L}(a, b) = (a + 3b, 3a - b)$。令 $\mathcal{B}$ 是 $\mathbb{R}^2$ 的標準有序基底, 再令 $\overline{\mathcal{B}} = \{(2, 1), (1, 1)\}$。試用 $\begin{bmatrix} 2 & 1 \\ 1 & 1 \end{bmatrix}^{-1} = \begin{bmatrix} 1 & -1 \\ -1 & 2 \end{bmatrix}$ 以及定理3.71求出 $[\mathbf{L}]_{\overline{\mathcal{B}}}$。

解答 :

很明顯地, $[\mathbf{L}]_{\mathcal{B}} = \begin{bmatrix} 1 & 3 \\ 3 & -1 \end{bmatrix}$, 因此

$$
\begin{aligned}
[\mathbf{L}]_{\overline{\mathcal{B}}} &= \begin{bmatrix} 2 & 1 \\ 1 & 1 \end{bmatrix}^{-1} \begin{bmatrix} 1 & 3 \\ 3 & -1 \end{bmatrix} \begin{bmatrix} 2 & 1 \\ 1 & 1 \end{bmatrix} \\
&= \begin{bmatrix} 1 & -1 \\ -1 & 2 \end{bmatrix} \begin{bmatrix} 1 & 3 \\ 3 & -1 \end{bmatrix} \begin{bmatrix} 2 & 1 \\ 1 & 1 \end{bmatrix} \\
&= \begin{bmatrix} 1 & -1 \\ -1 & 2 \end{bmatrix} \begin{bmatrix} 5 & 4 \\ 5 & 2 \end{bmatrix} = \begin{bmatrix} 0 & 2 \\ 5 & 0 \end{bmatrix} \text{。}
\end{aligned}
$$

習題 3.59 設 $\mathcal{V} = \mathbb{R}_2[t]$。考慮線性映射 $\mathbf{D}(f(\cdot)) \triangleq f'$, 試建構 $\mathcal{V}$ 的有序基底 $\overline{\mathcal{B}}$ 使得 $[\mathbf{D}]_{\overline{\mathcal{B}}} = \begin{bmatrix} 0 & 0 \\ 1 & 0 \end{bmatrix}$。解答 :

令 $\mathcal{B} = \{1, t\}$, 則 $[D]_{\mathcal{B}} = \begin{bmatrix} 0 & 1 \\ 0 & 0 \end{bmatrix}$。設我們要求的基底 $\overline{\mathcal{B}} \triangleq \{a + bt, c + dt\}$, 則

$[\mathbf{I}_V]_{\overline{\mathcal{B}}}^{\mathcal{B}} = \begin{bmatrix} a & c \\ b & d \end{bmatrix}$ 是從 $\overline{\mathcal{B}}$ 到 $\mathcal{B}$ 的轉移矩陣。所以 $\begin{bmatrix} 0 & 0 \\ 1 & 0 \end{bmatrix} = \begin{bmatrix} a & c \\ b & d \end{bmatrix}^{-1} \begin{bmatrix} 0 & 1 \\ 0 & 0 \end{bmatrix}$

$\begin{bmatrix} a & c \\ b & d \end{bmatrix}$。這表示 $\begin{bmatrix} a & c \\ b & d \end{bmatrix} \begin{bmatrix} 0 & 0 \\ 1 & 0 \end{bmatrix} = \begin{bmatrix} 0 & 1 \\ 0 & 0 \end{bmatrix} \begin{bmatrix} a & c \\ b & d \end{bmatrix}$, 因此 $\begin{bmatrix} c & 0 \\ d & 0 \end{bmatrix} =$

$\begin{bmatrix} b & d \\ 0 & 0 \end{bmatrix}$, 故 $c = b$, $d = 0$, 所以我們可以選擇 $\overline{\mathcal{B}} = \{t, 1\}$。

習題 3.60 $(**)$ 證明 $n \times n$ 方陣相似的關係是 $\mathbb{F}^{n \times n}$ 上的一個等價關係。

解答:

令 $\mathcal{R}$ 表示方陣相似的關係, $\mathbf{A}, \mathbf{B}, \mathbf{C} \in \mathbb{F}^{n \times n}$。

1. 因為對任意 $\mathbf{A} \in \mathbb{F}^{n \times n}$ 恆有 $\mathbf{A} = \mathbf{I}^{-1} \mathbf{A} \mathbf{I}$, 所以 $\mathbf{A} \mathcal{R} \mathbf{A}$。因此反射性成立。

2. 若 $\mathbf{A} \mathcal{R} \mathbf{B}$, 則存在可逆矩陣 $\mathbf{Q}$ 使得 $\mathbf{A} = \mathbf{Q}^{-1} \mathbf{B} \mathbf{Q}$。但這表示 $\mathbf{Q} \mathbf{A} \mathbf{Q}^{-1} = \mathbf{B}$, 因此 $\mathbf{B} \mathcal{R} \mathbf{A}$。因此對稱性成立。

3. 若 $\mathbf{A} \mathcal{R} \mathbf{B}, \mathbf{B} \mathcal{R} \mathbf{C}$, 則存在可逆矩陣 $\mathbf{Q}_1, \mathbf{Q}_2$ 使得 $\mathbf{A} = \mathbf{Q}_1^{-1} \mathbf{B} \mathbf{Q}_1$, $\mathbf{B} = \mathbf{Q}_2^{-1} \mathbf{C} \mathbf{Q}_2$, 因此

$$\mathbf{A} = \mathbf{Q}_1^{-1} \mathbf{Q}_2^{-1} \mathbf{C} \mathbf{Q}_2 \mathbf{Q}_1 = (\mathbf{Q}_2 \mathbf{Q}_1)^{-1} \mathbf{C} (\mathbf{Q}_2 \mathbf{Q}_1) ,$$

因此遞移性成立。

由 $1, 2, 3$, 我們知道 $\mathcal{R}$ 是一個等價關係。

3.8 節習題

習題 3.61 $(*)$ 證明轉置映射 $\mathbf{L}^*$ 是線性映射。

解答:

令 $\mathbf{f}, \mathbf{g} \in \mathcal{L}(\mathcal{W}, \mathbb{F}), a, b \in \mathbb{F}$, 則 $\mathbf{L}^*(a\mathbf{f} + b\mathbf{g}) = (a\mathbf{f} + b\mathbf{g}) \circ \mathbf{L} = a\mathbf{f} \circ \mathbf{L} + b\mathbf{g} \circ \mathbf{L} = a\mathbf{L}^*(\mathbf{f}) + b\mathbf{L}^*(\mathbf{g})$, 所以 $\mathbf{L}^*$ 是線性映射。

習題 **3.62** (∗∗) 試證明定理3.79。
解答：

1. 對所有 $\mathbf{f} \in \mathcal{L}(\mathcal{V}, \mathbb{F})$, $(\mathbf{I}_\mathcal{V})^* \mathbf{f} = \mathbf{f} \circ \mathbf{I}_\mathcal{V} = \mathbf{f}$, 所以 $(\mathbf{I}_\mathcal{V})^* = \mathbf{I}_{\mathcal{V}^*}$。

2. 對所有 $\mathbf{f} \in \mathcal{L}(\mathcal{U}, \mathbb{F})$, $(\mathbf{L}_2 \circ \mathbf{L}_1)^* \mathbf{f} = \mathbf{f} \circ (\mathbf{L}_2 \circ \mathbf{L}_1) = (\mathbf{f} \circ \mathbf{L}_2) \circ \mathbf{L}_1 = \mathbf{L}_1^*(\mathbf{f} \circ \mathbf{L}_2) =$ $(\mathbf{L}_1^* \circ \mathbf{L}_2^*)\mathbf{f}$, 故 $(\mathbf{L}_2 \circ \mathbf{L}_1)^* = \mathbf{L}_1^* \circ \mathbf{L}_2^*$。

習題 **3.63** (∗) 試判斷下列各個定義在 $\mathcal{V}$ 上的函數, 那些是線性泛函。

1. $\mathcal{V} = \mathbb{F}_5[t]$; $\mathbf{L}(f) = 3\frac{df}{dt}(0) + \frac{d^2f}{dt^2}(2)$, 其中 $f \in \mathcal{V}$,

2. $\mathcal{V} = \mathbb{R}^{2 \times 2}$; $\mathbf{L}(\mathbf{A}) = \mathrm{tr}\mathbf{A}$, 其中 $\mathbf{A} \in \mathcal{V}$,

3. $\mathcal{V} = \mathrm{span}(\{e^{2t}, e^{-t}\})$; $\mathbf{L}(f) = f(0) + f(1)$, 其中 $f \in \mathcal{V}$,

4. $\mathcal{V} = \mathbb{R}^2$; $\mathbf{L}(\mathbf{v}) = v_1^2 + v_2^2$, 其中 $\mathbf{v} = (v_1, v_2) \in \mathbb{R}^2$,

5. $\mathcal{V} = \mathbb{F}_2[t]$; $\mathbf{L}(f) = \int_0^1 f \, dt$, 其中 $f \in \mathcal{V}$。

解答：
很明顯地, $1, 2, 3, 5$ 皆是線性泛函。第 4 小題中, 因為一般而言 $\mathbf{L}(\mathbf{v} + \mathbf{w}) = (v_1 + w_1)^2 + (v_2 + w_2)^2 \neq (v_1^2 + v_2^2) + (w_1^2 + w_2^2) = \mathbf{L}(\mathbf{v}) + \mathbf{L}(\mathbf{w})$, 所以 4 不是線性泛函。

習題 **3.04** (∗∗) 令 $\mathcal{V} = \mathbb{R}^3$ 並令 $\mathbf{f}, \mathbf{g}, \mathbf{h} \in \mathcal{V}^*$ 定義為

$$\mathbf{f}(v_1, v_2, v_3) = v_1 + v_2,$$
$$\mathbf{g}(v_1, v_2, v_3) = v_1 + v_3,$$
$$\mathbf{h}(v_1, v_2, v_3) = v_2 + v_3。$$

試證明 $\mathbf{f}, \mathbf{g}, \mathbf{h}$ 為 $\mathcal{V}^*$ 中的一組基底。
解答：

設 $l \in (\mathbb{R}^3)^*$, 因爲 $(\frac{\mathbf{f}+\mathbf{g}+\mathbf{h}}{2} - \mathbf{h})(v_1, v_2, v_3) = v_1, (\frac{\mathbf{f}+\mathbf{g}+\mathbf{h}}{2} - \mathbf{g})(v_1, v_2, v_3) = v_2, (\frac{\mathbf{f}+\mathbf{g}+\mathbf{h}}{2} - \mathbf{f})(v_1, v_2, v_3) = v_3$, 所以

$$
\begin{aligned}
&\mathbf{l}(v_1, v_2, v_3) \\
=\ &\mathbf{l}(v_1(1,0,0) + v_2(0,1,0) + v_3(0,0,1)) \\
=\ &\mathbf{l}(1,0,0)((\frac{\mathbf{f}+\mathbf{g}+\mathbf{h}}{2} - \mathbf{h})(v_1, v_2, v_3)) \\
&+\mathbf{l}(0,1,0)((\frac{\mathbf{f}+\mathbf{g}+\mathbf{h}}{2} - \mathbf{g})(v_1, v_2, v_3)) \\
&+\mathbf{l}(0,0,1)((\frac{\mathbf{f}+\mathbf{g}+\mathbf{h}}{2} - \mathbf{f})(v_1, v_2, v_3)),
\end{aligned}
$$

因此 $\{\mathbf{f}, \mathbf{g}, \mathbf{h}\}$ 是 $\mathcal{V}^*$ 中的一組擴展集。再令 $a\mathbf{f} + b\mathbf{g} + c\mathbf{h} = \mathbf{0}$, 則代入 $\mathbb{R}^3$ 的標準基底得到 $a + b = 0, a + c = 0, b + c = 0$。故 $a = b = c = 0$, 所以 $\{\mathbf{f}, \mathbf{g}, \mathbf{h}\}$ 是 $(\mathbb{R}^3)^*$ 中的線性獨立子集, 故 $\{\mathbf{f}, \mathbf{g}, \mathbf{h}\}$ 是 $(\mathbb{R}^3)^*$ 中的一組基底。

習題 3.65 (**) 令 $\mathcal{V} = \mathbb{F}_2[t]$, 對所有 $f \in \mathcal{V}$, 定義 $\mathbf{v}_1^*, \mathbf{v}_2^* \in \mathcal{V}^*$ 爲

$$
\mathbf{v}_1^*(f) = \int_0^1 f(t)dt,
$$
$$
\mathbf{v}_2^*(f) = \int_0^2 f(t)dt,
$$

試證 $\{\mathbf{v}_1^*, \mathbf{v}_2^*\}$ 是 $\mathcal{V}^*$ 的一組基底。

解答:

因爲 $\dim\mathbb{F}_2[t] = 2$, 故 $\dim\mathcal{V}^* = 2$。令 $a\mathbf{v}_1^* + b\mathbf{v}_2^* = \mathbf{0}$, 則 $a\mathbf{v}_1^*(1) + b\mathbf{v}_2^*(1) = 0$, 故 $a\int_0^1 1dt + b\int_0^2 1dt = 0$, 這表示 $a + 2b = 0$。又 $a\mathbf{v}_1^*(t) + b\mathbf{v}_2^*(t) = 0$, 所以 $a\int_0^1 tdt + b\int_0^2 tdt = 0$, 這表示 $\frac{1}{2}a + 2b = 0$, 計算得到 $a = b = 0$, 所以 $\{\mathbf{v}_1^*, \mathbf{v}_2^*\}$ 是 $\mathcal{V}^*$ 的一組基底。

習題 3.66 (**) 令 $\mathbf{L} : \mathbb{R}^2 \longrightarrow \mathbb{R}^2$ 定義爲 $\mathbf{L}(a_1, a_2) = (a_1 + a_2, a_1 - a_2)$。令 $\mathbf{f} \in (\mathbb{R}^2)^*$ 定義爲 $\mathbf{f}(a_1, a_2) = 2a_1 + 3a_2$, 試計算 $\mathbf{L}^*(\mathbf{f})$。

解答:

$\mathbf{L}^*(\mathbf{f})(a_1, a_2) = (\mathbf{f} \circ \mathbf{L})(a_1, a_2) = 2(a_1 + a_2) + 3(a_1 - a_2) = 5a_1 - a_2$。

習題 **3.67** (**) 令$\mathbf{L} : \mathbb{R}^2 \longrightarrow \mathbb{R}^2$定義爲$\mathbf{L}(a_1, a_2) = (2a_1 + a_2, a_1 + 2a_2)$。令$\mathbf{f}, \mathbf{g} \in (\mathbb{R}^2)^*$定義爲$\mathbf{f}(a_1, a_2) = a_1$, $\mathbf{g}(a_1, a_2) = a_2$。

1. 試證明$\mathcal{B} = \{\mathbf{f}, \mathbf{g}\}$是$(\mathbb{R}^2)^*$的一組基底。

2. 試計算$[\mathbf{L}^*]_{\mathcal{B}}$。

解答：

1. 設$a\mathbf{f} + b\mathbf{g} = \mathbf{0}$, 則$(a\mathbf{f} + b\mathbf{g})(1, 0) = a\mathbf{f}(1, 0) + b\mathbf{g}(1, 0) = a = 0, (a\mathbf{f} + b\mathbf{g})(0, 1) = a\mathbf{f}(0, 1) + b\mathbf{g}(0, 1) = b = 0$, 故$\{\mathbf{f}, \mathbf{g}\}$是$(\mathbb{R}^2)^*$的線性獨立子集, 又$\dim\mathbb{R}^2 = \dim(\mathbb{R}^2)^* = 2$, 故
   $\{\mathbf{f}, \mathbf{g}\}$是$(\mathbb{R}^2)^*$的一組基底。

2. $\mathbf{L}^*\mathbf{f}(a_1, a_2) = \mathbf{f} \circ \mathbf{L}(a_1, a_2) = 2a_1 + a_2 = 2\mathbf{f}(a_1, a_2) + \mathbf{g}(a_1, a_2)$, $\mathbf{L}^*\mathbf{g}(a_1, a_2) = \mathbf{g} \circ \mathbf{L}(a_1, a_2) = a_1 + 2a_2 = \mathbf{f}(a_1, a_2) + 2\mathbf{g}(a_1, a_2)$, 故 $[\mathbf{L}^*]_{\mathcal{B}} = \begin{bmatrix} 2 & 1 \\ 1 & 2 \end{bmatrix}$。

習題 **3.68** (***) 令$\mathcal{V} = (\mathbb{Z}_2^2, \mathbb{Z}_2)$。試寫出所有$\mathcal{V}^*$中的元素。

解答：

$\mathbb{Z}_2^2$的基底爲$\left\{ \begin{bmatrix} 1 \\ 0 \end{bmatrix}, \begin{bmatrix} 0 \\ 1 \end{bmatrix} \right\}$, 故 $\mathcal{L} = (\mathbb{Z}_2^2, \mathbb{Z}_2)$中的向量爲滿足

1. $\mathbf{L}_1(\begin{bmatrix} 1 \\ 0 \end{bmatrix}) = 1$, $\mathbf{L}_1(\begin{bmatrix} 0 \\ 1 \end{bmatrix}) = 0$,

2. $\mathbf{L}_2(\begin{bmatrix} 1 \\ 0 \end{bmatrix}) = 0$, $\mathbf{L}_2(\begin{bmatrix} 0 \\ 1 \end{bmatrix}) = 1$,

3. $\mathbf{L}_3(\begin{bmatrix} 1 \\ 0 \end{bmatrix}) = 1$, $\mathbf{L}_3(\begin{bmatrix} 0 \\ 1 \end{bmatrix}) = 1$,

4. $\mathbf{L}_4(\begin{bmatrix} 1 \\ 0 \end{bmatrix}) = 0$, $\mathbf{L}_4(\begin{bmatrix} 0 \\ 1 \end{bmatrix}) = 0$。

習題 **3.69** (***) 令$\mathcal{V}$是有限維度向量空間。對$\mathcal{V}$中任意的子集$\mathcal{S}$, 我們定義

$$\mathcal{S}^0 = \{\mathbf{f} \in \mathcal{V}^* \mid \text{對所有} \mathbf{x} \in \mathcal{S}, \mathbf{f}(\mathbf{x}) = 0\}.$$

線性代數學習手冊

1. 試證明$\mathcal{S}^0$是$\mathcal{V}^*$中的子空間。

2. 若$\mathcal{W}$是$\mathcal{V}$的子空間且$\mathbf{x} \notin \mathcal{W}$, 則必存在$\mathbf{f} \in \mathcal{W}^0$, 使得$\mathbf{f}(\mathbf{x}) \neq 0$。

3. 若$\mathcal{W}_1$和$\mathcal{W}_2$是$\mathcal{V}$的子空間, 證明$\mathcal{W}_1 = \mathcal{W}_2$若且唯若$\mathcal{W}_1^0 = \mathcal{W}_2^0$。

解答：

1. *(a)* 因為對所有 $\mathbf{x} \in \mathcal{S}$, $\mathbf{0}(\mathbf{x}) = 0$, 所以 $\mathbf{0} \in \mathcal{S}^0$。

   (b) 對所有的 $\mathbf{f}, \mathbf{g} \in \mathcal{S}^0$, $a, b \in \mathbb{F}$, $(a\mathbf{f} + b\mathbf{g})(\mathbf{x}) = a\mathbf{f}(\mathbf{x}) + b\mathbf{g}(\mathbf{x}) = 0$, 其中 $\mathbf{x} \in \mathcal{S}$, 因此 $a\mathbf{f} + b\mathbf{g} \in \mathcal{S}^0$。

   由 $(a), (b)$知道 $\mathcal{S}^0$是 $\mathcal{V}^*$中的子空間。

2. 設$\{\mathbf{w}_1, \cdots, \mathbf{w}_m\}$是 $\mathcal{W}$的基底, 則存在線性映射 $\mathbf{f}$滿足對所有 $i = 1, 2, \cdots, m, \mathbf{f}(\mathbf{w}_i) = 0$, 且 $\mathbf{f}(\mathbf{x}) = 1$, 則 $\mathbf{f} \in \mathcal{W}^0, \mathbf{f}(\mathbf{x}) \neq 0$。

3. 很明顯地, 若 $\mathcal{W}_1 = \mathcal{W}_2$, 則 $\mathcal{W}_1^0 = \mathcal{W}_2^0$。反過來, 我們利用反證法假設 $\mathcal{W}_1^0 = \mathcal{W}_2^0$, 但 $\mathcal{W}_1 \neq \mathcal{W}_2$。不失一般性, 可假設存在 $\mathbf{x} \in \mathcal{W}_1$, 但 $\mathbf{x} \notin \mathcal{W}_2$, 由 2的結果, 我們知道存在 $\mathbf{f} \in \mathcal{W}_2^0$, 但 $\mathbf{f}(\mathbf{x}) \neq 0$, 這違反了 $\mathcal{W}_1^0 = \mathcal{W}_2^0$, 所以由反證法得到 $\mathcal{W}_1 = \mathcal{W}_2$。

3.9節習題

習題 **3.70** (**) 令$\mathcal{V} = \mathbb{R}^2$, $\mathcal{W} = \mathrm{span}(\{(1,0)\})$。試將下列 $\mathcal{V}/\mathcal{W}$中向量的陪集表示改為$\mathrm{span}\{(0,1)\}$中的向量; 例如$(2,3) + \mathcal{W} = (0,3) + \mathcal{W}$。

1. $\pi_{\mathcal{W}}((2,5))$。

2. $\pi_{\mathcal{W}}((1,3))$。

3. $\pi_{\mathcal{W}}((10,5))$。

解答：

1. $\pi_{\mathcal{W}}((2,5)) = \pi_{\mathcal{W}}((2,0) + (0,5)) = \pi_{\mathcal{W}}((0,5))$。

2. $\pi_{\mathcal{W}}((1,3)) = \pi_{\mathcal{W}}((1,0) + (0,3)) = \pi_{\mathcal{W}}((0,3))$。

3. $\pi_{\mathcal{W}}((10,5)) = \pi_{\mathcal{W}}((10,0) + (0,5)) = \pi_{\mathcal{W}}((0,5))$。

習題 **3.71** (**) 承上題, 試求 $\mathcal{K}er\pi_{\mathcal{W}}$ 及 $\mathcal{I}m\pi_{\mathcal{W}}$, 並求 $\mathcal{V}/\mathcal{W}$ 的維度。
解答:
$\mathcal{K}er\pi_{\mathcal{W}} = \mathrm{span}(\{(1,0)\}) = \mathcal{W}, \mathcal{I}m\pi_{\mathcal{W}} = \mathcal{V}/\mathcal{W}, \dim \mathcal{V}/\mathcal{W} = \dim \mathcal{V} - \dim \mathcal{W} = 2 - 1 = 1$。

3.10節習題

習題 **3.72** (**) 令 $\mathcal{V} = \mathbb{R}^2$, $\mathcal{W} = \mathrm{span}\{(1,0)\}$ 是 $\mathcal{V}$ 的子空間。再令 $\mathbf{L} : \mathcal{V} \longrightarrow \mathcal{V}$ 定義為 $\mathbf{L}(a_1, a_2) = (0, a_2)$, 其中 $(a_1, a_2) \in \mathcal{V}$。

1. 試寫出 $\mathcal{K}er\mathbf{L}$。

2. 試建構 $\mathcal{V}/\mathcal{K}er\mathbf{L}$ 與 $\mathcal{I}m\mathbf{L}$ 之間的同構映射。

解答:

1. $\mathcal{K}er\mathbf{L} = \mathrm{span}(\{(1,0)\})$。

2. 線性映射 $\mathbf{L}'$ 定義為 $\mathbf{L}'((a_1, a_2) + \mathcal{V}) \triangleq (0, a_2)$, 其為 $\mathcal{V}/\mathcal{W}$ 到 $\mathcal{I}m\mathbf{L}$ 的同構映射。

習題 **3.73** (***) 令 $\mathcal{V} = (\mathbb{Z}_2^4, \mathbb{Z}_2), \mathcal{W} = \{(0,0,0,0), (1,0,0,0)\}, \mathcal{U} = \{(0,0,0,0),$ $(1,0,0,0), (0,1,0,0), (1,1,0,0)\}, \mathcal{T} = \{(0,0,0,0), (1,0,0,0), (0,1,0,0), (0,0,1,0),$ $(1,1,0,0), (0,1,1,0), (1,0,1,0), (1,1,1,0)\}$, 試計算 $\dim \mathcal{V}$, $\dim \mathcal{T}$, $\dim \mathcal{V}/\mathcal{W}$, $\dim \mathcal{T}/\mathcal{W}$, 並驗證 $\dim \mathcal{V} - \dim \mathcal{T} = \dim \mathcal{V}/\mathcal{W} - \dim \mathcal{T}/\mathcal{W}$。
解答:

很明顯地, $\dim \mathcal{V} = \dim(\mathbb{Z}_2^4, \mathbb{Z}_2) = 4$。因為 $\mathcal{T} = \mathrm{span} \left(\left\{ \begin{bmatrix} 1 \\ 0 \\ 0 \\ 0 \end{bmatrix}, \begin{bmatrix} 0 \\ 1 \\ 0 \\ 0 \end{bmatrix}, \begin{bmatrix} 0 \\ 0 \\ 1 \\ 0 \end{bmatrix} \right\} \right)$,

所以 $\dim\mathcal{T}=3$。又因為 $\mathcal{W}=\text{span}\left(\left\{\begin{bmatrix}1\\0\\0\\0\end{bmatrix}\right\}\right)$，所以 $\dim\mathcal{V}/\mathcal{W}=\dim\mathcal{V}-\dim\mathcal{W}=3$，$\dim\mathcal{T}/\mathcal{W}=\dim\mathcal{T}-\dim\mathcal{W}=2$，故 $\dim\mathcal{V}-\dim\mathcal{T}=4-3=1=\dim\mathcal{V}/\mathcal{W}-\dim\mathcal{T}/\mathcal{W}$。

習題 **3.74** $(***)$ 承上題，試建立 $\frac{\mathcal{V}/\mathcal{W}}{\mathcal{T}/\mathcal{W}}$ 與 $\mathcal{V}/\mathcal{T}$ 之間的同構映射。

解答：

$\mathcal{V}/\mathcal{W}=\{(0,a_1,a_2,a_3)+\mathcal{W}\mid a_1,a_2,a_3\in\mathbb{Z}_2\}$，$\mathcal{T}/\mathcal{W}=\{(0,a_1,a_2,0)+\mathcal{W}\mid a_1,a_2\in\mathbb{Z}_2\}$，$\frac{\mathcal{V}/\mathcal{W}}{\mathcal{T}/\mathcal{W}}=\{(0,0,0,a_3)+\mathcal{T}/\mathcal{W}\mid a_3\in\mathbb{Z}_2\}$，$\mathcal{V}/\mathcal{T}=\{(0,0,0,a_3)+\mathcal{T}\mid a_3\in\mathbb{Z}_2\}$，所以若令 $\mathbf{L}((0,0,0,a_3)+\mathcal{T}/\mathcal{W})=(0,0,0,a_3)+\mathcal{T}$，則 $\mathbf{L}$ 是 $\frac{\mathcal{V}/\mathcal{W}}{\mathcal{T}/\mathcal{W}}$ 與 $\mathcal{V}/\mathcal{T}$ 之間的同構映射。

習題 **3.75** $(*)$ 承上題，試建構 $\frac{\mathcal{U}+\mathcal{W}}{\mathcal{W}}$ 與 $\frac{\mathcal{U}}{\mathcal{U}\cap\mathcal{W}}$ 之間的同構映射。

解答：

因為 $\mathcal{W}=\text{span}\left(\left\{\begin{bmatrix}1\\0\\0\\0\end{bmatrix}\right\}\right)$，$\mathcal{U}=\text{span}\left(\left\{\begin{bmatrix}1\\0\\0\\0\end{bmatrix},\begin{bmatrix}0\\1\\0\\0\end{bmatrix}\right\}\right)$，所以 $\mathcal{U}+\mathcal{W}=\mathcal{U}$，$\mathcal{U}\cap\mathcal{W}=\mathcal{W}$。因此，同值映射 $\mathbf{I}:\frac{\mathcal{U}+\mathcal{W}}{\mathcal{W}}\longrightarrow\frac{\mathcal{U}}{\mathcal{U}\cap\mathcal{W}}$ 是 $\frac{\mathcal{U}+\mathcal{W}}{\mathcal{W}}$ 與 $\frac{\mathcal{U}}{\mathcal{U}\cap\mathcal{W}}$ 之間的同構映射。

習題 **3.76** $(**)$ 試利用第一同構定理推導出維度定理。

解答：

設 $\mathbf{L}\in\mathcal{L}(\mathcal{V},\mathcal{U})$。因為 $\mathcal{V}/\mathcal{K}er(\mathbf{L})\sim\mathcal{I}m\mathbf{L}$，所以 $\dim(\mathcal{V}/\mathcal{K}er(\mathbf{L}))=\dim\mathcal{I}m\mathbf{L}$。因此 $\dim\mathcal{V}-\dim\mathcal{K}er(\mathbf{L})=\dim\mathcal{I}m\mathbf{L}$，這表示 $\dim\mathcal{V}=\dim\mathcal{I}m\mathbf{L}+\dim\mathcal{K}er(\mathbf{L})$。

第 4 章

對角化問題

4.2 節習題

習題 **4.1** (∗∗) 證明定理4.4。

解答：

設 $\mathcal{B}$ 是 $\mathbb{F}^n$ 上的標準有序基底，則 $[\mathbf{L_A}]_\mathcal{B} = \mathbf{A}$。假設 $\mathbf{L_A}$ 可對角化，則存在一有序基底 $\overline{\mathcal{B}}$ 使得 $[\mathbf{L_A}]_{\overline{\mathcal{B}}} \triangleq \overline{\mathbf{A}}$ 是對角矩陣。令 $\mathbf{Q}$ 是從 $\overline{\mathcal{B}}$ 到 $\mathcal{B}$ 的轉移矩陣，則

$$\overline{\mathbf{A}} = [\mathbf{L}]_{\overline{\mathcal{B}}} = \mathbf{Q}^{-1}[\mathbf{L}]_\mathcal{B}\mathbf{Q} = \mathbf{Q}^{-1}\mathbf{A}\mathbf{Q}。$$

所以 $\mathbf{A}$ 可對角化。反過來，若 $\mathbf{A}$ 可對角化，則存在一可逆矩陣 $\mathbf{Q}$，使得 $\overline{\mathbf{A}} = \mathbf{Q}^{-1}\mathbf{A}\mathbf{Q}$ 是對角矩陣。根據定理 3.76，必然存在一組 $\mathcal{V}$ 的有序基底 $\overline{\mathcal{B}}$ 使得 $\overline{\mathbf{A}} = [\mathbf{L_A}]_{\overline{\mathcal{B}}}$ 是對角矩陣，故由定義得知 $\mathbf{L_A}$ 可對角化。

4.3 節習題

習題 **4.2** (∗)證明 $(\lambda, \mathbf{v})$ 是 $\mathbf{A}$ 之一特徵序對若且唯若 $(\lambda, \mathbf{v})$ 是 $\mathbf{L_A}$ 之一特徵序對。

解答：

設 $(\lambda, \mathbf{v})$ 是 $\mathbf{A}$ 的特徵序對，根據定義 $\mathbf{A}\mathbf{v} = \lambda\mathbf{v}$，這表示 $\mathbf{L_A}\mathbf{v} = \lambda\mathbf{v}$，故得知 $(\lambda, \mathbf{v})$ 亦為 $\mathbf{L_A}$ 之特徵序對。反過來，設 $(\lambda, \mathbf{v})$ 是 $\mathbf{L_A}$ 之特徵序對，則 $\lambda\mathbf{v} = \mathbf{L_A}\mathbf{v} = \mathbf{A}\mathbf{v}$，故 $(\lambda, \mathbf{v})$ 是 $\mathbf{A}$ 的特徵序對。

習題 **4.3** (∗) 計算 $\mathbf{A} = \begin{bmatrix} 1 & 0 & 0 \\ 0 & 2 & 0 \\ 0 & 0 & 3 \end{bmatrix}$ 之特徵值與特徵向量。

解答：

令 $\det(\lambda\mathbf{I} - \mathbf{A}) = 0$ 解得 $(\lambda - 1)(\lambda - 2)(\lambda - 3) = 0$。故 $\mathbf{A}$ 的特徵值為 $1, 2, 3$。設

$\mathbf{v} = \begin{bmatrix} v_1 \\ v_2 \\ v_3 \end{bmatrix}$ 是對應 1 的特徵向量，則 $\begin{bmatrix} 0 & 0 & 0 \\ 0 & -1 & 0 \\ 0 & 0 & -2 \end{bmatrix} \begin{bmatrix} v_1 \\ v_2 \\ v_3 \end{bmatrix} = \begin{bmatrix} 0 \\ 0 \\ 0 \end{bmatrix}$，故我們

可以選擇 $v_1 = 1$, $v_2 = 0$, $v_3 = 0$，這表示 $(1, \begin{bmatrix} 1 \\ 0 \\ 0 \end{bmatrix})$ 是 $\mathbf{A}$ 的一組特徵序對。用相

同的地法也可以解得 $(2, \begin{bmatrix} 0 \\ 1 \\ 0 \end{bmatrix})$, $(3, \begin{bmatrix} 0 \\ 0 \\ 1 \end{bmatrix})$ 也是 $\mathbf{A}$ 的特徵序對。

習題 **4.4** (∗) 計算 $\mathbf{A} = \begin{bmatrix} 1 & 3 \\ 4 & 2 \end{bmatrix}$ 之特徵值與特徵向量。

解答：

$$\chi_{\mathbf{A}}(\lambda) = \det\left(\lambda \begin{bmatrix} 1 & 0 \\ 0 & 1 \end{bmatrix} - \begin{bmatrix} 1 & 3 \\ 4 & 2 \end{bmatrix}\right)$$

$$= \det \begin{bmatrix} \lambda - 1 & -3 \\ -4 & \lambda - 2 \end{bmatrix}$$

$$= \lambda^2 - 3\lambda - 10$$

$$= (\lambda - 5)(\lambda + 2)。$$

因此，$\mathbf{A}$ 有兩個相異特徵值 $\lambda_1 = 5$ 及 $\lambda_2 = -2$。我們可以選擇對應 λ_1 的特徵向量為 $\begin{bmatrix} 3 \\ 4 \end{bmatrix}$，對應 λ_2 的特徵向量為 $\begin{bmatrix} 1 \\ -1 \end{bmatrix}$。

習題 **4.5** (∗) 證明對角矩陣的特徵值正好等於對角線上之元素。

解答：

令 $\mathbf{A} = \mathrm{diag}\begin{bmatrix} a_{11} & a_{12} & \cdots & \cdots & a_{nn} \end{bmatrix}$。則

$$\det(\lambda\mathbf{I} - \mathbf{A}) = (\lambda - a_{11})\cdots(\lambda - a_{nn})\,\text{。}$$

故得知 $\mathbf{A}$ 的特徵值為 a_{ii}，其中 $i = 1, 2, \cdots, n$，亦即是 $\mathbf{A}$ 對角線上的元素。

習題 4.6 (**) 證明上三角及下三角矩陣的特徵值等於對角線上的元素。

解答：

我們只證明上三角矩陣的情況。下三角矩陣的情況可用相同的方法討論。令 $\mathbf{A} = [a_{ij}]$，其中當 $i < j$ 時，$a_{ij} = 0$。則由習題 1.28 得知

$$\det(\lambda\mathbf{I} - \mathbf{A}) = (\lambda - a_{11})(\lambda - a_{22})\cdots(\lambda - a_{nn})\,\text{。}$$

故知 $\mathbf{A}$ 的特徵值為其對角線上的元素。

習題 4.7 (**) 假設 $\mathbf{A}$ 相似於 $\overline{\mathbf{A}}$，即 $\overline{\mathbf{A}} = \mathbf{Q}^{-1}\mathbf{A}\mathbf{Q}$，其中 $\mathbf{Q}$ 是一可逆矩陣。證明 $(\lambda, \mathbf{v})$ 是 $\overline{\mathbf{A}}$ 之一特徵序對若且唯若 $(\lambda, \mathbf{Q}\mathbf{v})$ 是 $\mathbf{A}$ 之一特徵序對。

解答：

若 $(\lambda, \mathbf{v})$ 是 $\overline{\mathbf{A}}$ 之一特徵序對，則 $\overline{\mathbf{A}}\mathbf{v} = \lambda\mathbf{v}$。故 $\mathbf{Q}^{-1}\mathbf{A}\mathbf{Q}\mathbf{v} = \lambda\mathbf{v}$，這表示 $\mathbf{A}\mathbf{Q}\mathbf{v} = \mathbf{Q}(\lambda\mathbf{v}) = \lambda(\mathbf{Q}\mathbf{v})$，因 $\mathbf{v} \neq \mathbf{0}$ 且 $\mathbf{Q}$ 是可逆矩陣，故 $\mathbf{Q}\mathbf{v} \neq \mathbf{0}$，所以 $(\lambda, \mathbf{Q}\mathbf{v})$ 是 $\mathbf{A}$ 之一特徵序對。反之，若 $(\lambda, \mathbf{Q}\mathbf{v})$ 是 $\mathbf{A}$ 之一特徵序對，則 $\mathbf{A}\mathbf{Q}\mathbf{v} = \lambda\mathbf{Q}\mathbf{v}$。這表示 $\mathbf{Q}^{-1}\mathbf{A}\mathbf{Q}\mathbf{v} = \lambda\mathbf{v}$，所以 $(\lambda, \mathbf{v})$ 是 $\overline{\mathbf{A}}$ 之一特徵序對。

習題 4.8 (**) 設 $\mathcal{V}$ 是一 n 維向量空間，$\mathbf{L} \in \mathcal{L}(\mathcal{V})$。試證明 $\mathbf{L}$ 之特徵多項式及特徵方程式與有序基底的選擇無關，換言之，若 $\mathcal{B}$ 與 $\overline{\mathcal{B}}$ 是 $\mathcal{V}$ 上任意兩組有序基底，則 $\det(\lambda\mathbf{I}_n - [\mathbf{L}]_{\mathcal{B}}) = \det(\lambda\mathbf{I}_n - [\mathbf{L}]_{\overline{\mathcal{B}}})$。

解答：

由定理 3.71 知道必存在一可逆矩陣 $\mathbf{Q}$ 使得 $[\mathbf{L}]_{\overline{\mathcal{B}}} = \mathbf{Q}^{-1}[\mathbf{L}]_{\mathcal{B}}\mathbf{Q}$。因此

$$
\begin{aligned}
\det(\lambda\mathbf{I}_n - [\mathbf{L}]_{\overline{\mathcal{B}}}) &= \det(\mathbf{Q}^{-1}(\lambda\mathbf{I}_n - [\mathbf{L}]_{\mathcal{B}})\mathbf{Q}) \\
&= \det(\mathbf{Q}^{-1})\det(\lambda\mathbf{I}_n - [\mathbf{L}]_{\mathcal{B}})\det\mathbf{Q} \\
&= \det(\lambda\mathbf{I}_n - [\mathbf{L}]_{\mathcal{B}})\,\text{。}
\end{aligned}
$$

由此可知 $\mathbf{L}$ 之特徵多項式及特徵方程式與有序基底的選擇無關。

習題 **4.9** (**) 設 $\mathcal{V}$ 是一 n 維向量空間, $\mathbf{L} \in \mathcal{L}(\mathcal{V})$。證明 $\lambda_0 \in \sigma(\mathbf{L})$ 若且唯若 λ_0 是 $\mathbf{L}$ 特徵多項式之根, 亦即 $\det(\lambda_0 \mathbf{I}_\mathcal{V} - \mathbf{L}) = 0$, 因此 $\mathbf{L}$ 最多有 n 個特徵值。

解答:

由定理 4.9 知 $\lambda_0 \in \sigma(\mathbf{L})$ 若且唯若 $\lambda_0 \mathbf{I}_\mathcal{V} - \mathbf{L}$ 是不可逆。由習題 4.8 知, $\mathbf{L}$ 之特徵方程式與有序基底的選擇無關。假若我們選擇任一組有序基底 $\mathcal{B}$。由定理 3.64 知 $\lambda_0 \mathbf{I}_\mathcal{V} - \mathbf{L}$ 不可逆若且唯若 $\lambda_0 \mathbf{I_n} - [\mathbf{L}]_\mathcal{B}$ 不可逆, 此又等效於 $\det(\lambda_0 \mathbf{I_n} - [\mathbf{L}]_\mathcal{B}) = 0$, 再由定義 4.17 知此相當於 $\det(\lambda_0 \mathbf{I_V} - \mathbf{L}) = 0$, 故得證。

習題 **4.10** (**) 設 $\mathcal{V}$ 是一 n 維向量空間, $\mathbf{L} \in \mathcal{L}(\mathcal{V})$。設 $\mathcal{B}$ 為 $\mathcal{V}$ 上任意一組有序基底。證明 $(\lambda, \mathbf{v})$ 為線性算子 $\mathbf{L}$ 之一特徵序對若且唯若 $(\lambda, [\mathbf{v}]_\mathcal{B})$ 為代表矩陣 $[\mathbf{L}]_\mathcal{B}$ 之一特徵序對。

解答:

若 $(\lambda, \mathbf{v})$ 是 $\mathbf{L}$ 之一特徵序對, 則 $\mathbf{Lv} = \lambda\mathbf{v}$。這表示 $[\mathbf{Lv}]_\mathcal{B} = [\lambda\mathbf{v}]_\mathcal{B}$, 因此 $[\mathbf{L}]_\mathcal{B}[\mathbf{v}]_\mathcal{B} = \lambda[\mathbf{v}]_\mathcal{B}$。因 $\mathbf{v} \neq \mathbf{0}$, 必有 $[\mathbf{v}]_\mathcal{B} \neq \mathbf{0}$, 故 $(\lambda, [\mathbf{v}]_\mathcal{B})$ 是 $[\mathbf{L}]_\mathcal{B}$ 之一特徵序對。反過來, 若 $(\lambda, [\mathbf{v}]_\mathcal{B})$ 是 $[\mathbf{L}]_\mathcal{B}$ 之一特徵序對, 則 $[\mathbf{L}]_\mathcal{B}[\mathbf{v}]_\mathcal{B} = \lambda[\mathbf{v}]_\mathcal{B}$。所以 $[\mathbf{L}]_\mathcal{B}[\mathbf{v}]_\mathcal{B} - \lambda[\mathbf{v}]_\mathcal{B} = \mathbf{0}$。這表示 $[\mathbf{Lv} - \lambda\mathbf{v}]_\mathcal{B} = \mathbf{0}$, 再由定理 3.50 得知 $\mathbf{Lv} - \lambda\mathbf{v} = \mathbf{0}$, 故 $\mathbf{Lv} = \lambda\mathbf{v}$。因 $[\mathbf{v}]_\mathcal{B} \neq \mathbf{0}$, 可知 $\mathbf{v} \neq \mathbf{0}$, 由定義得知 $(\lambda, \mathbf{v})$ 是 $\mathbf{L}$ 之一特徵序對。

習題 **4.11** (**) 求

$$\mathbf{A} = \begin{bmatrix} 0 & 1 & 0 & \cdots & 0 & 0 \\ 0 & 0 & 1 & \cdots & 0 & 0 \\ \vdots & \vdots & \vdots & \cdots & \vdots & \vdots \\ 0 & 0 & 0 & \cdots & 0 & 1 \\ -a_n & -a_{n-1} & -a_{n-2} & \cdots & -a_2 & -a_1 \end{bmatrix}$$

之特徵多項式。

解答:

首先, 令 $\mathbf{D}_m(\lambda) = \begin{bmatrix} \lambda & -1 & 0 & \cdots & 0 & 0 \\ 0 & \lambda & -1 & \cdots & 0 & 0 \\ \vdots & \vdots & \vdots & \cdots & \vdots & \vdots \\ 0 & 0 & 0 & \cdots & \lambda & -1 \\ a_m & a_{m-1} & a_{m-2} & \cdots & a_2 & a_1 \end{bmatrix}$, 我們用數學歸納法證

明

$$\det\mathbf{D}_m(\lambda) = a_1\lambda^{m-1} + a_2\lambda^{m-2} + \ldots + a_{m-1}\lambda + a_m。 \qquad (4.1)$$

當 $m = 2$時, $\det\mathbf{D}_2(\lambda) = \det\begin{bmatrix} \lambda & -1 \\ a_2 & a_1 \end{bmatrix} = a_1\,\lambda + a_2$, 因此等式(4.1)在 $m = 2$時成立。再根據數學歸納法, 假設 $m = k$時, 等式 (4.1)也成立。所以當 $m = k + 1$時,

$$\begin{aligned}
\mathbf{D}_{k+1}(\lambda) &= \begin{bmatrix}
\lambda & -1 & 0 & \cdots & 0 & 0 \\
0 & \lambda & -1 & \cdots & 0 & 0 \\
\vdots & \vdots & \vdots & \cdots & \vdots & \vdots \\
0 & 0 & 0 & \cdots & \lambda & -1 \\
a_{k+1} & a_k & a_{k-1} & \cdots & a_2 & a_1
\end{bmatrix} \\
&= \lambda\det\mathbf{D}_k(\lambda) + (-1)^k\,a_{k+1}\cdot(-1)^k \\
&= a_1\,\lambda^k + a_2\,\lambda^{k-1} + \ldots + a_k\lambda + a_{k+1}。
\end{aligned}$$

因此, 根據數學歸納法, 等式 (4.1)對任意的正整數皆成立。

接下來, 我們利用等式 (4.1)來計算 $\mathbf{A}$的特徵多項式。很明顯地,

$$\begin{aligned}
&\det(\lambda\mathbf{I} - \mathbf{A}) \\
&= \det\begin{bmatrix}
\lambda & -1 & 0 & \cdots & 0 & 0 & 0 \\
0 & \lambda & -1 & \cdots & 0 & 0 & 0 \\
\vdots & \vdots & \vdots & \ddots & \vdots & \vdots & \vdots \\
0 & 0 & 0 & \cdots & 0 & \lambda & -1 \\
a_n & a_{n-1} & a_{n-2} & \cdots & a_3 & a_2 & \lambda + a_1
\end{bmatrix} \\
&= (-1)^{n-1+n}\,(-1)\det\begin{bmatrix}
\lambda & -1 & 0 & \cdots & 0 & 0 & 0 \\
0 & \lambda & -1 & \cdots & 0 & 0 & 0 \\
\vdots & \vdots & \vdots & \ddots & \vdots & \vdots & \vdots \\
0 & 0 & 0 & \cdots & 0 & \lambda & -1 \\
a_n & a_{n-1} & a_{n-2} & \cdots & a_4 & a_3 & a_2
\end{bmatrix} \\
&\quad + (-1)^{n+n}(\lambda + a_1)\lambda^{n-1}。
\end{aligned}$$

根據等式(4.1),

$$\begin{aligned} \det(\lambda\mathbf{I} - \mathbf{A}) &= (\lambda^n + a_1\lambda^{n-1}) + (a_2\lambda^{n-2} + \cdots + a_{n-1}\lambda + a_n) \\ &= \lambda^n + a_1\lambda^{n-1} + \cdots + a_{n-1}\lambda + a_n, \end{aligned}$$

即為 $\mathbf{A}$ 的特徵多項式。

習題 **4.12** ($***$) 證明一個方陣 $\mathbf{A}$ 與它的轉置 $\mathbf{A}^T$ 有相同的特徵多項式, 因此有相同的特徵值。一非零向量 $\mathbf{v}$ 滿足 $\mathbf{v}^T\mathbf{A} = \lambda\mathbf{v}^T$ 稱之為 $\mathbf{A}$ 的左特徵向量, $(\lambda, \mathbf{v})$ 稱為 $\mathbf{A}$ 之一左特徵序對。證明 $(\lambda, \mathbf{v})$ 是 $\mathbf{A}$ 的右特徵序對若且唯若 $(\lambda, \mathbf{v}^T)$ 是 $\mathbf{A}^T$ 的左特徵序對。
解答:
由定理 1.80, 我們知道

$$\begin{aligned} \det(\lambda\mathbf{I} - \mathbf{A}^T) &= \det((\lambda\mathbf{I} - \mathbf{A}^T)^T) \\ &= \det(\lambda\mathbf{I} - \mathbf{A})。 \end{aligned}$$

因此 $\mathbf{A}$ 與 $\mathbf{A}^T$ 有相同的特徵多項式。設 $(\lambda, \mathbf{v})$ 是 $\mathbf{A}$ 的右特徵序對, 則 $\mathbf{A}\mathbf{v} = \lambda\mathbf{v}$。這表示 $\mathbf{v}^T\mathbf{A}^T = \lambda\mathbf{v}^T$, 因此 $(\lambda, \mathbf{v}^T)$ 是 $\mathbf{A}^T$ 的左特徵序對。反過來, 由相同的討論我們知道 $(\lambda, \mathbf{v}^T)$ 是 $\mathbf{A}^T$ 的左特徵序對, 則 $(\lambda, \mathbf{v})$ 是 $\mathbf{A}$ 的右特徵序對。

習題 **4.13** ($**$) 設 $\mathbf{A} = \mathrm{diag}[\mathbf{A}_1\,\mathbf{A}_2\,\cdots\,\mathbf{A}_k]$。證明若所有的 $i = 1, 2, \cdots, k$, $\mathbf{A}_i$ 均可對角化, 則 $\mathbf{A}$ 可對角化。
解答:
假設對所有的 $i = 1, 2, \cdots, k$, $\mathbf{A}_i$ 均可對角化, 則對 $i = 1, 2, \cdots, k$, 存在可逆矩陣 $\mathbf{Q}_i$ 使得 $\overline{\mathbf{A}}_i = \mathbf{Q}_i^{-1}\mathbf{A}_i\mathbf{Q}_i$ 是對角矩陣。令 $\mathbf{Q} = \mathrm{diag}[\mathbf{Q}_1\,\mathbf{Q}_2\,\cdots\,\mathbf{Q}_k]$, 則

$$\mathbf{Q}^{-1}\mathbf{A}\mathbf{Q} = \begin{bmatrix} \overline{\mathbf{A}}_1 & 0 & \cdots & 0 \\ 0 & \overline{\mathbf{A}}_2 & \cdots & 0 \\ \vdots & \vdots & \ddots & \vdots \\ 0 & 0 & \cdots & \overline{\mathbf{A}}_k \end{bmatrix}。$$

註:其實, 若 $\mathbf{A}$ 可對角化, 則對所有的 $i = 1, 2, \cdots, k$, $\mathbf{A}_i$ 均可對角化。但要證明這個性質, 我們需要用到不變子空間的概念, 請讀者參考課本 5.2 節的內容及習題 5.6。

習題 4.14 (**) 設 $\mathbf{A} = \begin{bmatrix} 1 & 1 \\ 0 & 4 \end{bmatrix}$。求 $\mathbf{A}^n, n \in \mathbb{N}$。

解答:

計算 $\mathbf{A}$ 的特徵方程式得到 $\chi_{\mathbf{A}}(\lambda) = (\lambda-1)(\lambda-4)$。選擇對應 1 的特徵向量爲 $\begin{bmatrix} 1 \\ 0 \end{bmatrix}$,

對應 4 的特徵向量爲 $\begin{bmatrix} 1 \\ 3 \end{bmatrix}$。令 $\mathbf{Q} = \begin{bmatrix} 1 & 1 \\ 0 & 3 \end{bmatrix}$,則 $\mathbf{A} = \mathbf{Q} \begin{bmatrix} 1 & 0 \\ 0 & 4 \end{bmatrix} \mathbf{Q}^{-1}$。因此

$$\mathbf{A}^n = \underbrace{(\mathbf{Q} \begin{bmatrix} 1 & 0 \\ 0 & 4 \end{bmatrix} \mathbf{Q}^{-1}) \cdots (\mathbf{Q} \begin{bmatrix} 1 & 0 \\ 0 & 4 \end{bmatrix} \mathbf{Q}^{-1})}_{n\text{項}}$$

$$= \mathbf{Q} \begin{bmatrix} 1 & 0 \\ 0 & 4^n \end{bmatrix} \mathbf{Q}^{-1}$$

$$= \begin{bmatrix} 1 & 1 \\ 0 & 3 \end{bmatrix} \begin{bmatrix} 1 & 0 \\ 0 & 4^n \end{bmatrix} \begin{bmatrix} 1 & \frac{-1}{3} \\ 0 & \frac{1}{3} \end{bmatrix}$$

$$= \begin{bmatrix} 1 & \frac{1}{3}(4^n - 1) \\ 0 & 4^n \end{bmatrix}。$$

習題 4.15 (**) 設 $\mathcal{V}$ 爲有限維度向量空間,$\mathbf{L} \in \mathcal{L}(\mathcal{V})$(或是 $\mathbf{A} \in \mathbb{F}^{n \times n}$)。

1. 證明 $\mathbf{L}$(或 $\mathbf{A}$)可逆若且唯若 $0 \notin \sigma(\mathbf{L})$(或 $\sigma(\mathbf{A})$)。

2. 若 $\mathbf{L}$(或 $\mathbf{A}$)可逆,證明 $(\lambda, \mathbf{v})$ 是 $\mathbf{L}$(或 $\mathbf{A}$)之特徵序對若且唯若 $(\lambda^{-1}, \mathbf{v})$ 是 $\mathbf{L}^{-1}$(或 $\mathbf{A}^{-1}$)之特徵序對。

解答:

1. 若 $\mathbf{L}$ 可逆,則對任意 $\mathbf{v} \neq \mathbf{0}$,$\mathbf{Lv} \neq \mathbf{0}$。因此 $0 \notin \sigma(\mathbf{L})$。反過來,若 $0 \notin \sigma(\mathbf{L})$,則對任意 $\mathbf{v} \neq \mathbf{0}$,$\mathbf{Lv} \neq \mathbf{0}$。因此 $\mathbf{L}$ 是單射。又 $\mathbf{L}$ 從 $\mathcal{V}$ 映射到 $\mathcal{V}$,且 $\mathcal{V}$ 是有限維度,所以 $\mathbf{L}$ 是蓋射 (見推論 3.37)。因此,$\mathbf{L}$ 可逆。

2. 設 $(\lambda, \mathbf{v})$ 是 $\mathbf{L}$ 之特徵序對,則 $\mathbf{v} \neq \mathbf{0}$ 且 $\mathbf{Lv} = \lambda\mathbf{v}$。因此 $\mathbf{v} = \mathbf{L}^{-1}(\lambda\mathbf{v}) = \lambda\mathbf{L}^{-1}\mathbf{v}$。再由此題第 1 部分,我們知道 $\lambda \neq 0$,所以 $\lambda^{-1}\mathbf{v} = \mathbf{L}^{-1}\mathbf{v}$。故 $(\lambda^{-1}, \mathbf{v})$ 是 $\mathbf{L}^{-1}$ 之特徵序對。反之,若 $(\lambda^{-1}, \mathbf{v})$ 是 $\mathbf{L}^{-1}$ 之特徵序對,則 $\mathbf{v} \neq \mathbf{0}$ 且 $\mathbf{L}^{-1}\mathbf{v} = \lambda^{-1}\mathbf{v}$。因此,$\mathbf{Lv} = \lambda\mathbf{v}$。

習題 **4.16** ($***$) 令$\mathcal{V}$爲向量空間, $\mathbf{L} \in \mathcal{L}(\mathcal{V})$。設$(\lambda, \mathbf{v})$是$\mathbf{L}$之特徵序對。證明對任意的$m \in \mathbb{N}$, $(\lambda^m, \mathbf{v})$是$\mathbf{L}^m$之特徵序對。

解答:

設 $(\lambda, \mathbf{v})$是 $\mathbf{L}$之特徵序對, 則 $\mathbf{v} \neq \mathbf{0}$且 $\mathbf{Lv} = \lambda \mathbf{v}$。我們利用數學歸納法。當 $m = 1$時, 根據假設已得知 $\mathbf{Lv} = \lambda \mathbf{v}$。設 $m = j$ 成立, 即 $\mathbf{L}^j \mathbf{v} = \lambda^j \mathbf{v}$。這表示 $\mathbf{L}^{j+1} \mathbf{v} = \mathbf{L} (\mathbf{L}^j \mathbf{v}) = \mathbf{L}(\lambda^j \mathbf{v}) = \lambda^j (\mathbf{Lv}) = \lambda^{j+1} \mathbf{v}$。故 $m = j + 1$亦成立。所以由數學歸納法, 我們知道對所有 $m \in \mathbb{N}$, $(\lambda^m, \mathbf{v})$是 $\mathbf{L}^m$之特徵序對。

習題 **4.17** ($**$) 令$\mathbf{D} : \mathbb{F}_n[t] \to \mathbb{F}_n[t]$代表微分算子, 求其特徵多項式、特徵值、及對應之特徵向量。

解答:

若我們選擇 $\mathbb{F}_n[t]$上的標準基底 $\mathcal{B} = \{1, t, \cdots, t^{n-1}\}$, 則 $[\mathbf{D}]_\mathcal{B} =$

$$\begin{bmatrix} 0 & 1 & 0 & \cdots & 0 \\ 0 & 0 & 2 & \cdots & 0 \\ \vdots & \vdots & \vdots & \ddots & \vdots \\ 0 & 0 & 0 & \cdots & n-1 \\ 0 & 0 & 0 & \cdots & 0 \end{bmatrix}_{n \times n}$$ 。由習題 4.6知 $[\mathbf{D}]_\mathcal{B}$的特徵值皆爲0, 而特徵多項式爲

λ^n。再由習題 4.10我們可以知道 $\mathbf{v}$是 $\mathbf{D}$的特徵向量若且唯若 $[\mathbf{D}]_\mathcal{B}[\mathbf{v}]_\mathcal{B} = \mathbf{0}$。從$[\mathbf{D}]_\mathcal{B}$

的結構來看, $[\mathbf{v}]_\mathcal{B}$必然爲 $\begin{bmatrix} a \\ 0 \\ \vdots \\ 0 \end{bmatrix}$ 的形式, 其中a是$\mathbb{F}$中任意的非零常數。所以 $\mathbf{v} = a$。

因此對應 0的特徵向量爲 a, 其中 $a \in \mathbb{F}$是不爲 0的常數。

習題 **4.18** ($**$) 見例4.18, 若選擇另一組有序基底$\overline{\mathcal{B}} = \{1, 2t+1, t^2-1\}$, 計算$\mathbf{L}$之特徵多項式、所有特徵值、以及各相對應之特徵向量。將你的答案與例4.18做個比較。

解答:

若選擇有序基底 $\overline{\mathcal{B}} = \{1, 2t+1, t^2-1\}$, 則 $\mathbf{L}(1) = 4$, $\mathbf{L}(2t+1) = 6t+4$, $\mathbf{L}(t^2-1) = 2t^2 + 2t - 4$。因爲

$$4 = 4 \cdot 1,$$

$$6t + 4 = 1 \cdot 1 + 3 \cdot (2t + 1) ,$$

$$2t^2 + 2t - 4 = (-3) \cdot 1 + 1 \cdot (2t + 1) + 2 \cdot (t^2 - 1) ,$$

所以

$$[\mathbf{L}]_{\overline{\mathcal{B}}} = \begin{bmatrix} 4 & 1 & -3 \\ 0 & 3 & 1 \\ 0 & 0 & 2 \end{bmatrix} 。$$

故 $\mathbf{L}$ 特徵多項式為 $\chi_{\mathbf{L}}(\lambda) = (\lambda - 2)(\lambda - 3)(\lambda - 4)$, 得特徵值 $\lambda_1 = 2$, $\lambda_2 = 3$, $\lambda_3 = 4$。不難由計算得 $[\mathbf{L}]_{\overline{\mathcal{B}}}$ 對應 $\lambda_1, \lambda_2, \lambda_2$ 之特徵向量分別為 $\begin{bmatrix} 2 \\ -1 \\ 1 \end{bmatrix}$, $\begin{bmatrix} -1 \\ 1 \\ 0 \end{bmatrix}$, $\begin{bmatrix} 1 \\ 0 \\ 0 \end{bmatrix}$。由習題 4.10 知 $\mathbf{L}$ 對應 $2, 3, 4$ 的特徵向量分別為 $2 - (2t + 1) + (t^2 - 1)$, $-1 + (2t + 1)$, 1。

4.4節習題

習題 **4.19** ($\ast\ast$) 證明推論4.21。

解答：

若存在對應 $\lambda_1, \cdots, \lambda_n \in \sigma(\mathbf{L})$ 之線性獨立的特徵向量 $\mathbf{v}_1, \cdots, \mathbf{v}_n$, 則 $\mathcal{B} = \{\mathbf{v}_1, \cdots, \mathbf{v}_n\}$ 是 $\mathcal{V}$ 的有序基底, 並且 $\mathbf{L}\mathbf{v}_i = \lambda_i \mathbf{v}_i$, 於是得 $[\mathbf{L}]_{\mathcal{B}} = \begin{bmatrix} \lambda_1 & 0 & \cdots & 0 \\ 0 & \lambda_2 & \cdots & 0 \\ \vdots & \vdots & \ddots & \vdots \\ 0 & 0 & \cdots & \lambda_n \end{bmatrix}$。因此證明了 $\mathbf{L}$ 可對角化。

反之, 若 $\mathbf{L}$ 可對角化, 則存在一組有序基底 $\mathcal{B} = \{\mathbf{v}_1, \cdots, \mathbf{v}_n\}$ 使得 $[\mathbf{L}]_{\mathcal{B}} = \begin{bmatrix} \lambda_1 & 0 & \cdots & 0 \\ 0 & \lambda_2 & \cdots & 0 \\ \vdots & \vdots & \ddots & \vdots \\ 0 & 0 & \cdots & \lambda_n \end{bmatrix}$。這表示 $\mathbf{L}\mathbf{v}_i = \lambda_i \mathbf{v}_i$, 因此 $\mathbf{v}_1, \cdots, \mathbf{v}_n$ 是對應 $\lambda_1, \cdots, \lambda_n$ 之線性獨立的特徵向量。

習題 **4.20** (∗∗) 下列矩陣何者可對角化?若可對角化, 試求一可逆矩陣將其對角化。

1. $\begin{bmatrix} 1 & 0 & -1 \\ 0 & 1 & 0 \\ 0 & 0 & 2 \end{bmatrix}$。

2. $\begin{bmatrix} 1 & 1 & 2 \\ 0 & 1 & 3 \\ 0 & 0 & 2 \end{bmatrix}$。

3. $\begin{bmatrix} 0 & 1 \\ 0 & 1 \end{bmatrix}$。

4. $\begin{bmatrix} 0 & 1 & 0 \\ 0 & 0 & 0 \\ 0 & 0 & 0 \end{bmatrix}$。

解答:

這一題的各小題都是上三角矩陣, 特徵值皆是對角線上的元素值。因此, 我們只需要確認各特徵值的代數重數與幾何重數是否相等即可。

1. 特徵值為 $1, 2$, 因此我們只需要計算 1 的幾何重數。因為 $\dim \mathcal{K}er(\mathbf{I} - \begin{bmatrix} 1 & 0 & -1 \\ 0 & 1 & 0 \\ 0 & 0 & 2 \end{bmatrix}) = 2$, 所以 $g(1) = 2 = a(1)$。因此矩陣 $\begin{bmatrix} 1 & 0 & -1 \\ 0 & 1 & 0 \\ 0 & 0 & 2 \end{bmatrix}$ 可對角化。計算 $\begin{bmatrix} 1 & 0 & -1 \\ 0 & 1 & 0 \\ 0 & 0 & 2 \end{bmatrix}$ 的特徵向量, 可選擇 $\mathbf{Q} = \begin{bmatrix} 1 & 0 & 1 \\ 0 & 1 & 0 \\ 0 & 0 & -1 \end{bmatrix}$ 使得 $\mathbf{Q}^{-1} \begin{bmatrix} 1 & 0 & -1 \\ 0 & 1 & 0 \\ 0 & 0 & 2 \end{bmatrix} \mathbf{Q} = \begin{bmatrix} 1 & 0 & 0 \\ 0 & 1 & 0 \\ 0 & 0 & 2 \end{bmatrix}$。

2. 特徵值為 $1, 2$, 並且 $a(1) = 2$, $a(2) = 1$, 因此我們只需計算 1 的幾何重數。因為 $\dim \mathcal{K}er(\mathbf{I} - \begin{bmatrix} 1 & 1 & 2 \\ 0 & 1 & 3 \\ 0 & 0 & 2 \end{bmatrix}) = 1$, 所以 $g(1) = 1 < a(1)$。這表示矩陣

$$\begin{bmatrix} 1 & 1 & 2 \\ 0 & 1 & 3 \\ 0 & 0 & 2 \end{bmatrix}$$ 不可對角化。

3. 很明顯地, $a(0) = g(0) = 1$, $a(1) = g(1) = 1$, 所以矩陣 $\begin{bmatrix} 0 & 1 \\ 0 & 1 \end{bmatrix}$ 可對角化。

計算 $\begin{bmatrix} 0 & 1 \\ 0 & 1 \end{bmatrix}$ 的特徵向量, 可選擇 $\mathbf{Q} = \begin{bmatrix} 0 & 1 \\ 0 & 1 \end{bmatrix}$ 使得 $\mathbf{Q}^{-1} \begin{bmatrix} 0 & 1 \\ 0 & 1 \end{bmatrix} \mathbf{Q} = \begin{bmatrix} 0 & 1 \\ 0 & 1 \end{bmatrix}$。

4. 因為 $a(0) = 3$, 我們只須計算0的幾何重數即可。但 $\dim Ker \begin{bmatrix} 0 & 1 & 0 \\ 0 & 0 & 0 \\ 0 & 0 & 0 \end{bmatrix} =$

2, 所以 $g(0) = 2$, 因此矩陣 $\begin{bmatrix} 0 & 1 & 0 \\ 0 & 0 & 0 \\ 0 & 0 & 0 \end{bmatrix}$ 不可對角化。

習題 4.21 (∗∗) 設 $\mathbf{L} \in \mathcal{L}(\mathcal{V})$, $\lambda, \mu \in \sigma(\mathbf{L})$, $\lambda \neq \mu$。則 $\mathcal{E}_\lambda \cap \mathcal{E}_\mu = \{\mathbf{0}\}$。換言之, 一個非零的向量不可能同時為對應不同特徵值之特徵向量。

解答:

令 $\mathbf{v} \in \mathcal{E}_\lambda \cap \mathcal{E}_\mu$, 則 $\mathbf{L}\mathbf{v} = \lambda \mathbf{v}$, 並且 $\mathbf{L}\mathbf{v} = \mu \mathbf{v}$。這表示 $\lambda \mathbf{v} = \mu \mathbf{v}$, 因此 $(\lambda - \mu) \mathbf{v} = \mathbf{0}$。因為 $\lambda \neq \mu$, 所以 $\mathbf{v} = \mathbf{0}$。故 $\mathcal{E}_\lambda \cap \mathcal{E}_\mu = \{\mathbf{0}\}$。

習題 4.22 (∗∗) 證明定理4.36之 $g \geq 1$。

解答:

依定義, g 為 $\mathcal{E}_{\lambda_0}$ 的維度。但我們知道一非零向量空間之維度必然大於或等於 1, 故 $g \geq 1$。

習題 4.23 (∗∗) 沿用定理4.37之符號, 並設 $\mathbf{v}_i \in \mathcal{E}_{\lambda_i}$, $i = 1, 2, \cdots, k$。若 $\mathbf{v}_1 + \mathbf{v}_2 + \cdots + \mathbf{v}_k = \mathbf{0}$, 則 $\mathbf{v}_i = \mathbf{0}$, $i = 1, 2, \cdots, k$。

解答:

設 $\mathbf{v}_i \in \mathcal{E}_{\lambda_i}$, $i = 1, 2, \cdots, k$, 並且 $\mathbf{v}_1 + \mathbf{v}_2 + \cdots + \mathbf{v}_k = \mathbf{0}$。利用反證法, 我們假設 $\{\mathbf{v}_1, \mathbf{v}_2, \cdots, \mathbf{v}_k\}$ 不全為零向量。不失一般性, 我們可以假設 $\mathbf{v}_1, \mathbf{v}_2, \cdots, \mathbf{v}_m$ 為非

零向量, $\mathbf{v}_{m+1}, \cdots, \mathbf{v}_k$爲零向量, 則$\mathbf{v}_1 + \mathbf{v}_2 + \cdots + \mathbf{v}_m = \mathbf{0}$。但這表示 $\{\mathbf{v}_1, \mathbf{v}_2, \cdots, \mathbf{v}_m\}$ 不是線性獨立子集, 此違反了引理 4.23。因此根據反證法, $\mathbf{v}_1 = \mathbf{v}_2 = \cdots = \mathbf{v}_k = \mathbf{0}$。

習題 4.24 $(**)$ 再沿用定理4.37之符號。設對所有的$i = 1, 2, \cdots, k$, $\mathcal{S}_i = \{\mathbf{v}_{i1}, \cdots, \mathbf{v}_{in_i}\}$是$\mathcal{E}_{\lambda_i}$中之線性獨立子集。則$\mathcal{S} = \mathcal{S}_1 \cup \mathcal{S}_2 \cup \cdots \cup \mathcal{S}_k$爲$\mathcal{V}$中之線性獨立子集。(提示: 利用上題)

解答:

令 $\sum_{i=1}^{k} \sum_{j=1}^{n_i} a_{ij} \mathbf{v}_{ij} = \mathbf{0}$。對 $1 \leq i \leq k$, 令 $\mathbf{w}_i = \sum_{j=1}^{n_i} a_{ij} \mathbf{v}_{ij}$, 則$\mathbf{w}_i \in \mathcal{E}_{\lambda_i}$ 並且 $\mathbf{w}_1 + \mathbf{w}_2 + \cdots + \mathbf{w}_k = \mathbf{0}$。因此, 根據習題 4.23, $\mathbf{w}_1 = \mathbf{w}_2 = \cdots = \mathbf{w}_k = \mathbf{0}$。但因爲對 $1 \leq i \leq k$, $\mathcal{S}_i$是線性獨立子集, 所以對所有 $1 \leq j \leq n_i$必有 $a_{ij} = 0$。這表示$\mathcal{S} = \mathcal{S}_1 \cup \mathcal{S}_2 \cup \cdots \cup \mathcal{S}_k$爲$\mathcal{V}$中之線性獨立子集。

習題 4.25 $(*)$ 用定理4.43判斷 $\mathbf{A} = \begin{bmatrix} 1 & 1 \\ 0 & 1 \end{bmatrix}$ 是否可對角化。

解答:

很明顯地, $\chi_{\mathbf{A}} = (\lambda - 1)^2$, 因此有一特徵值爲 1。對應1的特徵向量爲 $\begin{bmatrix} 1 \\ 0 \end{bmatrix}$, 但 $\mathcal{E}_1 = \text{span}\{\begin{bmatrix} 1 \\ 0 \end{bmatrix}\} \neq \mathbb{R}^2$, 所以 $\mathbf{A}$不可對角化。

習題 4.26 $(*)$ 令$\mathbf{D} : \mathbb{F}_n[t] \to \mathbb{F}_n[t]$代表微分算子, 其中$n \geqslant 2$, 用定理4.43判斷$\mathbf{D}$是否可對角化。

解答:

由習題 4.17我們知道微分算子 $\mathbf{D}$ 的特徵值全爲 0, 而對應0的特徵空間爲 $\mathcal{E}_0 = \text{span}\{1\}$, 這表示 $\mathbb{F}_n[t] \neq \mathcal{E}_0$, 因此$\mathbf{D}$不可對角化。

4.5節習題

習題 **4.27** (**) 已知$x_1(0) = 1$, $x_2(0) = 2$, $x_3(0) = -1$, 求下列微分方程組之解:

$$\begin{cases} \dot{x}_1(t) & = & 2x_3(t) \\ \dot{x}_2(t) & = & x_2(t) \\ \dot{x}_3(t) & = & -x_1(t) + 3x_3(t)。 \end{cases}$$

解答:

首先將微分方程式改寫爲

$$\begin{bmatrix} \dot{x}_1(t) \\ \dot{x}_2(t) \\ \dot{x}_3(t) \end{bmatrix} = \begin{bmatrix} 0 & 0 & 2 \\ 0 & 1 & 0 \\ -1 & 0 & 3 \end{bmatrix} \begin{bmatrix} x_1(t) \\ x_2(t) \\ x_3(t) \end{bmatrix} 。 \tag{4.2}$$

將 $\begin{bmatrix} 0 & 0 & 2 \\ 0 & 1 & 0 \\ -1 & 0 & 3 \end{bmatrix}$ 對角化爲 $\mathbf{Q}^{-1} \begin{bmatrix} 0 & 0 & 2 \\ 0 & 1 & 0 \\ -1 & 0 & 3 \end{bmatrix} \mathbf{Q} = \begin{bmatrix} 1 & 0 & 0 \\ 0 & 1 & 0 \\ 0 & 0 & 2 \end{bmatrix}$, 其中 $\mathbf{Q} =$

$\begin{bmatrix} 2 & 0 & 1 \\ 0 & 1 & 0 \\ 1 & 0 & 1 \end{bmatrix}$。將(4.2)式左乘 $\mathbf{Q}^{-1}$, 並令 $\begin{bmatrix} y_1(t) \\ y_2(t) \\ y_3(t) \end{bmatrix} = \mathbf{Q}^{-1} \begin{bmatrix} x_1(t) \\ x_2(t) \\ x_3(t) \end{bmatrix}$, 則 (4.2)式

可轉換成

$$\begin{bmatrix} \dot{y}_1(t) \\ \dot{y}_2(t) \\ \dot{y}_3(t) \end{bmatrix} = \begin{bmatrix} 1 & 0 & 0 \\ 0 & 1 & 0 \\ 0 & 0 & 2 \end{bmatrix} \begin{bmatrix} y_1(t) \\ y_2(t) \\ y_3(t) \end{bmatrix} 。 \tag{4.3}$$

解 (4.3)式得

$$\begin{bmatrix} y_1(t) \\ y_2(t) \\ y_3(t) \end{bmatrix} = \begin{bmatrix} e^t & 0 & 0 \\ 0 & e^t & 0 \\ 0 & 0 & e^{2t} \end{bmatrix} \begin{bmatrix} y_1(0) \\ y_2(0) \\ y_3(0) \end{bmatrix} 。$$

這表示

$$\mathbf{Q}^{-1} \begin{bmatrix} x_1(t) \\ x_2(t) \\ x_3(t) \end{bmatrix} = \begin{bmatrix} e^t & 0 & 0 \\ 0 & e^t & 0 \\ 0 & 0 & e^{2t} \end{bmatrix} \mathbf{Q}^{-1} \begin{bmatrix} x_1(0) \\ x_2(0) \\ x_3(0) \end{bmatrix} 。$$

故

$$\begin{bmatrix} x_1(t) \\ x_2(t) \\ x_3(t) \end{bmatrix} = \mathbf{Q} \begin{bmatrix} e^t & 0 & 0 \\ 0 & e^t & 0 \\ 0 & 0 & e^{2t} \end{bmatrix} \mathbf{Q}^{-1} \begin{bmatrix} x_1(0) \\ x_2(0) \\ x_3(0) \end{bmatrix}$$

$$= \begin{bmatrix} 2e^t - e^{2t} & 0 & -2e^t + 2e^{2t} \\ 0 & e^t & 0 \\ e^t - e^{2t} & 0 & -e^t + 2e^{2t} \end{bmatrix} \begin{bmatrix} 1 \\ 2 \\ -1 \end{bmatrix}$$

$$= \begin{bmatrix} 4e^t - 3e^{2t} \\ 2e^t \\ 2e^t - 3e^{2t} \end{bmatrix} \text{。}$$

因此解得 $x_1(t) = 4e^t - 3e^{2t}$, $x_2(t) = 2e^t$, $x_3(t) = 2e^t - 3e^{2t}$。

習題 **4.28** (**) 已知 $x_1(0) = 2$, $x_2(0) = 1$, $x_3(0) = 3$, 求下列微分方程組之解:

$$\begin{cases} \dot{x}_1(t) & = & 2x_1(t) - 2x_2(t) + 3x_3(t) \\ \dot{x}_2(t) & = & x_1(t) + x_2(t) + x_3(t) \\ \dot{x}_3(t) & = & x_1(t) + 3x_2(t) - x_3(t) \text{。} \end{cases}$$

解答:

將微分方程式改寫成以下形式

$$\begin{bmatrix} \dot{x}_1(t) \\ \dot{x}_2(t) \\ \dot{x}_3(t) \end{bmatrix} = \begin{bmatrix} 2 & -2 & 3 \\ 1 & 1 & 1 \\ 1 & 3 & -1 \end{bmatrix} \begin{bmatrix} x_1(t) \\ x_2(t) \\ x_3(t) \end{bmatrix} \text{。} \tag{4.4}$$

將 $\begin{bmatrix} 2 & -2 & 3 \\ 1 & 1 & 1 \\ 1 & 3 & -1 \end{bmatrix}$ 對角化為 $\mathbf{Q}^{-1} \begin{bmatrix} 2 & -2 & 3 \\ 1 & 1 & 1 \\ 1 & 3 & -1 \end{bmatrix} \mathbf{Q} = \begin{bmatrix} 3 & 0 & 0 \\ 0 & 1 & 0 \\ 0 & 0 & -2 \end{bmatrix}$, 其中

$\mathbf{Q} = \begin{bmatrix} 1 & 1 & -11 \\ 1 & -1 & -1 \\ 1 & -1 & 14 \end{bmatrix}$。將 (4.4) 式左乘 $\mathbf{Q}^{-1}$, 並令 $\begin{bmatrix} y_1(t) \\ y_2(t) \\ y_3(t) \end{bmatrix} = \mathbf{Q}^{-1} \begin{bmatrix} x_1(t) \\ x_2(t) \\ x_3(t) \end{bmatrix}$,

則 (4.4) 式可轉換成

$$\begin{bmatrix} \dot{y}_1(t) \\ \dot{y}_2(t) \\ \dot{y}_3(t) \end{bmatrix} = \begin{bmatrix} 3 & 0 & 0 \\ 0 & 1 & 0 \\ 0 & 0 & -2 \end{bmatrix} \begin{bmatrix} y_1(t) \\ y_2(t) \\ y_3(t) \end{bmatrix} \text{。} \tag{4.5}$$

解 (4.5)式得

$$
\begin{bmatrix} y_1(t) \\ y_2(t) \\ y_3(t) \end{bmatrix} = \begin{bmatrix} e^{3t} & 0 & 0 \\ 0 & e^t & 0 \\ 0 & 0 & e^{-2t} \end{bmatrix} \begin{bmatrix} y_1(0) \\ y_2(0) \\ y_3(0) \end{bmatrix} 。
$$

這表示

$$
\mathbf{Q}^{-1} \begin{bmatrix} x_1(t) \\ x_2(t) \\ x_3(t) \end{bmatrix} = \begin{bmatrix} e^{3t} & 0 & 0 \\ 0 & e^t & 0 \\ 0 & 0 & e^{-2t} \end{bmatrix} \mathbf{Q}^{-1} \begin{bmatrix} x_1(0) \\ x_2(0) \\ x_3(0) \end{bmatrix} 。
$$

故

$$
\begin{bmatrix} x_1(t) \\ x_2(t) \\ x_3(t) \end{bmatrix} = \mathbf{Q} \begin{bmatrix} e^{3t} & 0 & 0 \\ 0 & e^t & 0 \\ 0 & 0 & e^{-2t} \end{bmatrix} \mathbf{Q}^{-1} \begin{bmatrix} x_1(0) \\ x_2(0) \\ x_3(0) \end{bmatrix}
$$

$$
= \begin{bmatrix} \frac{1}{2}e^{3t}+\frac{1}{2}e^t & \frac{1}{10}e^{3t}-\frac{5}{6}e^t+\frac{11}{15}e^{-2t} & \frac{2}{5}e^{3t}+\frac{1}{3}e^t-\frac{11}{15}e^{-2t} \\[2mm] \frac{1}{2}e^{3t}-\frac{1}{2}e^t & \frac{1}{10}e^{3t}+\frac{5}{6}e^t+\frac{1}{15}e^{-2t} & \frac{2}{5}e^{3t}-\frac{1}{3}e^t-\frac{1}{15}e^{-2t} \\[2mm] \frac{1}{2}e^{3t}-\frac{1}{2}e^t & \frac{1}{10}e^{3t}+\frac{5}{6}e^t-\frac{14}{15}e^{-2t} & \frac{2}{5}e^{3t}-\frac{1}{3}e^t+\frac{14}{15}e^{-2t} \end{bmatrix} \begin{bmatrix} 2 \\ 1 \\ 3 \end{bmatrix}
$$

$$
= \begin{bmatrix} \frac{23}{10}e^{3t}+\frac{7}{6}e^t-\frac{22}{15}e^{-2t} \\[3mm] \frac{23}{10}e^{3t}-\frac{7}{6}e^t-\frac{2}{15}e^{-2t} \\[3mm] \frac{23}{10}e^{3t}-\frac{7}{6}e^t+\frac{28}{15}e^{-2t} \end{bmatrix} 。
$$

習題 **4.29** (∗∗) 利用對角化方法解下列 3×3 聯立方程組

$$
\begin{cases} 7x_1 - 5x_2 + 2x_3 &= 31 \\ 6x_1 - 4x_2 + 2x_3 &= 38 \\ 4x_1 - 4x_2 + 3x_3 &= 23 \end{cases} 。
$$

解答：

將方程式改寫成下列形式

$$\begin{bmatrix} 7 & -5 & 2 \\ 6 & -4 & 2 \\ 4 & -4 & 3 \end{bmatrix} \begin{bmatrix} x_1 \\ x_2 \\ x_3 \end{bmatrix} = \begin{bmatrix} 31 \\ 38 \\ 23 \end{bmatrix} 。 \qquad (4.6)$$

將 $\begin{bmatrix} 7 & -5 & 2 \\ 6 & -4 & 2 \\ 4 & -4 & 3 \end{bmatrix}$ 對角化為 $\mathbf{Q}^{-1} \begin{bmatrix} 7 & -5 & 2 \\ 6 & -4 & 2 \\ 4 & -4 & 3 \end{bmatrix} \mathbf{Q} = \begin{bmatrix} 2 & 0 & 0 \\ 0 & 3 & 0 \\ 0 & 0 & 1 \end{bmatrix}$，其中 $\mathbf{Q} =$ $\begin{bmatrix} 1 & 2 & 1 \\ 1 & 2 & 2 \\ 0 & 1 & 2 \end{bmatrix}$。將 (4.6)式左乘 $\mathbf{Q}^{-1}$，並令 $\begin{bmatrix} y_1 \\ y_2 \\ y_3 \end{bmatrix} = \mathbf{Q}^{-1} \begin{bmatrix} x_1 \\ x_2 \\ x_3 \end{bmatrix}$，則 (4.6)式可轉換為

$$\begin{bmatrix} 2 & 0 & 0 \\ 0 & 3 & 0 \\ 0 & 0 & 1 \end{bmatrix} \begin{bmatrix} y_1 \\ y_2 \\ y_3 \end{bmatrix} = \mathbf{Q}^{-1} \begin{bmatrix} 31 \\ 38 \\ 23 \end{bmatrix} = \begin{bmatrix} 6 \\ 9 \\ 7 \end{bmatrix} 。$$

解得

$$\begin{bmatrix} y_1 \\ y_2 \\ y_3 \end{bmatrix} = \begin{bmatrix} 3 \\ 3 \\ 7 \end{bmatrix} 。$$

因此 $\begin{bmatrix} x_1 \\ x_2 \\ x_3 \end{bmatrix} = \begin{bmatrix} 16 \\ 23 \\ 17 \end{bmatrix}$。

第 5 章

Jordan 標準式

5.2節習題

習題 **5.1** (∗∗) 設 $\mathcal{V}$ 是向量空間, $\mathbf{L} \in \mathcal{L}(\mathcal{V})$, 且設 $(\lambda_1, \mathbf{v}_1), \cdots, (\lambda_k, \mathbf{v}_k)$ 爲 $\mathbf{L}$ 之特徵序對($\lambda_1, \lambda_2, \cdots, \lambda_k$ 並不一定要相異)。試證明 $\mathrm{span}(\{\mathbf{v}_1, \mathbf{v}_2, \cdots, \mathbf{v}_k\})$ 是 $\mathbf{L}$-不變子空間。

解答 :

取 $\mathrm{span}(\{\mathbf{v}_1, \mathbf{v}_2, \cdots, \mathbf{v}_k\})$ 中任意的一個向量 $\mathbf{v} = a_1\mathbf{v}_1 + a_2\mathbf{v}_2 + \cdots + a_k\mathbf{v}_k$, 則 $\mathbf{Lv} = \mathbf{L}(a_1\mathbf{v}_1 + a_2\mathbf{v}_2 + \cdots + a_k\mathbf{v}_k) = a_1\mathbf{Lv}_1 + a_2\mathbf{Lv}_2 + \cdots + a_k\mathbf{Lv}_k = a_1\lambda_1\mathbf{v}_1 + a_2\lambda_2\mathbf{v}_2 + \cdots + a_k\lambda_k\mathbf{v}_k$, $\mathbf{Lv}$ 仍屬於 $\mathrm{span}(\{\mathbf{v}_1, \mathbf{v}_2, \cdots, \mathbf{v}_k\})$, 故得證。

習題 **5.2** (∗∗) 證明定理5.8。

解答 :

1. 假設存在唯一的方陣 $\mathbf{S}$ 滿足 $\mathbf{AV} = \mathbf{VS}$。設 $\mathbf{x} \in \mathcal{I}m\mathbf{V}$, 則存在 $\mathbf{v}$ 滿足 $\mathbf{x} = \mathbf{Vv}$。故 $\mathbf{Ax} = \mathbf{AVv} = \mathbf{VSv} \in \mathcal{I}m\mathbf{V}$。因此 $\mathcal{I}m\mathbf{V}$ 是 $\mathbf{A}$-不變子空間。反之, 假設 $\mathcal{I}m\mathbf{V}$ 是 $\mathbf{A}$-不變子空間。令 $\mathbf{V} = [\mathbf{v}_1\mathbf{v}_2\cdots\mathbf{v}_r]$, 則 $\mathcal{B} = \{\mathbf{v}_1, \mathbf{v}_2, \cdots, \mathbf{v}_r\}$ 是 $\mathcal{I}m\mathbf{V}$ 的一組有序基底。對 $j = 1, 2, \cdots, r$, 令 $\mathbf{Av}_j = \sum_{i=1}^{r} s_{ij} \mathbf{v}_i$, 且令 $r \times r$ 矩陣 $\mathbf{S} \triangleq [s_{ij}]$, 則

$$\mathbf{AV} = \mathbf{A}[\mathbf{v}_1\mathbf{v}_2\cdots\mathbf{v}_r]$$

$$
= [\mathbf{A}\mathbf{v}_1\ \mathbf{A}\mathbf{v}_2\ \cdots\ \mathbf{A}\mathbf{v}_r]
$$

$$
= [\mathbf{v}_1\mathbf{v}_2\cdots\mathbf{v}_r]
\begin{bmatrix}
s_{11} & s_{12} & \cdots & s_{1r} \\
s_{21} & s_{22} & \cdots & s_{2r} \\
\vdots & \vdots & \vdots & \vdots \\
s_{r1} & s_{r2} & \cdots & s_{rr}
\end{bmatrix}
$$

$$
= \mathbf{VS}。
$$

設 $\mathbf{S}_1 \in \mathbb{F}^{r\times r}$亦滿足 $\mathbf{AV} = \mathbf{VS}_1$。則 $\mathbf{VS} = \mathbf{VS}_1$, 因此 $\mathbf{V}(\mathbf{S} - \mathbf{S}_1) = \mathbf{0}$。因爲 $\mathbf{V}$有全行秩, 故 $\mathbf{S} - \mathbf{S}_1 = \mathbf{0}$, 亦即 $\mathbf{S} = \mathbf{S}_1$, 故知滿足 $\mathbf{AV} = \mathbf{VS}$之矩陣 $\mathbf{S}$是唯一決定的。又 $\mathbf{V}$有全行秩, 故 $\mathbf{V}^T\mathbf{V}$是可逆矩陣, 由 $\mathbf{AV} = \mathbf{VS}$得 $\mathbf{V}^T\mathbf{AV} = (\mathbf{V}^T\mathbf{V})\mathbf{S}$。因此, $\mathbf{S} = (\mathbf{V}^T\mathbf{V})^{-1}\mathbf{V}^T\mathbf{AV}$。

2. 由第 1部分之證明, 對 $j = 1, 2, \cdots, r$, $\mathbf{A}\mathbf{v}_j = \sum\limits_{i=1}^{r} s_{ij}\mathbf{v}_i$, 根據定義知 $[\mathbf{L}_\mathbf{A}|_{\mathcal{I}m\mathbf{V}}]_\mathcal{B} = \mathbf{S}$。令 $(\lambda, \mathbf{v})$是 $\mathbf{S}$之一特徵序對, 因 $\mathbf{AV} = \mathbf{VS}$, $\mathbf{AVv} = \mathbf{VSv} = \mathbf{V}(\lambda\mathbf{v}) = \lambda(\mathbf{Vv})$。又 $\mathbf{V}$有全行秩, 故 $\mathbf{Vv} \neq \mathbf{0}$, 所以 $(\lambda, \mathbf{Vv})$是 $\mathbf{A}$之一特徵序對。

習題 **5.3** $(**)$ k如定理5.16所定義, 試證明 $\mathcal{I}m\mathbf{L}^k$是 $\mathbf{L}$-不變子空間。
解答:
設 $\mathbf{v} \in \mathcal{I}m\mathbf{L}^k$, 則存在 $\mathbf{w}$滿足 $\mathbf{v} = \mathbf{L}^k\mathbf{w}$。因此,

$$
\mathbf{Lv} = \mathbf{L}(\mathbf{L}^k\mathbf{w}) = \mathbf{L}^k(\mathbf{Lw}) \in \mathcal{I}m\mathbf{L}^k,
$$

故 $\mathcal{I}m\mathbf{L}^k$是 $\mathbf{L}$-不變子空間。

習題 **5.4** $(**)$ 證明(5.1)式矩陣之特徵多項式等於 $\lambda^k - b_{k-1}\lambda^{k-1} - \cdots - b_1\lambda - b_0$。
解答:
首先利用數學歸納法證明

$$
\det
\begin{bmatrix}
-b_{m-1} & -1 & 0 & 0 & \cdots & 0 & 0 \\
-b_{m-2} & \lambda & -1 & 0 & \cdots & 0 & 0 \\
\vdots & \vdots & \vdots & \vdots & \ddots & \vdots & \vdots \\
-b_1 & 0 & 0 & 0 & \cdots & \lambda & -1 \\
-b_0 & 0 & 0 & 0 & \cdots & 0 & \lambda
\end{bmatrix}_{m\times m}
$$
$$
= -b_{m-1}\lambda^{m-1} - b_{m-2}\lambda^{m-2} - \cdots - b_1\lambda - b_0。
$$

當 $m = 1$ 時, $\det[-b_0] = -b_0$ 顯然成立。設

$$
\det
\begin{bmatrix}
-b_{m-2} & -1 & 0 & \cdots & 0 & 0 \\
-b_{m-3} & \lambda & -1 & \cdots & 0 & 0 \\
\vdots & \vdots & \vdots & \ddots & \vdots & \vdots \\
-b_1 & 0 & 0 & \cdots & \lambda & -1 \\
-b_0 & 0 & 0 & \cdots & 0 & \lambda
\end{bmatrix}_{(m-1)\times(m-1)}
$$

$$
= \ -b_{m-2}\,\lambda^{m-2} - b_{m-3}\,\lambda^{m-3} - \cdots - b_1\,\lambda - b_0
$$

成立。則

$$
\det
\begin{bmatrix}
-b_{m-1} & -1 & 0 & 0 & \cdots & 0 & 0 \\
-b_{m-2} & \lambda & -1 & 0 & \cdots & 0 & 0 \\
\vdots & \vdots & \vdots & \vdots & \ddots & \vdots & \vdots \\
-b_1 & 0 & 0 & 0 & \cdots & \lambda & -1 \\
-b_0 & 0 & 0 & 0 & \cdots & 0 & \lambda
\end{bmatrix}_{m\times m}
$$

$$
= \ -b_{m-1} \det
\begin{bmatrix}
\lambda & -1 & \cdots & 0 & 0 \\
0 & \lambda & \cdots & 0 & 0 \\
\vdots & \vdots & \ddots & \vdots & \vdots \\
0 & 0 & \cdots & \lambda & -1 \\
0 & 0 & \cdots & 0 & \lambda
\end{bmatrix}_{(m-1)\times(m-1)}
$$

$$
-(-1)
\begin{bmatrix}
-b_{m-2} & -1 & 0 & \cdots & 0 & 0 \\
-b_{m-3} & \lambda & -1 & \cdots & 0 & 0 \\
\vdots & \vdots & \vdots & \ddots & \vdots & \vdots \\
-b_1 & 0 & 0 & \cdots & \lambda & -1 \\
-b_0 & 0 & 0 & \cdots & 0 & \lambda
\end{bmatrix}_{(m-1)\times(m-1)}
$$

$$
= \ -b_{m-1}\,\lambda^{m-1} - b_{m-2}\,\lambda^{m-2} - \cdots - b_1\,\lambda - b_0 \text{。}
$$

因此, (5.1) 式矩陣之特徵多項式爲

$$\det \begin{bmatrix} \lambda - b_{k-1} & -1 & 0 & \cdots & 0 \\ -b_{k-2} & \lambda & -1 & \cdots & 0 \\ \vdots & \vdots & \vdots & \ddots & \vdots \\ -b_1 & 0 & 0 & \cdots & -1 \\ -b_0 & 0 & 0 & \cdots & \lambda \end{bmatrix}$$

$$= (\lambda - b_{k-1}) \det \begin{bmatrix} \lambda & -1 & 0 & \cdots & 0 \\ 0 & \lambda & -1 & \cdots & 0 \\ \vdots & \vdots & \vdots & \ddots & \vdots \\ 0 & 0 & 0 & \cdots & -1 \\ 0 & 0 & 0 & \cdots & \lambda \end{bmatrix}_{(k-1)\times(k-1)}$$

$$-(-1) \begin{bmatrix} -b_{k-2} & -1 & 0 & \cdots & 0 & 0 \\ -b_{k-3} & \lambda & -1 & \cdots & 0 & 0 \\ \vdots & \vdots & \vdots & \ddots & \vdots & \vdots \\ -b_1 & 0 & 0 & \cdots & \lambda & -1 \\ -b_0 & 0 & 0 & \cdots & 0 & \lambda \end{bmatrix}_{(k-1)\times(k-1)}$$

$$= \lambda^{k-1}(\lambda - b_{k-1}) - b_{k-2}\lambda^{k-2} - \cdots - b_1\lambda - b_0$$

$$= \lambda^k - b_{k-1}\lambda^{k-1} - b_{k-2}\lambda^{k-2} - \cdots - b_1\lambda - b_0。$$

習題 **5.5** $(*)$ 設 $\mathbf{A} = \begin{bmatrix} 2 & 0 & 0 & 1 & 0 & 0 \\ 0 & 1 & 0 & 0 & 0 & 0 \\ 0 & 0 & 2 & 0 & 0 & 1 \\ 0 & 0 & 0 & 2 & 0 & 0 \\ 0 & 0 & 1 & 0 & 2 & 0 \\ 0 & 0 & 0 & 0 & 0 & 2 \end{bmatrix}$, 求最小非負整數 k 滿足定理 5.16 之

條件。

解答:

不難發現 $\mathbf{A}$ 是一個可逆矩陣, 所以 $\operatorname{rank}(\mathbf{A}) = 6$, $\operatorname{nullity}(\mathbf{A}) = 0$。因此, 滿足定理 5.16的 k 爲 0。

習題 **5.6** $(***)$ 設 $\mathcal{V}$ 是向量空間, $\mathbf{L} \in \mathcal{L}(\mathcal{V})$。

1. 令 W 是一個 $\mathbf{L}$-不變子空間。若 $\mathbf{v}_1, \cdots, \mathbf{v}_k$ 是 $\mathbf{L}$ 對應相異特徵值之特徵向量, 並且 $\mathbf{v}_1 + \mathbf{v}_2 + \cdots + \mathbf{v}_k \in W$, 證明對所有的 $i, \mathbf{v}_i \in W$。

2. 設 $\mathbf{L}$ 可對角化。證明對 $\mathcal{V}$ 中任意非零之 $\mathbf{L}$-不變子空間 W, $\mathbf{L}|_W$ 必定可對角化。

解答:

1. 我們利用數學歸納法證明。當 $k = 1$ 時, 很明顯地是成立的。當 $k = 2$ 時, 令 $\mathbf{v}_1$ 與 $\mathbf{v}_2$ 是 $\mathbf{L}$ 對應相異特徵值 λ_1, λ_2 的特徵向量, 並且 $\mathbf{v}_1 + \mathbf{v}_2 \in W$, 所以 $\mathbf{L}(\mathbf{v}_1 + \mathbf{v}_2) = \mathbf{L}\mathbf{v}_1 + \mathbf{L}\mathbf{v}_2 = \lambda_1 \mathbf{v}_1 + \lambda_2 \mathbf{v}_2 \in W$。我們分兩個情況討論:

情況1 : $\lambda_1 = 0, \lambda_2 \neq 0$
在這情況下, $\lambda_1 \mathbf{v}_1 + \lambda_2 \mathbf{v}_2 \in W$, 這又表示 $\lambda_2 \mathbf{v}_2 \in W$。因此 $\mathbf{v}_2 \in W$, 而這表示 $\mathbf{v}_1 \in W$。故 $\mathbf{v}_1 \in W, \mathbf{v}_2 \in W$。

情況 2 : $\lambda_1 \neq 0, \lambda_2 \neq 0$
在這情況下, $\mathbf{L}(\mathbf{v}_1 + \mathbf{v}_2) = \lambda_1 \mathbf{v}_1 + \lambda_2 \mathbf{v}_2 \in W$, 並且 $\lambda_1(\mathbf{v}_1 + \mathbf{v}_2) = \lambda_1 \mathbf{v}_1 + \lambda_1 \mathbf{v}_2 \in W$。這表示 $(\lambda_2 - \lambda_1)\mathbf{v}_2 \in W$, 又因為 λ_1, λ_2 是相異特徵值, 所以 $\lambda_2 - \lambda_1 \neq 0$, 這表示 $\mathbf{v}_2 \in W$。又因為 $\mathbf{v}_1 + \mathbf{v}_2 \in W$, 所以 $\mathbf{v}_1 \in W$。

綜合情況 1, 2, 我們知道當 $k = 2$ 時, 題目的敘述是成立的。根據數學歸納法, 我們假設題目的敘述對所有 $k = 1, 2, \cdots, n-1$ 皆成立。當 $k = n$ 時, 令 $\mathbf{v}_1 \cdots \mathbf{v}_n$ 是 $\mathbf{L}$ 對應相異特徵值 $\lambda_1, \lambda_2, \cdots, \lambda_n$ 的特徵向量, 並且 $\mathbf{v}_1 + \mathbf{v}_2 + \cdots + \mathbf{v}_n \in W$。這表示 $\mathbf{v}_1 + \mathbf{v}_2 + \cdots + \mathbf{v}_{n-1} \in W + \mathrm{span}(\{\mathbf{v}_n\})$。值得注意的是, 對任意的 $\mathbf{w} \in W, \alpha \in \mathbb{F}$, $\mathbf{L}(\mathbf{w} + \alpha \mathbf{v}_n) = \mathbf{L}\mathbf{w} + \alpha \lambda_n \mathbf{v}_n \in W + \mathrm{span}(\{\mathbf{v}_n\})$。所以 $W + \mathrm{span}(\{\mathbf{v}_n\})$ 也是一個 $\mathbf{L}$-不變子空間。所以由數學歸納法假設, 我們得知 $\mathbf{v}_1, \mathbf{v}_2, \cdots, \mathbf{v}_{n-1} \in W + \mathrm{span}(\{\mathbf{v}_n\})$。這表示所有的 $i = 1, 2, \cdots, n-1$, 皆存在 $\mathbf{w}_i \in W$ 及 $a_i \in \mathbb{F}$ 使得 $\mathbf{v}_i = \mathbf{w}_i + a_i \mathbf{v}_n$。若 $a_i = 0$, 則 $\mathbf{v}_i = \mathbf{w}_i \in W$; 若 $a_i \neq 0$, 則 $\mathbf{v}_i + (-a_i \mathbf{v}_n) \in W$。但 $\mathbf{v}_i$ 與 $-a_i \mathbf{v}_n$ 是 $\mathbf{L}$ 對應相異特徵值的特徵向量, 再根據數學歸納法, $\mathbf{v}_i, -a_i \mathbf{v}_n \in W$。我們可以分成兩個情況討論

情況3 : 對所有的 $i = 1, 2, \cdots, n-1, a_i = 0$。在此情況下, $\mathbf{v}_1, \mathbf{v}_2, \cdots, \mathbf{v}_{n-1} \in W$, 這表示若 $\mathbf{v}_1 + \cdots + \mathbf{v}_n \in W$, 則 $\mathbf{v}_1, \cdots, \mathbf{v}_n \in W$。

情況4：存在 $i \in \{1, 2, \cdots, n-1\}$ 使得 $a_i \neq 0$。由上述討論我們知道在這種情況下，$\mathbf{v}_n \in \mathcal{W}$。這表示若 $\mathbf{v}_1 + \cdots + \mathbf{v}_n \in \mathcal{W}$，則 $\mathbf{v}_1, \cdots, \mathbf{v}_n \in \mathcal{W}$。

不論在那一個情況下，第一部分的述敘都成立。

2. 令 $\lambda_1, \cdots, \lambda_k$ 是 $\mathbf{L}$ 所有相異的特徵值，因為 $\mathbf{L}$ 可對角化，所以根據定理 4.43，

$$\mathcal{V} = \mathcal{E}_{\lambda_1} \oplus \mathcal{E}_{\lambda_2} \oplus \cdots \oplus \mathcal{E}_{\lambda_k}。$$

所以對任意的 $\mathbf{w} \in \mathcal{W}$，皆存在唯一的 $\mathbf{v}_i$，其中 $\mathbf{v}_i \in \mathcal{E}_{\lambda_i}$，使得 $\mathbf{w} = \mathbf{v}_1 + \mathbf{v}_2 + \cdots + \mathbf{v}_k$。但根據上題知 對所有的 i，$\mathbf{v}_i \in \mathcal{W}$，又因為 $\mathbf{v}_i$ 是唯一的，而 $\mathbf{w}$ 是任意 $\mathcal{W}$ 中的向量，所以根據直和的定義，

$$\mathcal{W} = (\mathcal{E}_{\lambda_1} \cap \mathcal{W}) \oplus \cdots \oplus (\mathcal{E}_{\lambda_k} \cap \mathcal{W})。$$

由推論 5.6 我們知道 $\mathbf{L}|_{\mathcal{W}}$ 的特徵值必是 $\mathbf{L}$ 的特徵值，不失一般性，我們可以假設 $\lambda_1, \cdots, \lambda_m$ 是 $\mathbf{L}|_{\mathcal{W}}$ 的特徵值，其中 $m \leq k$。不難發現對 $i = 1, 2, \cdots, m$，$\mathcal{K}er(\lambda_i \mathbf{I}_{\mathcal{W}} - \mathbf{L}|_{\mathcal{W}}) = \mathcal{E}_{\lambda_i} \cap \mathcal{W}$，而對 $i = m+1, \cdots, k$，$\mathcal{E}_{\lambda_i} \cap \mathcal{W} = \{\mathbf{0}\}$，所以

$$\mathcal{W} = \mathcal{K}er(\lambda_1 \mathbf{I}_{\mathcal{W}} - \mathbf{L}|_{\mathcal{W}}) \oplus \cdots \oplus \mathcal{K}er(\lambda_m \mathbf{I}_{\mathcal{W}} - \mathbf{L}|_{\mathcal{W}})。$$

因此根據定理 4.43，$\mathbf{L}|_{\mathcal{W}}$ 可對角化。

5.3 節習題

習題 **5.7** $(**)$ 令 $f, g \in \mathbb{F}[t]$，$\mathbf{L} \in \mathcal{L}(\mathcal{V})$，$\mathbf{A} \in \mathbb{F}^{n \times n}$，$a \in \mathbb{F}$，證明

1. $(f + g)(\mathbf{L}) = f(\mathbf{L}) + g(\mathbf{L})$，
   $(f + g)(\mathbf{A}) = f(\mathbf{A}) + g(\mathbf{A})$。

2. $(fg)(\mathbf{L}) = f(\mathbf{L}) \circ g(\mathbf{L})$，
   $(fg)(\mathbf{A}) = f(\mathbf{A}) \circ g(\mathbf{A})$。

3. $f(\mathbf{L}) \circ g(\mathbf{L}) = g(\mathbf{L}) \circ f(\mathbf{L})$,
   $f(\mathbf{A}) \circ g(\mathbf{A}) = g(\mathbf{A}) \circ f(\mathbf{A})$。

4. $(af)(\mathbf{L}) = af(\mathbf{L})$,
   $(af)(\mathbf{A}) = af(\mathbf{A})$。

解答：

令 $f = a_n t^n + \cdots + a_1 t + a_0$, $g = b_m t^m + \cdots + b_1 t + b_0$, 其中 $a_n \neq 0, b_m \neq 0$。

1. 不失一般性, 我們假設 $m \leq n$ 並且當 $i > m$ 時, 令 $b_i = 0$。則很明顯地,

$$(f + g)(t) = (a_n + b_n)t^n + \cdots + (a_1 + b_1)t + (a_0 + b_0)。$$

因此,

$$
\begin{aligned}
&(f + g)(\mathbf{L}) \\
=\ & (a_n + b_n)\mathbf{L}^n + \cdots + (a_1 + b_1)\mathbf{L} + (a_0 + b_0)\mathbf{I} \\
=\ & (a_n\mathbf{L}^n + \cdots + a_1\mathbf{L} + a_0\mathbf{I}) + (b_n\mathbf{L}^n + \cdots + b_1\mathbf{L} + b_0\mathbf{I}) \\
=\ & f(\mathbf{L}) + g(\mathbf{L})。
\end{aligned}
$$

矩陣的情況亦然。

2. 由多項式的乘法, 我們有

$$(fg)(t) = c_{n+m}\, t^{n+m} + \cdots + c_1\, t + c_0\,,$$

其中

$$c_l = a_0\, b_l + a_1\, b_{l-1} + \cdots + a_l\, b_0\,, \quad l = 0, 1, 2, \cdots, n + m.$$

因此

$$
\begin{aligned}
(fg)(\mathbf{L}) &= \sum_{k=0}^{n+m} c_k\mathbf{L}^k = \sum_{i=0}^{n}\sum_{j=0}^{m} a_i b_j \mathbf{L}^{i+j} \\
&= \left(\sum_{i=0}^{n} a_i\mathbf{L}^i\right) \circ \left(\sum_{j=0}^{m} b_j\mathbf{L}^j\right) = f(\mathbf{L}) \circ g(\mathbf{L})。
\end{aligned}
$$

3. 因為 $(fg)(t) = (gf)(t)$, 所以根據 2的結果

$$f(\mathbf{L}) \circ g(\mathbf{L}) = (fg)(\mathbf{L}) = (gf)(\mathbf{L}) = g(\mathbf{L}) \circ f(\mathbf{L}) \, \text{。}$$

4. 根據多項式乘法,

$$(af)(t) = aa_n t^n + \cdots + aa_1 t + aa_0 \, ,$$

因此

$$\begin{aligned}
(af)(\mathbf{L}) &= aa_n \mathbf{L}^n + \cdots + aa_1 \mathbf{L} + aa_0 \mathbf{I} \\
&= a(a_n \mathbf{L}^n + \cdots + a_1 \mathbf{L} + a_0 \mathbf{I}) \\
&= af(\mathbf{L}) \, \text{。}
\end{aligned}$$

習題 5.8 $(*)$ 第4章例4.18中之線性算子 $\mathbf{L} : \mathbb{R}_3[t] \longrightarrow \mathbb{R}_3[t]$, 其定義為

$$\mathbf{L}(f(t)) = 4f(t) - tf'(t) + tf''(t),$$

試驗證 $\chi_{\mathbf{L}}(\mathbf{L}) = \mathbf{0}$。

解答:

由例 4.18, 我們知道 $\chi_{\mathbf{L}}(\lambda) = \lambda^3 - 9\lambda^2 + 26\lambda - 24$, 因此 $\chi_{\mathbf{L}}(\mathbf{L}) = \mathbf{L}^3 - 9\mathbf{L}^2 + 26\mathbf{L} - 24\mathbf{I}$。令 $f(t) = at^2 + bt + c$, 則

$$\begin{aligned}
\mathbf{L}(f(t)) &= 4(at^2 + bt + c) - t(2at + b) + t(2a) \\
&= 2at^2 + (3b + 2a)t + 4c \, , \\
\mathbf{L}^2(f(t)) &= 4(2at^2 + (3b + 2a)t + 4c) - t(4at + (3b + 2a)) \\
&\quad + t(4a) \\
&= 4at^2 + (9b + 10a)t + 16c \, , \\
\mathbf{L}^3(f(t)) &= 4(4at^2 + (9b + 10a)t + 16c) - t(8at + (9b + 10a)) \\
&\quad + t(8a) \\
&= 8at^2 + (27b + 38a)t + 64c \, ,
\end{aligned}$$

所以

$$\chi_{\mathbf{L}}(\mathbf{L})(f(t)) = (\mathbf{L}^3 - 9\mathbf{L}^2 + 26\mathbf{L} - 24\mathbf{I})(f(t)) = \mathbf{0} \circ$$

因此 $\chi_{\mathbf{L}}(\mathbf{L}) = \mathbf{0}$。

習題 5.9 (∗∗) 設$\mathbf{A}$是$n \times n$方陣。設$\chi_{\mathbf{A}}(\lambda) = \lambda^n + a_1\lambda^{n-1} + \cdots + a_{n-1}\lambda + a_n$。

1. 設$k \in \mathbb{N}$, $k \geq n$。證明$\mathbf{A}^k$可表成$\mathbf{I}$, $\mathbf{A}$, $\mathbf{A}^2$, $\cdots$, $\mathbf{A}^{n-1}$之線性組合。

2. 證明$\mathbf{A}$可逆若且唯若$a_n \neq 0$。

3. 證明當$\mathbf{A}$可逆時,$\mathbf{A}^{-1}$可表成$\mathbf{I}$, $\mathbf{A}$, $\mathbf{A}^2$, $\cdots$, $\mathbf{A}^{n-1}$之線性組合。

4. 設$\mathbf{A}$可逆, $k \in \mathbb{N}$, 且定義$\mathbf{A}^{-k} \triangleq (\mathbf{A}^{-1})^k$。證明$\mathbf{A}^{-k}$可表成$\mathbf{I}$, $\mathbf{A}$, $\mathbf{A}^2$, $\cdots$, $\mathbf{A}^{n-1}$之線性組合。

解答:

1. 這一題我們利用數學歸納法來證明。當$k = n$時, 由 Cayley -Hamilton定理, 我們知道

$$\chi_{\mathbf{A}}(\mathbf{A}) = \mathbf{A}^n + a_1\mathbf{A}^{n-1} + \cdots + a_{n-1}\mathbf{A} + a_n\mathbf{I} = 0,$$

因此

$$\mathbf{A}^n = -a_1\mathbf{A}^{n-1} - \cdots - a_{n-1}\mathbf{A} - a_n\mathbf{I} \circ$$

這表示 $k = n$時, $\mathbf{A}^k$可表示成 $\mathbf{I}, \mathbf{A}, \mathbf{A}^2, \cdots, \mathbf{A}^{n-1}$之線性組合。假設當 $k = n + 1, \cdots, n + m$時, $\mathbf{A}^k$皆可表示成 $\mathbf{I}, \mathbf{A}, \mathbf{A}^2, \cdots, \mathbf{A}^{n-1}$之線性組合。則當 $k = n + m + 1$時,

$$\mathbf{A}^k = \mathbf{A}^{n+m+1} = (-a_1\mathbf{A}^{n-1} - \cdots - a_{n-1}\mathbf{A} - a_n\mathbf{I})\mathbf{A}^{m+1}$$
$$= -a_1\mathbf{A}^{m+n} - \cdots - a_{n-1}\mathbf{A}^{m+2} - a_n\mathbf{A}^{m+1},$$

則根據假設, 等式右邊各項皆可寫成 $\mathbf{I}, \mathbf{A}, \mathbf{A}^2, \cdots, \mathbf{A}^{n-1}$之線性組合。所以根據數學歸納, 對任意的$k \geq n$, $\mathbf{A}^k$ 皆可寫成 $\mathbf{I}, \mathbf{A}, \mathbf{A}^2, \cdots, \mathbf{A}^{n-1}$之線性組合。

2. 由習題 4.15我們知道 $\mathbf{A}$可逆若且唯若 $0 \notin \sigma(\mathbf{A})$。而 $0 \notin \sigma(\mathbf{A})$等效於 $a_n \neq 0$。

3. 因為

$$\mathbf{A}^n + a_1\mathbf{A}^{n-1} + \cdots + a_{n-1}\mathbf{A} + a_n\mathbf{I} = 0 \,, \tag{5.1}$$

因此

$$\mathbf{A}^{n-1} + a_1\mathbf{A}^{n-2} + \cdots + a_{n-1}\mathbf{I} + a_n\mathbf{A}^{-1} = 0 \,, \tag{5.2}$$

又因為 $a_n \neq 0$, 所以

$$\mathbf{A}^{-1} = \frac{-1}{a_n}\mathbf{A}^{n-1} - \frac{a_1}{a_n}\mathbf{A}^{n-2} - \cdots - \frac{a_{n-1}}{a_n}\mathbf{I} \,。$$

4. 我們利用數學歸納法證明這一題。$k = 1$ 時, 已由第 3部分得證。設 $k = 1, 2, \cdots, m$時成立, 當 $k = m + 1$ 時, 將第3項的 (5.1)式左乘 $\mathbf{A}^{-(m+1)}$得

$$\mathbf{A}^{-(m+1)} = \frac{-1}{a_n}\mathbf{A}^{n-m-1} - \frac{a_1}{a_n}\mathbf{A}^{n-m-2} - \cdots - \frac{a_{n-1}}{a_n}\mathbf{A}^{-m} \,。$$

由數學歸納法的假設, 方程式左方的各項皆可以寫成 $\mathbf{I}, \mathbf{A}, \cdots, \mathbf{A}^{n-1}$的線性組合, 因此 $\mathbf{A}^{-(m+1)}$也是 $\mathbf{I}, \mathbf{A}, \cdots, \mathbf{A}^{n-1}$ 的線性組合。故由數學歸納法知此題得證。

習題 **5.10** $(*)$ 利用上題求$\mathbf{A} = \begin{bmatrix} 1 & -1 & 0 & 1 \\ 2 & 2 & -1 & 3 \\ -1 & 5 & 2 & 1 \\ 3 & -1 & 1 & -1 \end{bmatrix}$ 之反矩陣。

解答:

直接由計算,

$$\chi_{\mathbf{A}}(\lambda) = \lambda^4 - 4\lambda^3 + 9\lambda^2 + 5\lambda - 60 \,。$$

由上題, 我們知道

$$\mathbf{A}^{-1} = \frac{5}{60}\mathbf{I} + \frac{9}{60}\mathbf{A} - \frac{4}{60}\mathbf{A}^2 + \frac{1}{60}\mathbf{A}^3$$

$$= \begin{bmatrix} \frac{-11}{60} & \frac{1}{6} & \frac{-1}{20} & \frac{4}{15} \\ \frac{-29}{60} & \frac{1}{6} & \frac{1}{20} & \frac{1}{15} \\ \frac{23}{30} & \frac{-1}{3} & \frac{3}{10} & \frac{1}{15} \\ \frac{7}{10} & 0 & \frac{1}{10} & \frac{-1}{5} \end{bmatrix} \text{。}$$

5.4節習題

習題 **5.11** $(**)$ 設 $\mathbf{A}, \mathbf{B} \in \mathbb{F}^{n \times n}$ 均爲冪零矩陣且 $\mathbf{AB} = \mathbf{BA}$。證明$\mathbf{AB}$與$\mathbf{A} + \mathbf{B}$亦爲冪零矩陣。

解答:

因爲$\mathbf{AB} = \mathbf{BA}$, 所以對任意的正整數 n,

$$(\mathbf{AB})^{\mathbf{n}} = \mathbf{A}^n \mathbf{B}^n \text{ ,}$$

$$(\mathbf{A} + \mathbf{B})^n = \sum_{k=0}^{n} \binom{n}{k} \mathbf{A}^k \mathbf{B}^{n-k} \text{ 。}$$

令$\mathbf{A}$的指標爲 $p_{\mathbf{A}}$, $\mathbf{B}$的指標爲 $p_{\mathbf{B}}$。若令 $p = max\{p_{\mathbf{A}}, p_{\mathbf{B}}\}$, 則

$$(\mathbf{AB})^p = \mathbf{A}^p \mathbf{B}^p = \mathbf{0} \text{ ,}$$

並且

$$(\mathbf{A} + \mathbf{B})^{p_{\mathbf{A}} + p_{\mathbf{B}}} = \sum_{k=0}^{p_{\mathbf{A}} + p_{\mathbf{B}}} \binom{p_{\mathbf{A}} + p_{\mathbf{B}}}{k} \mathbf{A}^k \mathbf{B}^{p_{\mathbf{A}} + p_{\mathbf{B}} - k}$$

$$= \mathbf{0} \text{ 。}$$

習題 **5.12** (**∗∗**)

1. 證明若λ是定義在有限維度向量空間之冪零算子(或冪零矩陣)的特徵值,則λ必爲零。

2. 若定義在有限維度向量空間之線性算子(或方陣)只有零特徵值,請問其是否爲冪零算子(或冪零矩陣)? 試證明或舉反例説明。

解答:

1. 令 **L**是定義在n維向量空間 $\mathcal{V}$上指標爲p的冪零算子。則根據定理 5.32, 我們知道存在$\mathcal{V}$的一組有序基底 $\mathcal{J}$, 使得

$$[\mathbf{L}]_{\mathcal{J}} = \mathrm{diag}[\mathbf{J}_p(0) \cdots \mathbf{J}_p(0)\mathbf{J}_{p-1}(0) \cdots \mathbf{J}_{p-1}(0)$$
$$\cdots \mathbf{J}_1(0) \cdots \mathbf{J}_1(0)] ,$$

其中 $\mathbf{J}_k(0)$定義如例 5.27。因此

$$\chi_{\mathbf{L}}(\lambda) = \det(\lambda\mathbf{I} - [\mathbf{L}]_{\mathcal{J}})$$
$$= \lambda^n 。$$

2. 這一題的答案是否定的。考慮定義在 $\mathbb{R}^3$ 上的線性算子 $\mathbf{L_A}$, 其中 $\mathbf{A} = \begin{bmatrix} 0 & -1 & 0 \\ 1 & 0 & 0 \\ 0 & 0 & 0 \end{bmatrix}$。則很明顯地, $\chi_{\mathbf{L_A}}(\lambda) = \lambda(\lambda^2 + 1)$。這表示 $\mathbf{L_A}$在 $\mathbb{R}$上只有零特徵值, 但 $\mathbf{L_A}$並不是冪零算子。

習題 **5.13** (**∗∗**) 若$\mathbf{A} \in \mathbf{C}^{n \times n}$爲冪零矩陣, 試證明$\mathbf{I} - \mathbf{A}$爲可逆矩陣, 並求其反矩陣以及$\sigma(\mathbf{I} - \mathbf{A})$。

解答:

設 $\mathbf{A}$爲冪零矩陣, 並令其指標爲 p_0。很明顯地,

$$(\mathbf{I} - \mathbf{A})(\mathbf{I} + \mathbf{A} + \mathbf{A}^2 + \cdots + \mathbf{A}^{p_0-1}) = \mathbf{I},$$

並且
$$(\mathbf{I} + \mathbf{A} + \mathbf{A}^2 + \cdots + \mathbf{A}^{p_0-1})(\mathbf{I} - \mathbf{A}) = \mathbf{I},$$

所以 $\mathbf{I} - \mathbf{A}$ 是可逆矩陣, 且 $(\mathbf{I} - \mathbf{A})^{-1} = \mathbf{I} + \mathbf{A} + \mathbf{A}^2 + \cdots + \mathbf{A}^{p_0-1}$。因爲

$$
\begin{aligned}
\chi_{\mathbf{I}-\mathbf{A}}(\lambda) &= \det\left(\lambda\mathbf{I} - (\mathbf{I} - \mathbf{A})\right) \\
&= \det\left((\lambda - 1)\mathbf{I} + \mathbf{A}\right) \\
&= (-1)^n \det\left((1 - \lambda)\mathbf{I} - \mathbf{A}\right)。
\end{aligned}
$$

由習題 12, 我們知道 $\mathbf{A}$ 的特徵多項式必爲 λ^n, 因此

$$\chi_{\mathbf{I}-\mathbf{A}}(\lambda) = (-1)^n(1 - \lambda)^n = (\lambda - 1)^n。$$

這表示 $\mathbf{I} - \mathbf{A}$ 的特徵值皆爲 1。

習題 5.14 (**) 證明引理5.28中k的存在性與唯一性。

解答:

『存在性』因爲 $\mathbf{v} \neq \mathbf{0}$, 並且 $\mathbf{L}^p\mathbf{v} = \mathbf{0}$。所以存在一正整數 $1 \leq k \leq p$ 使得 $\mathbf{L}^k\mathbf{v} = \mathbf{0}$ 且 $\mathbf{L}^{k-1}\mathbf{v} \neq \mathbf{0}$。

『唯一性』假設 $1 \leq k' \leq p$ 是另一個正整數, 使得 $\mathbf{L}^{k'}\mathbf{v} = \mathbf{0}$ 且 $\mathbf{L}^{k'-1}\mathbf{v} \neq \mathbf{0}$。因爲 $\mathbf{L}^{k'}\mathbf{v} = \mathbf{0}$, 所以 $k' \geq k$。又因爲 $\mathbf{L}^k\mathbf{v} = \mathbf{0}$, 所以 $k \geq k'$。這表示 $k' = k$。

習題 5.15 (**) 令 $\mathbf{D} : \mathbb{F}_n[t] \longrightarrow \mathbb{F}_n[t]$ 代表微分算子, 證明 $\mathbf{D}$ 是指標爲n之冪零算子。

解答:

令 $\mathcal{B} = \{1, t, t^2, \cdots, t^{n-1}\}$ 是 $\mathbb{F}_n[t]$ 中的標準有序基底。則由例 3.55, 我們知道 $[\mathbf{D}]_{\mathcal{B}}^{\mathcal{B}}$

$$
= \begin{bmatrix}
0 & 1 & 0 & \cdots & 0 & 0 \\
0 & 0 & 2 & \cdots & 0 & 0 \\
0 & 0 & 0 & \ddots & 0 & 0 \\
\vdots & \vdots & \vdots & \ddots & \vdots & \vdots \\
0 & 0 & 0 & \cdots & n-2 & 0 \\
0 & 0 & 0 & \cdots & 0 & n-1 \\
0 & 0 & 0 & \cdots & 0 & 0
\end{bmatrix}
$$
。很明顯地 $[\mathbf{D}]_{\mathcal{B}}^{\mathcal{B}}$ 是指標爲 n 的冪零矩陣。因

爲

$$[\mathbf{D}^n]_\mathcal{B}^\mathcal{B} = ([\mathbf{D}]_\mathcal{B}^\mathcal{B})^n = \mathbf{0} \,,$$

$$[\mathbf{D}^{n-1}]_\mathcal{B}^\mathcal{B} = ([\mathbf{D}]_\mathcal{B}^\mathcal{B})^{n-1} \neq \mathbf{0} \,。$$

所以 $\mathbf{D}$ 也是指標爲 n 的冪零算子。

習題 5.16 $(*)$ 令 $\mathbf{D} : \mathbb{F}_4[t] \longrightarrow \mathbb{F}_4[t]$ 代表微分算子, 選取有序基底 $\mathcal{B} = \{1, 2t, t^2 -1, \frac{1}{3}t^3 + t\}$。

1. 求代表矩陣 $[\mathbf{D}]_\mathcal{B}$。

2. 求一可逆矩陣 $\mathbf{Q}$ 使得 $\mathbf{Q}^{-1}[\mathbf{D}]_\mathcal{B}\mathbf{Q}$ 變成 (5.7) 之 Jordan 標準式。

3. 將 $\mathbb{F}_4[t]$ 分解成一群 $\mathbf{D}$-循環子空間之直和。

解答:

1. 因爲

$$\mathbf{D}(1) = 0 = 0 \cdot 1 + 0 \cdot (2t) + 0 \cdot (t^2 - 1) + 0 \cdot (\frac{1}{3}t^3 + t) \,,$$

$$\mathbf{D}(2t) = 2 = 2 \cdot 1 + 0 \cdot (2t) + 0 \cdot (t^2 - 1) + 0 \cdot (\frac{1}{3}t^3 + t) \,,$$

$$\mathbf{D}(t^2 - 1) = 2t$$

$$= 0 \cdot 1 + 1 \cdot (2t) + 0 \cdot (t^2 - 1) + 0 \cdot (\frac{1}{3}t^3 + t) \,,$$

$$\mathbf{D}(\frac{1}{3}t^3 + t) = t^2 + 1$$

$$= 2 \cdot 1 + 0 \cdot (2t) + 1 \cdot (t^2 - 1) + 0 \cdot (\frac{1}{3}t^3 + t) \,,$$

因此

$$[\mathbf{D}]_\mathcal{B} = \begin{bmatrix} 0 & 2 & 0 & 2 \\ 0 & 0 & 1 & 0 \\ 0 & 0 & 0 & 1 \\ 0 & 0 & 0 & 0 \end{bmatrix} \,。$$

2. 若令 $\mathcal{B}' = \{1, t, \frac{1}{2}t^2, \frac{1}{6}t^3\}$, 則因為

$$\mathbf{D}(1) = 0 = 0 \cdot 1 + 0 \cdot (t) + 0 \cdot (\frac{1}{2}t^2) + 0 \cdot (\frac{1}{6}t^3) \, ,$$

$$\mathbf{D}(t) = 1 = 1 \cdot 1 + 0 \cdot (t) + 0 \cdot (\frac{1}{2}t^2) + 0 \cdot (\frac{1}{6}t^3) \, ,$$

$$\mathbf{D}(\frac{1}{2}t^2) = t = 0 \cdot 1 + 1 \cdot (t) + 0 \cdot (\frac{1}{2}t^2) + 0 \cdot (\frac{1}{6}t^3) \, ,$$

$$\mathbf{D}(\frac{1}{6}t^3) = \frac{1}{2}t^2 = 0 \cdot 1 + 0 \cdot (t) + 1 \cdot (\frac{1}{2}t^2) + 0 \cdot (\frac{1}{6}t^3) \, 。$$

所以

$$[\mathbf{D}]_{\mathcal{B}'} = \begin{bmatrix} 0 & 1 & 0 & 0 \\ 0 & 0 & 1 & 0 \\ 0 & 0 & 0 & 1 \\ 0 & 0 & 0 & 0 \end{bmatrix} 。$$

很明顯地, $[\mathbf{D}]_{\mathcal{B}'}$ 是 Jordan標準式。因此題目所求的 $\mathbf{Q}$ 即為從 $\mathcal{B}'$ 到 $\mathcal{B}$ 的轉移矩陣。因為

$$1 = 1 \cdot 1 + 0 \cdot (2t) + 0 \cdot (t^2 - 1) + 0 \cdot (\frac{1}{3}t^3 + t) \, ,$$

$$t = 0 \cdot 1 + \frac{1}{2} \cdot (2t) + 0 \cdot (t^2 - 1) + 0 \cdot (\frac{1}{3}t^3 + t) \, ,$$

$$\frac{1}{2}t^2 = \frac{1}{2} \cdot 1 + 0 \cdot (2t) + \frac{1}{2} \cdot (t^2 - 1) + 0 \cdot (\frac{1}{3}t^3 + t) \, ,$$

$$\frac{1}{6}t^3 = 0 \cdot 1 + (-\frac{1}{4}) \cdot (2t) + 0 \cdot (t^2 - 1) + \frac{1}{2} \cdot (\frac{1}{3}t^3 + t) \, 。$$

所以

$$\mathbf{Q} = \begin{bmatrix} 1 & 0 & \frac{1}{2} & 0 \\ 0 & \frac{1}{2} & 0 & \frac{-1}{4} \\ 0 & 0 & \frac{1}{2} & 0 \\ 0 & 0 & 0 & \frac{1}{2} \end{bmatrix} 。$$

3. 因為

$$\mathbb{F}_4[t] = \mathrm{span}(\{\frac{1}{6}t^3, \mathbf{D}(\frac{1}{6}t^3), \mathbf{D}^2(\frac{1}{6}t^3), \mathbf{D}^3(\frac{1}{6}t^3)\})$$

$$= \mathrm{span}(\{\frac{1}{6}t^3, \frac{1}{2}t^2, t, 1\}) 。$$

所以 $\mathbb{F}_4[t]$ 本身即爲由 $\frac{1}{6}t^3$ 所生成之 $\mathbf{D}-$ 循環子空間。

5.5節習題

習題 5.17 $(**)$ 設 $\mathcal{V}$ 是向量空間, $\mathbf{L} \in \mathcal{L}(\mathcal{V})$。證明對任意的 $i, j = 0, 1, 2, \cdots$, 以及任意的 $\lambda, \mu \in \mathbb{F}$, 恆有 $(\mathbf{L} - \lambda\mathbf{I}_\mathcal{V})^i(\mathbf{L} - \mu\mathbf{I}_\mathcal{V})^j = (\mathbf{L} - \mu\mathbf{I}_\mathcal{V})^j(\mathbf{L} - \lambda\mathbf{I}_\mathcal{V})^i$。

解答:

我們只需證明對任意的 λ , μ, 恆有

$$(\mathbf{L} - \lambda\mathbf{I}_\mathcal{V})(\mathbf{L} - \mu\mathbf{I}_\mathcal{V}) = (\mathbf{L} - \mu\mathbf{I}_\mathcal{V})(\mathbf{L} - \lambda\mathbf{I}_\mathcal{V}) \, \text{。}$$

很明顯地,

$$\begin{aligned}
& (\mathbf{L} - \lambda\mathbf{I}_\mathcal{V})(\mathbf{L} - \mu\mathbf{I}_\mathcal{V}) \\
= \ & \mathbf{L}^2 - \mu\mathbf{L} - \lambda\mathbf{L} + \lambda\mu\mathbf{I}_\mathcal{V} \\
= \ & \mathbf{L}^2 - \lambda\mathbf{L} - \mu\mathbf{L} + \mu\lambda\mathbf{I}_\mathcal{V} \\
= \ & \mathbf{L}(\mathbf{L} - \lambda\mathbf{I}_\mathcal{V}) - \mu(\mathbf{L} - \lambda\mathbf{I}_\mathcal{V}) \\
= \ & (\mathbf{L} - \mu\mathbf{I}_\mathcal{V})(\mathbf{L} - \lambda\mathbf{I}_\mathcal{V}) \, \text{。}
\end{aligned}$$

故得證。

習題 5.18 $(**)$ 設 $\mathcal{V}$ 是向量空間, $\mathbf{L} \in \mathcal{L}(\mathcal{V})$ 且 $\lambda \in \sigma(\mathbf{L})$。試證明對任意的 $\mu \neq \lambda, (\mathbf{L} - \mu\mathbf{I}_\mathcal{V})|_{\mathcal{H}_\lambda}$ 是單射。

解答:

令 $\mathbf{x} \in \mathcal{H}_\lambda$, 並令 $(\mathbf{L} - \mu\mathbf{I}_\mathcal{V})\mathbf{x} = \mathbf{0}$。則

$$(\mathbf{L} - \mu\mathbf{I}_\mathcal{V} - \lambda\mathbf{I}_\mathcal{V} + \lambda\mathbf{I}_\mathcal{V})\mathbf{x} = \mathbf{0} \text{。}$$

這表示

$$(\mathbf{L} - \lambda\mathbf{I}_\mathcal{V})\mathbf{x} + (\lambda - \mu)\mathbf{x} = \mathbf{0},$$

亦即

$$(\mathbf{L} - \lambda\mathbf{I}_\mathcal{V})\mathbf{x} = (\mu - \lambda)\mathbf{x} \text{。}$$

因爲 $\mu \neq \lambda$, 所以若 $\mathbf{x} \neq \mathbf{0}$, 則 $\mu - \lambda$ 是 $(\mathbf{L} - \lambda \mathbf{I}_V)|_{\mathcal{H}_\lambda}$ 的一個非零的特徵值, 但這違反了定理 5.37的結果 *(見習題5.12)*。所以 $\mathbf{x} = \mathbf{0}$, 這表示 $(\mathbf{L} - \mu \mathbf{I}_V)|_{\mathcal{H}_\lambda}$ 是單射。

習題 5.19 $(*)$ 求可逆矩陣 $\mathbf{Q}$ 將下列各矩陣化成Jordan標準式:

1. $\begin{bmatrix} -2 & \frac{1}{2} & 0 \\ 0 & -2 & -3 \\ 0 & 0 & -2 \end{bmatrix}$。

2. $\begin{bmatrix} 0 & 0 & 2 \\ 0 & 1 & 0 \\ -1 & 0 & 3 \end{bmatrix}$。

3. $\begin{bmatrix} 2 & 0 & 0 & 0 \\ -1 & 2 & 0 & 2 \\ 0 & 0 & 2 & 1 \\ 0 & 0 & 0 & 2 \end{bmatrix}$。

4. $\begin{bmatrix} -1 & 0 & 0 & 1 & 0 & 0 \\ 1 & -1 & 0 & 0 & 1 & 0 \\ 0 & 0 & -1 & 0 & 0 & 1 \\ 0 & 0 & 0 & -1 & 0 & 0 \\ 0 & 0 & 0 & 0 & -1 & 1 \\ 0 & 0 & 0 & 0 & 0 & -1 \end{bmatrix}$。

解答:

1. 令 $\mathbf{A} = \begin{bmatrix} -2 & \frac{1}{2} & 0 \\ 0 & -2 & -3 \\ 0 & 0 & -2 \end{bmatrix}$。因爲 $\mathbf{A}$ 是三角矩陣, 所以很明顯地 $\chi_{\mathbf{A}}(\lambda) = (\lambda + 2)^3$。所以 $\mathbf{A}$ 有特徵值 -2, 其代數重數爲 3。簡單計算得

$$\mathbf{A} - (-2)\mathbf{I} = \begin{bmatrix} 0 & \frac{1}{2} & 0 \\ 0 & 0 & -3 \\ 0 & 0 & 0 \end{bmatrix},$$

$$\mathcal{K}er(\mathbf{A} - (-2)\mathbf{I}) = \text{span}(\{\mathbf{e}_1\}),$$

$$(\mathbf{A} - (-2)\mathbf{I})^2 = \begin{bmatrix} 0 & 0 & \frac{-3}{2} \\ 0 & 0 & 0 \\ 0 & 0 & 0 \end{bmatrix},$$

$$\mathcal{K}er(\mathbf{A} - (-2)\mathbf{I})^2 = \text{span}(\{\mathbf{e}_1, \mathbf{e}_2\}),$$

$$(\mathbf{A} - (-2)\mathbf{I})^3 = \begin{bmatrix} 0 & 0 & 0 \\ 0 & 0 & 0 \\ 0 & 0 & 0 \end{bmatrix},$$

$$\mathcal{K}er(\mathbf{A} - (-2)\mathbf{I})^3 = \text{span}(\{\mathbf{e}_1, \mathbf{e}_2, \mathbf{e}_3\})\text{。}$$

故我們選擇 $\mathbf{v}_{11} = \mathbf{e}_3$。因此可算出

$$(\mathbf{A} - (-2)\mathbf{I})\mathbf{v}_{11} = \begin{bmatrix} 0 \\ -3 \\ 0 \end{bmatrix},$$

$$(\mathbf{A} - (-2)\mathbf{I})^2\mathbf{v}_{11} = \begin{bmatrix} \frac{-3}{2} \\ 0 \\ 0 \end{bmatrix}\text{。}$$

因此所求的 $\mathbf{Q} = \begin{bmatrix} \frac{-3}{2} & 0 & 0 \\ 0 & -3 & 0 \\ 0 & 0 & 1 \end{bmatrix}$, 而 $\mathbf{Q}^{-1}\mathbf{A}\mathbf{Q} = \begin{bmatrix} -2 & 1 & 0 \\ 0 & -2 & 1 \\ 0 & 0 & -2 \end{bmatrix}$。

2. 令 $\mathbf{A} = \begin{bmatrix} 0 & 0 & 2 \\ 0 & 1 & 0 \\ -1 & 0 & 3 \end{bmatrix}$。則 $\chi_{\mathbf{A}}(\lambda) = (\lambda - 1)^2(\lambda - 2)$。所以 $\mathbf{A}$ 有兩個相異特徵值 $\lambda_1 = 2$, $\lambda_2 = 1$, 其代數重數分別為 1 與 2。簡單計算得

$$\mathbf{A} - \mathbf{I} = \begin{bmatrix} -1 & 0 & 2 \\ 0 & 0 & 0 \\ -1 & 0 & 2 \end{bmatrix},$$

$$\mathcal{K}er(\mathbf{A} - \mathbf{I}) = \text{span}(\{\mathbf{e}_2, \begin{bmatrix} 2 \\ 0 \\ 1 \end{bmatrix}\})\text{。}$$

因此 $\mathbf{A}$ 可對角化。又因為

$$\mathbf{A} - 2\mathbf{I} = \begin{bmatrix} -2 & 0 & 2 \\ 0 & -1 & 0 \\ -1 & 0 & 1 \end{bmatrix} ,$$

$$\mathcal{K}er(\mathbf{A} - 2\mathbf{I}) = \operatorname{span}(\{ \begin{bmatrix} 1 \\ 0 \\ 1 \end{bmatrix} \}) 。$$

選擇 $\mathbf{Q} = \begin{bmatrix} 0 & 2 & 1 \\ 1 & 0 & 0 \\ 0 & 1 & 1 \end{bmatrix}$, 則不難驗證 $\mathbf{Q}^{-1}\mathbf{A}\mathbf{Q} = \begin{bmatrix} 1 & 0 & 0 \\ 0 & 1 & 0 \\ 0 & 0 & 2 \end{bmatrix}$。

3. 令 $\mathbf{A} = \begin{bmatrix} 2 & 0 & 0 & 0 \\ -1 & 2 & 0 & 2 \\ 0 & 0 & 2 & 1 \\ 0 & 0 & 0 & 2 \end{bmatrix}$, 則 $\chi_{\mathbf{A}}(\lambda) = (\lambda - 2)^4$。所以 $\mathbf{A}$ 有特徵值 $\lambda = 2$,

其代數重數為 4。由計算得

$$\mathbf{A} - 2\mathbf{I} = \begin{bmatrix} 0 & 0 & 0 & 0 \\ -1 & 0 & 0 & 2 \\ 0 & 0 & 0 & 1 \\ 0 & 0 & 0 & 0 \end{bmatrix} ,$$

$$\mathcal{K}er(\mathbf{A} - 2\mathbf{I}) = \operatorname{span}(\{\mathbf{e}_2, \mathbf{e}_3\}) ,$$

$$(\mathbf{A} - 2\mathbf{I})^2 = \begin{bmatrix} 0 & 0 & 0 & 0 \\ 0 & 0 & 0 & 0 \\ 0 & 0 & 0 & 0 \\ 0 & 0 & 0 & 0 \end{bmatrix} ,$$

$$\mathcal{K}er(\mathbf{A} - 2\mathbf{I})^2 = \operatorname{span}(\{\mathbf{e}_1, \mathbf{e}_2, \mathbf{e}_3, \mathbf{e}_4\}) 。$$

故我們選擇 $\mathbf{v}_{11} = \mathbf{e}_4$, $\mathbf{v}_{21} = \mathbf{e}_1$, 則 $(\mathbf{A} - 2\mathbf{I})\mathbf{v}_{11} = \begin{bmatrix} 0 \\ 2 \\ 1 \\ 0 \end{bmatrix}$, $(\mathbf{A} - 2\mathbf{I})\mathbf{v}_{21} =$

$$\begin{bmatrix} 0 \\ -1 \\ 0 \\ 0 \end{bmatrix}。所以令 \mathbf{Q} = \begin{bmatrix} 0 & 0 & 0 & 1 \\ 2 & 0 & -1 & 0 \\ 1 & 0 & 0 & 0 \\ 0 & 1 & 0 & 0 \end{bmatrix}，不難驗證 \mathbf{Q}^{-1}\mathbf{A}\mathbf{Q} =$$

$$\begin{bmatrix} 2 & 1 & 0 & 0 \\ 0 & 2 & 0 & 0 \\ 0 & 0 & 2 & 1 \\ 0 & 0 & 0 & 2 \end{bmatrix}。$$

4. 令 $\mathbf{A} = \begin{bmatrix} -1 & 0 & 0 & 1 & 0 & 0 \\ 1 & -1 & 0 & 0 & 1 & 0 \\ 0 & 0 & -1 & 0 & 0 & 1 \\ 0 & 0 & 0 & -1 & 0 & 0 \\ 0 & 0 & 0 & 0 & -1 & 1 \\ 0 & 0 & 0 & 0 & 0 & -1 \end{bmatrix}$，很明顯地 $\chi_{\mathbf{A}}(\lambda) = (\lambda + 1)^6$。

所以 $\mathbf{A}$ 有特徵值 -1, 其代數重數為 6。簡單計算得

$$\mathbf{A} - (-1)\mathbf{I} = \begin{bmatrix} 0 & 0 & 0 & 1 & 0 & 0 \\ 1 & 0 & 0 & 0 & 1 & 0 \\ 0 & 0 & 0 & 0 & 0 & 1 \\ 0 & 0 & 0 & 0 & 0 & 0 \\ 0 & 0 & 0 & 0 & 0 & 1 \\ 0 & 0 & 0 & 0 & 0 & 0 \end{bmatrix},$$

$$\mathcal{K}er(\mathbf{A} - (-1)\mathbf{I}) = \operatorname{span}(\{ \begin{bmatrix} 1 \\ 0 \\ 0 \\ 0 \\ -1 \\ 0 \end{bmatrix}, \mathbf{e}_2, \mathbf{e}_3 \}),$$

$$(\mathbf{A} - (-1)\mathbf{I})^2 = \begin{bmatrix} 0 & 0 & 0 & 0 & 0 & 0 \\ 0 & 0 & 0 & 1 & 0 & 1 \\ 0 & 0 & 0 & 0 & 0 & 0 \\ 0 & 0 & 0 & 0 & 0 & 0 \\ 0 & 0 & 0 & 0 & 0 & 0 \\ 0 & 0 & 0 & 0 & 0 & 0 \end{bmatrix}。$$

$$\mathcal{K}er(\mathbf{A} - (-1)\mathbf{I})^2 = \text{span}(\{\begin{bmatrix} 1 \\ 0 \\ 0 \\ 0 \\ -1 \\ 0 \end{bmatrix}, \mathbf{e}_2, \mathbf{e}_3, \begin{bmatrix} 0 \\ 0 \\ 0 \\ 1 \\ 0 \\ -1 \end{bmatrix}, \mathbf{e}_5\}),$$

$$(\mathbf{A} - (-1)\mathbf{I})^3 = \begin{bmatrix} 0 & 0 & 0 & 0 & 0 & 0 \\ 0 & 0 & 0 & 0 & 0 & 0 \\ 0 & 0 & 0 & 0 & 0 & 0 \\ 0 & 0 & 0 & 0 & 0 & 0 \\ 0 & 0 & 0 & 0 & 0 & 0 \\ 0 & 0 & 0 & 0 & 0 & 0 \end{bmatrix},$$

$$\mathcal{K}er(\mathbf{A} - (-1)\mathbf{I})^3 = \text{span}(\{\begin{bmatrix} 1 \\ 0 \\ 0 \\ 0 \\ -1 \\ 0 \end{bmatrix}, \mathbf{e}_2, \mathbf{e}_3, \begin{bmatrix} 0 \\ 0 \\ 0 \\ 1 \\ 0 \\ -1 \end{bmatrix}, \mathbf{e}_5, \mathbf{e}_6\}),$$

所以我們選擇 $\mathbf{v}_{11} = \mathbf{e}_6$, $\mathbf{v}_{12} = (\mathbf{A} - (-1)\mathbf{I})\mathbf{v}_{11} = \begin{bmatrix} 0 \\ 0 \\ 1 \\ 0 \\ 1 \\ 0 \end{bmatrix}$, $\mathbf{v}_{13} = (\mathbf{A} - $

$(-1)\mathbf{I})^2\mathbf{v}_{11} = \begin{bmatrix} 0 \\ 1 \\ 0 \\ 0 \\ 0 \\ 0 \end{bmatrix}$。另外選擇 $\mathbf{v}_{21} = \begin{bmatrix} 0 \\ 0 \\ 0 \\ 1 \\ 0 \\ -1 \end{bmatrix}$,

$$\mathbf{v}_{22} = (\mathbf{A} - (-1)\mathbf{I})\mathbf{v}_{21} = \begin{bmatrix} 1 \\ 0 \\ -1 \\ 0 \\ -1 \\ 0 \end{bmatrix}$$。再選擇 $\mathbf{v}_{31} = \mathbf{e}_3$。因此我們可以選

擇 $\mathbf{Q} = \begin{bmatrix} 0 & 0 & 0 & 1 & 0 & 0 \\ 1 & 0 & 0 & 0 & 0 & 0 \\ 0 & 1 & 0 & -1 & 0 & 1 \\ 0 & 0 & 0 & 0 & 1 & 0 \\ 0 & 1 & 0 & -1 & 0 & 0 \\ 0 & 0 & 1 & 0 & -1 & 0 \end{bmatrix}$,

則 $\mathbf{Q}^{-1}\mathbf{A}\mathbf{Q} = \begin{bmatrix} -1 & 1 & 0 & 0 & 0 & 0 \\ 0 & -1 & 1 & 0 & 0 & 0 \\ 0 & 0 & -1 & 0 & 0 & 0 \\ 0 & 0 & 0 & -1 & 1 & 0 \\ 0 & 0 & 0 & 0 & -1 & 0 \\ 0 & 0 & 0 & 0 & 0 & -1 \end{bmatrix}$。

習題 **5.20** (∗∗) 設 $\mathbf{A}$, $\mathbf{B}$ 為同階之方陣。證明 $\mathbf{A}$ 與 $\mathbf{B}$ 相似若且唯若 $\mathbf{A}$ 與 $\mathbf{B}$ 有相同的 Jordan 標準式(除了可能有對角方塊的排列次序不同外)。

解答:

若 $\mathbf{A}$ 和 $\mathbf{B}$ 有相同的 Jordan 標準式 $\mathbf{J}$, 則 $\mathbf{A}$ 和 $\mathbf{B}$ 皆相似於 $\mathbf{J}$, 因此 $\mathbf{A}$, $\mathbf{B}$ 相似。反過來, 若 $\mathbf{A}$, $\mathbf{B}$ 相似, 則根據定理 4.16, $\mathbf{A}$ 和 $\mathbf{B}$ 有相同的特徵值。令 $\mathbf{J_A}$ 是 $\mathbf{A}$ 的 Jordan 標準式, 令 $\mathbf{J_B}$ 是 $\mathbf{B}$ 的 Jordan 標準式; 並假設 $\mathbf{J_A}$ 和 $\mathbf{J_B}$ 有相同的特徵值排列。則 $\mathbf{A}$ 同時相似於 $\mathbf{J_A}$ 和 $\mathbf{J_B}$。再根據定理 3.76, 我們知道 $\mathbf{J_A}$ 和 $\mathbf{J_B}$ 都是 $\mathbf{L_A}$ 的代表矩陣。因此 $\mathbf{J_A}$ 和 $\mathbf{J_B}$ 皆是 $\mathbf{L_A}$ 的 Jordan 標準式。再根據定理 5.38, $\mathbf{J_A} = \mathbf{J_B}$, 故得證。

習題 **5.21** (∗) 利用上題判斷下列各組矩陣是否相似。

1. $\begin{bmatrix} 1 & 1 \\ 0 & 1 \end{bmatrix}$, $\begin{bmatrix} 1 & 0 \\ 0 & 1 \end{bmatrix}$。

2. $\begin{bmatrix} 0 & -1 & -1 \\ 2 & 3 & 1 \\ 1 & 1 & 2 \end{bmatrix}$, $\begin{bmatrix} 4 & \dfrac{1}{2} & 2 \\ 16 & 4 & 12 \\ -6 & -1 & -3 \end{bmatrix}$。

解答:

1. 因爲 $\begin{bmatrix} 1 & 1 \\ 0 & 1 \end{bmatrix}$ 和 $\begin{bmatrix} 1 & 0 \\ 0 & 1 \end{bmatrix}$ 沒有相同的 Jordan標準式, 所以根據習題 5.20,

$\begin{bmatrix} 1 & 1 \\ 0 & 1 \end{bmatrix}$ 和 $\begin{bmatrix} 1 & 0 \\ 0 & 1 \end{bmatrix}$ 不相似。

2. 這兩個矩陣的 Jordan標準式皆爲 $\begin{bmatrix} 2 & 1 & 0 \\ 0 & 2 & 0 \\ 0 & 0 & 1 \end{bmatrix}$, 因此根據習題 5.20, 這兩個

矩陣相似。

習題 **5.22** 考慮微分方程

$$
\begin{bmatrix} \dot{x}_1(t) \\ \dot{x}_2(t) \\ \vdots \\ \dot{x}_{n-1}(t) \\ \dot{x}_n(t) \end{bmatrix} = \begin{bmatrix} \lambda & 1 & 0 & \cdots & 0 & 0 \\ 0 & \lambda & 1 & \cdots & 0 & 0 \\ \vdots & \vdots & \vdots & \ddots & \vdots & \vdots \\ 0 & 0 & 0 & \cdots & \lambda & 1 \\ 0 & 0 & 0 & \cdots & 0 & \lambda \end{bmatrix} \begin{bmatrix} x_1(t) \\ x_2(t) \\ \vdots \\ x_{n-1}(t) \\ x_n(t) \end{bmatrix},
$$

其中初始條件 $x_1(0), x_2(0), \cdots, x_n(0)$ 給定。證明其解爲

$$
\begin{bmatrix} x_1(t) \\ x_2(t) \\ x_3(t) \\ \vdots \\ x_{n-1}(t) \\ x_n(t) \end{bmatrix} = e^{\lambda t} \begin{bmatrix} 1 & t & \frac{t^2}{2!} & \cdots & \frac{t^{n-2}}{(n-2)!} & \frac{t^{n-1}}{(n-1)!} \\ 0 & 1 & t & \cdots & \frac{t^{n-3}}{(n-3)!} & \frac{t^{n-2}}{(n-2)!} \\ 0 & 0 & 1 & \cdots & \frac{t^{n-4}}{(n-4)!} & \frac{t^{n-3}}{(n-3)!} \\ \vdots & \vdots & \vdots & \ddots & \vdots & \vdots \\ 0 & 0 & 0 & \cdots & 1 & t \\ 0 & 0 & 0 & \cdots & 0 & 1 \end{bmatrix} \begin{bmatrix} x_1(0) \\ x_2(0) \\ x_3(0) \\ \vdots \\ x_{n-1}(0) \\ x_n(0) \end{bmatrix} 。
$$

解答: 直接將等式微分得

$$
\begin{bmatrix} \dot{x}_1(t) \\ \dot{x}_2(t) \\ \vdots \\ \dot{x}_{n-1}(t) \\ \dot{x}_n(t) \end{bmatrix} = \lambda e^{\lambda t} \begin{bmatrix} 1 & t & \frac{t^2}{2!} & \cdots & \frac{t^{n-2}}{(n-2)!} & \frac{t^{n-1}}{(n-1)!} \\ 0 & 1 & t & \cdots & \frac{t^{n-3}}{(n-3)!} & \frac{t^{n-2}}{(n-2)!} \\ 0 & 0 & 1 & \cdots & \frac{t^{n-4}}{(n-4)!} & \frac{t^{n-3}}{(n-3)!} \\ \vdots & \vdots & \vdots & \ddots & \vdots & \vdots \\ 0 & 0 & 0 & \cdots & 1 & t \\ 0 & 0 & 0 & \cdots & 0 & 1 \end{bmatrix} \begin{bmatrix} x_1(0) \\ x_2(0) \\ x_3(0) \\ \vdots \\ x_{n-1}(0) \\ x_n(0) \end{bmatrix}
$$

$$+e^{\lambda t}\begin{bmatrix} 0 & 1 & t & \cdots & \frac{t^{n-3}}{(n-3)!} & \frac{t^{n-2}}{(n-2)!} \\ 0 & 0 & 1 & \cdots & \frac{t^{n-4}}{(n-4)!} & \frac{t^{n-3}}{(n-3)!} \\ \vdots & \vdots & \vdots & \vdots & \vdots & \vdots \\ \vdots & \vdots & \vdots & \vdots & \vdots & \vdots \\ 0 & 0 & 0 & \cdots & 0 & 1 \\ 0 & 0 & 0 & \cdots & 0 & 0 \end{bmatrix}\begin{bmatrix} x_1(0) \\ x_2(0) \\ \vdots \\ \vdots \\ x_{n-1}(0) \\ x_n(0) \end{bmatrix}$$

$$= e^{\lambda t}\begin{bmatrix} \lambda & 0 & \cdots & \cdots & 0 \\ 0 & \lambda & \cdots & \cdots & 0 \\ \vdots & \vdots & \ddots & & \vdots \\ \vdots & \vdots & & \ddots & \vdots \\ 0 & 0 & \cdots & \cdots & \lambda \end{bmatrix}$$

$$\begin{bmatrix} 1 & t & \frac{t^2}{2!} & \cdots & \cdots & \frac{t^{n-2}}{(n-2)!} & \frac{t^{n-1}}{(n-1)!} \\ 0 & 1 & t & \cdots & \cdots & \frac{t^{n-3}}{(n-3)!} & \frac{t^{n-2}}{(n-2)!} \\ \vdots & \vdots & \vdots & \ddots & \vdots & \vdots & \vdots \\ \vdots & \vdots & \vdots & & \ddots & \vdots & \vdots \\ 0 & 0 & 0 & \cdots & \cdots & 1 & t \\ 0 & 0 & 0 & \cdots & \cdots & 0 & 1 \end{bmatrix}\begin{bmatrix} x_1(0) \\ x_2(0) \\ \vdots \\ \vdots \\ x_{n-1}(0) \\ x_n(0) \end{bmatrix}$$

$$+e^{\lambda t}\begin{bmatrix} 0 & 1 & 0 & \cdots & \cdots & 0 \\ 0 & 0 & 1 & \cdots & \cdots & 0 \\ 0 & 0 & 0 & \cdots & \cdots & 0 \\ \vdots & \vdots & \ddots & & \vdots & \vdots \\ 0 & 0 & 0 & \ddots & 0 & 1 \\ 0 & 0 & 0 & \cdots & 0 & 0 \end{bmatrix}$$

$$\begin{bmatrix} 1 & t & \frac{t^2}{2!} & \cdots & \cdots & \frac{t^{n-2}}{(n-2)!} & \frac{t^{n-1}}{(n-1)!} \\ 0 & 1 & t & \cdots & \cdots & \frac{t^{n-3}}{(n-3)!} & \frac{t^{n-2}}{(n-2)!} \\ \vdots & \vdots & \vdots & \ddots & \vdots & \vdots & \vdots \\ \vdots & \vdots & \vdots & & \ddots & \vdots & \vdots \\ 0 & 0 & 0 & \cdots & \cdots & 1 & t \\ 0 & 0 & 0 & \cdots & \cdots & 0 & 1 \end{bmatrix}\begin{bmatrix} x_1(0) \\ x_2(0) \\ \vdots \\ \vdots \\ x_{n-1}(0) \\ x_n(0) \end{bmatrix}$$

$$
= e^{\lambda t}
\begin{bmatrix}
\lambda & 1 & 0 & \cdots & \cdots & 0 & 0 \\
0 & \lambda & 1 & \cdots & \cdots & 0 & 0 \\
\vdots & \vdots & \vdots & \ddots & & \vdots & \vdots \\
\vdots & \vdots & \vdots & & \ddots & \vdots & \vdots \\
0 & 0 & 0 & \cdots & \cdots & \lambda & 1 \\
0 & 0 & 0 & \cdots & \cdots & 0 & \lambda
\end{bmatrix}
$$

$$
\begin{bmatrix}
1 & t & \frac{t^2}{2!} & \cdots & \cdots & \frac{t^{n-2}}{(n-2)!} & \frac{t^{n-1}}{(n-1)!} \\
0 & 1 & t & \cdots & \cdots & \frac{t^{n-3}}{(n-3)!} & \frac{t^{n-2}}{(n-2)!} \\
\vdots & \vdots & \vdots & \ddots & & \vdots & \vdots \\
\vdots & \vdots & \vdots & & \ddots & \vdots & \vdots \\
0 & 0 & 0 & \cdots & \cdots & 1 & t \\
0 & 0 & 0 & \cdots & \cdots & 0 & 1
\end{bmatrix}
\begin{bmatrix}
x_1(0) \\ x_2(0) \\ \vdots \\ \vdots \\ x_{n-1}(0) \\ x_n(0)
\end{bmatrix}
$$

$$
=
\begin{bmatrix}
\lambda & 1 & 0 & \cdots & \cdots & 0 & 0 \\
0 & \lambda & 1 & \cdots & \cdots & 0 & 0 \\
\vdots & \vdots & \vdots & \ddots & & \vdots & \vdots \\
\vdots & \vdots & \vdots & & \ddots & \vdots & \vdots \\
0 & 0 & 0 & \cdots & \cdots & \lambda & 1 \\
0 & 0 & 0 & \cdots & \cdots & 0 & \lambda
\end{bmatrix}
\begin{bmatrix}
x_1(t) \\ x_2(t) \\ \vdots \\ \vdots \\ x_{n-1}(t) \\ x_n(t)
\end{bmatrix} \circ
$$

再由微分方程解的唯一性, 我們知道

$$
e^{\lambda t}
\begin{bmatrix}
1 & t & \frac{t^2}{2!} & \cdots & \cdots & \frac{t^{n-2}}{(n-2)!} & \frac{t^{n-1}}{(n-1)!} \\
0 & 1 & t & \cdots & \cdots & \frac{t^{n-3}}{(n-3)!} & \frac{t^{n-2}}{(n-2)!} \\
\vdots & \vdots & \vdots & \ddots & & \vdots & \vdots \\
\vdots & \vdots & \vdots & & \ddots & \vdots & \vdots \\
0 & 0 & 0 & \cdots & \cdots & 1 & t \\
0 & 0 & 0 & \cdots & \cdots & 0 & 1
\end{bmatrix}
\begin{bmatrix}
x_1(0) \\ x_2(0) \\ \vdots \\ \vdots \\ x_{n-1}(0) \\ x_n(0)
\end{bmatrix}
$$

是微分方程的唯一解。

習題 **5.23** (∗) 利用上題, 解下列微分方程:

1.

$$\begin{cases} \dot{x}_1(t) &= -2x_1(t) + x_2(t) \\ \dot{x}_2(t) &= -2x_2(t) + x_3(t) \\ \dot{x}_3(t) &= -2x_3(t) \\ \dot{x}_4(t) &= -3x_4(t) + x_5(t) \\ \dot{x}_5(t) &= -3x_5(t), \end{cases}$$

假設 $x_1(0) = 2$, $x_2(0) = 1$, $x_3(0) = -3$, $x_4(0) = 1$, $x_5(0) = -1$。

2.

$$\begin{cases} \dot{x}_1(t) &= -2x_1(t) + \frac{1}{2}x_2(t) \\ \dot{x}_2(t) &= -2x_2(t) - 3x_3(t) \\ \dot{x}_3(t) &= -2x_3(t), \end{cases}$$

假設 $x_1(0) = 1$, $x_2(0) = -1$, $x_3(0) = 2$。

解答:

1. 原方程式可改寫爲

$$\begin{bmatrix} \dot{x}_1(t) \\ \dot{x}_2(t) \\ \dot{x}_3(t) \end{bmatrix} = \begin{bmatrix} -2 & 1 & 0 \\ 0 & -2 & 1 \\ 0 & 0 & -2 \end{bmatrix} \begin{bmatrix} x_1(t) \\ x_2(t) \\ x_3(t) \end{bmatrix}, \qquad (5.3)$$

以及

$$\begin{bmatrix} \dot{x}_4(t) \\ \dot{x}_5(t) \end{bmatrix} = \begin{bmatrix} -3 & 1 \\ 0 & -3 \end{bmatrix} \begin{bmatrix} x_4(t) \\ x_5(t) \end{bmatrix}。 \qquad (5.4)$$

由習題 5.22, 我們知道方程式 (5.3) 及 (5.4) 的解爲

$$\begin{bmatrix} x_1(t) \\ x_2(t) \\ x_3(t) \end{bmatrix} = e^{-2t} \begin{bmatrix} 1 & t & \frac{t^2}{2!} \\ 0 & 1 & t \\ 0 & 0 & 1 \end{bmatrix} \begin{bmatrix} x_1(0) \\ x_2(0) \\ x_3(0) \end{bmatrix},$$

$$\begin{bmatrix} x_4(t) \\ x_5(t) \end{bmatrix} = e^{-3t} \begin{bmatrix} 1 & t \\ 0 & 1 \end{bmatrix} \begin{bmatrix} x_4(0) \\ x_5(0) \end{bmatrix}。$$

這表示

$$x_1(t) = e^{-2t}(2 + t + \frac{-3}{2}t^2) \,,$$
$$x_2(t) = e^{-2t}(1 - 3t) \,,$$
$$x_3(t) = -3e^{-2t} \,,$$
$$x_4(t) = e^{-3t}(1 - t) \,,$$
$$x_5(t) = -e^{-3t} \text{。}$$

2. 原方程式可改寫為

$$\begin{bmatrix} \dot{x}_1(t) \\ \dot{x}_2(t) \\ \dot{x}_3(t) \end{bmatrix} = \begin{bmatrix} -2 & \frac{1}{2} & 0 \\ 0 & -2 & -3 \\ 0 & 0 & -2 \end{bmatrix} \begin{bmatrix} x_1(t) \\ x_2(t) \\ x_3(t) \end{bmatrix} \text{。} \tag{5.5}$$

利用 $\begin{bmatrix} -2 & \frac{1}{2} & 0 \\ 0 & -2 & -3 \\ 0 & 0 & -2 \end{bmatrix}$ 的 Jordan標準式

$$\mathbf{Q}^{-1} \begin{bmatrix} -2 & \frac{1}{2} & 0 \\ 0 & -2 & -3 \\ 0 & 0 & -2 \end{bmatrix} \mathbf{Q} = \begin{bmatrix} -2 & 1 & 0 \\ 0 & -2 & 1 \\ 0 & 0 & -2 \end{bmatrix} \,,$$

其中 $\mathbf{Q} = \begin{bmatrix} \frac{-3}{2} & 0 & 0 \\ 0 & -3 & 0 \\ 0 & 0 & 1 \end{bmatrix}$。令 $\begin{bmatrix} y_1(t) \\ y_2(t) \\ y_3(t) \end{bmatrix} = \mathbf{Q}^{-1} \begin{bmatrix} x_1(t) \\ x_2(t) \\ x_3(t) \end{bmatrix}$。

將 (5.5)式左乘 $\mathbf{Q}^{-1}$, 則 (5.5)式可轉成

$$\begin{bmatrix} \dot{y}_1(t) \\ \dot{y}_2(t) \\ \dot{y}_3(t) \end{bmatrix} = \begin{bmatrix} -2 & 1 & 0 \\ 0 & -2 & 1 \\ 0 & 0 & -2 \end{bmatrix} \begin{bmatrix} y_1(t) \\ y_2(t) \\ y_3(t) \end{bmatrix} \text{。}$$

由習題 5.22的結果, 我們知道

$$\begin{bmatrix} y_1(t) \\ y_2(t) \\ y_3(t) \end{bmatrix} = e^{-2t} \begin{bmatrix} 1 & t & \frac{t^2}{2} \\ 0 & 1 & t \\ 0 & 0 & 1 \end{bmatrix} \begin{bmatrix} y_1(0) \\ y_2(0) \\ y_3(0) \end{bmatrix}$$

$$= e^{-2t} \begin{bmatrix} 1 & t & \frac{t^2}{2} \\ 0 & 1 & t \\ 0 & 0 & 1 \end{bmatrix} \begin{bmatrix} \frac{-2}{3} \\ \frac{1}{3} \\ 2 \end{bmatrix}$$

$$= e^{-2t} \begin{bmatrix} \frac{-2}{3} + \frac{1}{3}t + t^2 \\ \frac{1}{3} + 2t \\ 2 \end{bmatrix} \text{。}$$

因此

$$\begin{bmatrix} x_1(t) \\ x_2(t) \\ x_3(t) \end{bmatrix} = \mathbf{Q} \begin{bmatrix} y_1(t) \\ y_2(t) \\ y_3(t) \end{bmatrix} = e^{-2t} \begin{bmatrix} 1 - \frac{1}{2}t - \frac{3}{2}t^2 \\ -1 - 6t \\ 2 \end{bmatrix} \text{。}$$

5.6節習題

習題 **5.24** $(**)$ 令$\mathbf{D} : \mathbb{F}[t] \longrightarrow \mathbb{F}[t]$是微分算子。請討論下面問題。

1. 能否算出$\mathbf{D}$之一個零化多項式?

2. $m_{\mathbf{D}}(t)$是否存在?

解答:

1. 假設存在 $\mathbf{D}$的一個零化多項式

$$f(\lambda) = \lambda^n + b_1\lambda^{n-1} + \cdots + b_{n-1}\lambda + b_n \text{。}$$

則

$$f(\mathbf{D}) = \mathbf{D}^n + b_1\mathbf{D}^{n-1} + \cdots + b_{n-1}\mathbf{D} + b_n\mathbf{I} = \mathbf{0} \text{。}$$

但很明顯地 $f(\mathbf{D})t^m \neq 0$, 其中 $m > n + 1$。這違反了 $f(\lambda)$ 是 $\mathbf{D}$ 的零化多項式之假設。因此 $\mathbf{D}$ 沒有零化多項式。

2. 因為 $\mathbf{D}$ 沒有零化多項式, 所以 $m_{\mathbf{D}}(t)$ 不存在。

習題 5.25 (**) 設 $\mathcal{V}$ 是有限維度向量空間, $\mathbf{L} \in \mathcal{L}(\mathcal{V})$。設 $\mathcal{W}$ 是 $\mathcal{V}$ 之 $\mathbf{L}$-不變子空間。證明 $m_{\mathbf{L}|_{\mathcal{W}}}(\lambda)$ 整除 $m_{\mathbf{L}}(\lambda)$。

解答:

設 $m_{\mathbf{L}}(\lambda) = a_k t^k + \cdots + a_1 t + a_0$ 是 $\mathbf{L} \in \mathcal{L}(\mathcal{V})$ 的最小多項式。則對所有的 $\mathbf{v} \in \mathcal{V}$, $m_{\mathbf{L}}(\mathbf{L})\mathbf{v} = (a_k \mathbf{L}^k + \cdots + a_1 \mathbf{L} + a_0 \mathbf{I})\mathbf{v} = \mathbf{0}$。因為 $\mathcal{W}$ 是 $\mathbf{L}$ 的一個不變子空間, 所以對任意的 $\mathbf{w} \in \mathcal{W}$, $m_{\mathbf{L}}(\mathbf{L})\mathbf{w} = \mathbf{0}$, 因此 $m_{\mathbf{L}}(\lambda)$ 是 $\mathbf{L}|_{\mathcal{W}}$ 上的一個零化多項式。則由定理 5.42, $m_{\mathbf{L}}|_{\mathcal{W}}(\lambda)$ 整除 $m_{\mathbf{L}}(\lambda)$。

習題 5.26 (**) 證明定理 5.49。

解答:

由定理 5.38 及 5.39, 我們只需證明矩陣 $\mathbf{A}$ 是 Jordan 標準式的情況即可。令

$$\mathbf{A} = \begin{bmatrix} \mathbf{J}_{n_1}(\overline{\lambda_1}) & & & 0 \\ & \mathbf{J}_{n_2}(\overline{\lambda_2}) & & \\ & & \ddots & \\ 0 & & & \mathbf{J}_{n_m}(\overline{\lambda_m}) \end{bmatrix}_{n \times n}$$

是一個 Jordan 矩陣, $\overline{\lambda_1}, \cdots, \overline{\lambda_m}$ 不一定相異, 而 $n_1 + n_2 + \cdots + n_m = n$。再令 $\lambda_1 \cdots \lambda_k \in \{\overline{\lambda_1}, \cdots, \overline{\lambda_m}\}$ 是 $\mathbf{A}$ 相異的特徵值。由推論 5.47, 我們知道 $\mathbf{A}$ 的最小多項式必有下列型式:

$$(\lambda - \lambda_1)^{l_1} \cdots (\lambda - \lambda_k)^{l_k}, \tag{5.6}$$

其中 l_i 為正整數, 滿足 $1 \leq l_i \leq a_i$, a_i 為 λ_i 之代數重數。令

$$f(\lambda) = (\lambda - \lambda_1)^{p_1}(\lambda - \lambda_2)^{p_2} \cdots (\lambda - \lambda_k)^{p_k},$$

其中 p_i 是 $\mathbf{A}$ 對應 λ_i 之最大 Jordan 方塊之階數。則由定理 5.37 的第一個性質以及習題 5.18, $f(\mathbf{A}) = 0$, 但對任意型如 (5.6) 但階數小於 $f(\lambda)$ 的多項式 $g(\lambda)$, $g(\mathbf{A}) \neq 0$, 所以 $f(\lambda)$ 即為 $\mathbf{A}$ 的最小多項式。

習題 **5.27** (∗) 求5.5節習題5.19各矩陣之最小多項式。

解答:

1. 因爲矩陣 $\begin{bmatrix} -2 & \frac{1}{2} & 0 \\ 0 & -2 & -3 \\ 0 & 0 & -2 \end{bmatrix}$ 可以化爲 Jordan標準式 $\begin{bmatrix} -2 & 1 & 0 \\ 0 & -2 & 1 \\ 0 & 0 & -2 \end{bmatrix}$,

   所以根據定理 5.49, 其最小多項式爲 $(\lambda+2)^3$。

2. 因爲矩陣 $\begin{bmatrix} 0 & 0 & 2 \\ 0 & 1 & 0 \\ -1 & 0 & 3 \end{bmatrix}$ 可對角化, 所以根據推論 5.51, 其最小多項式爲其

   特徵多項式 $(\lambda-1)(\lambda-2)$。

3. 因爲矩陣 $\begin{bmatrix} 2 & 0 & 0 & 0 \\ -1 & 2 & 0 & 2 \\ 0 & 0 & 2 & 1 \\ 0 & 0 & 0 & 2 \end{bmatrix}$ 可以化爲 Jordan標準式 $\begin{bmatrix} 2 & 1 & 0 & 0 \\ 0 & 2 & 0 & 0 \\ 0 & 0 & 2 & 1 \\ 0 & 0 & 0 & 2 \end{bmatrix}$, 所

   以根據定理 5.49, 其最小多項式爲 $(\lambda-2)^2$。

4. 因爲矩陣 $\begin{bmatrix} -1 & 0 & 0 & 1 & 0 & 0 \\ 1 & -1 & 0 & 0 & 1 & 0 \\ 0 & 0 & -1 & 0 & 0 & 1 \\ 0 & 0 & 0 & -1 & 0 & 0 \\ 0 & 0 & 0 & 0 & -1 & 1 \\ 0 & 0 & 0 & 0 & 0 & -1 \end{bmatrix}$ 可以化爲 Jordan 標準式

   $\begin{bmatrix} -1 & 1 & 0 & 0 & 0 & 0 \\ 0 & -1 & 1 & 0 & 0 & 0 \\ 0 & 0 & -1 & 0 & 0 & 0 \\ 0 & 0 & 0 & -1 & 1 & 0 \\ 0 & 0 & 0 & 0 & -1 & 0 \\ 0 & 0 & 0 & 0 & 0 & -1 \end{bmatrix}$, 所以根據定理 5.49, 其最小多項式爲 $(\lambda$

   $+1)^3$。

習題 **5.28** (∗) 求(5.1)式矩陣之最小多項式。

解答:

令 $\mathbf{A} = \begin{bmatrix} b_{k-1} & 1 & 0 & \cdots & 0 \\ b_{k-2} & 0 & 1 & \cdots & 0 \\ \vdots & \vdots & \vdots & \ddots & \vdots \\ b_1 & 0 & 0 & \cdots & 1 \\ b_0 & 0 & 0 & \cdots & 0 \end{bmatrix}$ 是定義在 (5.1)式的矩陣。很明顯地 $\{\mathbf{A}^{k-1}\mathbf{e}_{k-1},$

$\cdots, \mathbf{Ae}_{k-1}, \mathbf{e}_{k-1}\}$ 是 $\mathbb{R}^k = C_{\mathbf{L_A}}(\mathbf{e}_{k-1})$ 之循環基底。在習題 5.4中, 我們已知矩陣 $\mathbf{A}$的特徵多項式為 $\chi_{\mathbf{A}}(\lambda) = \lambda^k - b_{k-1}\lambda^{k-1} - \cdots - b_1\lambda - b_0$。我們只需證明任意小於 k階之多項式都不可能是 $\mathbf{A}$的零化多項式即可。我們利用反證法。令 $f(\lambda) = a_m t^m + a_{m-1}t^{m-1} + \cdots + a_0$ 是任意小於 k階的零化多項式, 即 $m < k, a_m \neq 0$。這表示 $f(\mathbf{A})(\mathbf{e}_{k-1}) = a_m \mathbf{A}^m\mathbf{e}_{k-1} + \cdots + a_0\mathbf{e}_{k-1}$。但 $\{\mathbf{A}^m\mathbf{e}_{k-1}, \mathbf{A}^{m-1}\mathbf{e}_{k-1}, \cdots, \mathbf{e}_{k-1}\}$是線性獨立子集, 且 $a_m \neq 0$, 這表示 $f(\mathbf{A})(\mathbf{e}_{k-1}) \neq 0$。而這結果違反了 $f(\lambda)$是 $\mathbf{A}$一個小於k階的零化多項式。因此由反證法, 我們知道不可能存在一個小於 k階的零化多項式。所以由 Cayley $-$ Hamilton定理我們知道 $\chi_{\mathbf{A}}(\lambda) = \lambda^k - b_{-1}\lambda^{k-1} - \cdots - b_1\lambda - b_0$ 即為 $\mathbf{A}$的最小多項式。

習題 5.29 (**) 設 $\mathcal{V}$是有限維度向量空間, $\mathbf{L} \in \mathcal{L}(\mathcal{V})$。若 $\mathcal{V}$是其自身一個 $\mathbf{L}$-循環子空間, 證明$\chi_{\mathbf{L}}(\lambda) = m_{\mathbf{L}}(\lambda)$。(提示: 利用上題與5.2節習題5.4)

解答:

設 $\mathcal{V}$是其自身一個 $\mathbf{L}$-循環子空間, 並令 $\dim\mathcal{V} = k$, 則根據定義, 存在一個非零向量 $\mathbf{v} \in \mathcal{V}$, 使得 $\mathcal{B} = \{\mathbf{v}, \mathbf{Lv}, \cdots, \mathbf{L}^{k-2}\mathbf{v}, \mathbf{L}^{k-1}\mathbf{v}\}$ 是$\mathcal{V}$的有序循環基底。若令$\mathbf{L}^k\mathbf{v} =$

$b_{k-1}\mathbf{L}^{k-1}\mathbf{v} + b_{k-2}\mathbf{L}^{k-2}\mathbf{v} + \cdots + b_1\mathbf{Lv} + b_0\mathbf{v}$, 則 $[\mathbf{L}]_{\mathcal{B}} = \begin{bmatrix} b_{k-1} & 1 & 0 & \cdots & 0 \\ b_{k-2} & 0 & 1 & \cdots & 0 \\ \vdots & \vdots & \vdots & \ddots & \vdots \\ b_1 & 0 & 0 & \cdots & 1 \\ b_0 & 0 & 0 & \cdots & 0 \end{bmatrix}$。

由習題 5.28我們知道 $[\mathbf{L}]_{\mathcal{B}}$的最小多項式即為 $[\mathbf{L}]_{\mathcal{B}}$ 的特徵多項式。再由定理 5.49, 我們知道 $[\mathbf{L}]_{\mathcal{B}}$的最小多項式亦為 $\mathbf{L}$的最小多項式, 故我們有 $\chi_{\mathbf{L}}(\lambda) = m_{\mathbf{L}}(\lambda)$。

第 6 章

內積空間

6.2節習題

習題 **6.1** (**) 試完成定理6.6之證明。
解答：

2. $\langle \mathbf{x}, c\mathbf{y} \rangle = \overline{\langle c\mathbf{y}, \mathbf{x} \rangle} = \overline{\overline{c}\langle \mathbf{y}, \mathbf{x} \rangle} = \overline{\overline{c}}\,\overline{\langle \mathbf{y}, \mathbf{x} \rangle} = \overline{c}\langle \mathbf{x}, \mathbf{y} \rangle$。

3. 很明顯地, 若$\mathbf{x} = 0$, 則$\langle \mathbf{x}, \mathbf{x} \rangle = 0$。反過來, 若$\langle \mathbf{x}, \mathbf{x} \rangle = 0$, 則因爲當$\mathbf{x} \neq 0$時, $\langle \mathbf{x}, \mathbf{x} \rangle > 0$, 故$\mathbf{x} = 0$。

4. $\langle \mathbf{0}, \mathbf{y} \rangle = \langle 0 \cdot \mathbf{0}, \mathbf{y} \rangle = 0\langle \mathbf{0}, \mathbf{y} \rangle = 0$。並且$\langle \mathbf{x}, \mathbf{0} \rangle = \langle \mathbf{x}, 0 \cdot \mathbf{0} \rangle = \overline{0}\langle \mathbf{x}, \mathbf{0} \rangle = 0\langle \mathbf{x}, \mathbf{0} \rangle = 0$。

5. 設對所有$\mathbf{x}$, $\langle \mathbf{x}, \mathbf{y} \rangle = \langle \mathbf{x}, \mathbf{z} \rangle$, 則$\langle \mathbf{x}, \mathbf{y} \rangle - \langle \mathbf{x}, \mathbf{z} \rangle = \langle \mathbf{x}, \mathbf{y} - \mathbf{z} \rangle = 0$。特別地, 取$\mathbf{x} = \mathbf{y} - \mathbf{z}$得$\langle \mathbf{y} - \mathbf{z}, \mathbf{y} - \mathbf{z} \rangle = 0$。故由第3小題我們知道$\mathbf{y} - \mathbf{z} = \mathbf{0}$, 因此$\mathbf{y} = \mathbf{z}$。

習題 **6.2** (**) 試完成定理6.10第3部分的證明。
解答：
令$c \in \mathbb{F}$, $\mathbf{x} \in \mathcal{V}$。直接由計算, 我們可以得到 $\|c\mathbf{x}\|^2 = \langle c\mathbf{x}, c\mathbf{x} \rangle = c\overline{c}\langle \mathbf{x}, \mathbf{x} \rangle = |c|^2\langle \mathbf{x}, \mathbf{x} \rangle = |c|^2\|\mathbf{x}\|^2$, 所以$\|c\mathbf{x}\| = |c|\|\mathbf{x}\|$。

習題 **6.3** (∗∗) 試完成定理6.21的證明。

解答：

對所有$\mathbf{x}, \mathbf{y}, \mathbf{z} \in \mathcal{V}$, $c \in \mathbb{F}$, 直接由計算, 我們可以得到:

1.

$$
\begin{aligned}
& \langle \mathbf{x} + \mathbf{y}, \mathbf{z} \rangle \\
= \ & ([\mathbf{z}]_{\mathcal{B}})^* \mathbf{A}([\mathbf{x} + \mathbf{y}]_{\mathcal{B}}) = ([\mathbf{z}]_{\mathcal{B}})^* \mathbf{A}([\mathbf{x}]_{\mathcal{B}} + [\mathbf{y}]_{\mathcal{B}}) \\
= \ & ([\mathbf{z}]_{\mathcal{B}})^* \mathbf{A}[\mathbf{x}]_{\mathcal{B}} + ([\mathbf{z}]_{\mathcal{B}})^* \mathbf{A}[\mathbf{y}]_{\mathcal{B}}) = \langle \mathbf{x}, \mathbf{z} \rangle + \langle \mathbf{y}, \mathbf{z} \rangle \text{。}
\end{aligned}
$$

2.

$$
\begin{aligned}
\langle c\mathbf{x}, \mathbf{y} \rangle & = ([\mathbf{y}]_{\mathcal{B}})^* \mathbf{A}[c\mathbf{x}]_{\mathcal{B}} = ([\mathbf{y}]_{\mathcal{B}})^* \mathbf{A}(c[\mathbf{x}]_{\mathcal{B}}) \\
& = c([\mathbf{y}]_{\mathcal{B}})^* \mathbf{A}[\mathbf{x}]_{\mathcal{B}} = c\langle \mathbf{x}, \mathbf{y} \rangle \text{。}
\end{aligned}
$$

3.

$$
\begin{aligned}
\langle \mathbf{x}, \mathbf{y} \rangle & = [\mathbf{y}]_{\mathcal{B}}^* \mathbf{A}[\mathbf{x}]_{\mathcal{B}} = \overline{[\mathbf{x}]_{\mathcal{B}}^* \mathbf{A}^* [\mathbf{y}]_{\mathcal{B}}} \\
& = \overline{[\mathbf{x}]_{\mathcal{B}}^* \mathbf{A}[\mathbf{y}]_{\mathcal{B}}} = \overline{\langle \mathbf{y}, \mathbf{x} \rangle} \text{。}
\end{aligned}
$$

4. 若 $\mathbf{x} \neq \mathbf{0}$, 則 $\langle \mathbf{x}, \mathbf{x} \rangle = [\mathbf{x}]_{\mathcal{B}}^* \mathbf{A}[\mathbf{x}]_{\mathcal{B}}$, 因為 $\mathbf{A}^* = \mathbf{A}$, 故 $\langle \mathbf{x}, \mathbf{x} \rangle > 0$。

習題 **6.4** (∗) 在$C[0,1]$中, 定義內積函數如例6.5。令 $f(t) = e^t$, $g(t) = 2t \in C[0, 1]$, 試計算$\langle f, g \rangle$, $\|f\|$, $\|g\|$以及$\|f + g\|$, 並驗證Cauchy-Schwarz不等式。

解答：

直接由計算, 我們可以得到 $\langle f, g \rangle = \int_0^1 2te^t dt = 2\int_0^1 te^t dt = 2$, $\|f\| = \sqrt{\langle f, f \rangle} = \sqrt{\int_0^1 e^{2t} dt} = \sqrt{\frac{1}{2}(e^2 - 1)}$, $\|g\| = \sqrt{\langle g, g \rangle} = \sqrt{\int_0^1 4t^2 dt} = \sqrt{\frac{4}{3}}$, $\|f + g\| = \sqrt{\langle f + g, f + g \rangle} = \sqrt{\langle f, f \rangle + \langle f, g \rangle + \langle g, f \rangle + \langle g, g \rangle} = \sqrt{\frac{1}{2}(e^2 - 1) + 2 + 2 + \frac{4}{3}} = \sqrt{\frac{e^2}{2} + \frac{29}{6}}$。很明顯地, $|\langle f, g \rangle| = 2 \le \sqrt{\frac{1}{2}(e^2 - 1) \cdot \frac{4}{3}}$, 這結果滿足Cauchy-Schwarz不等式。

習題 **6.5** $(**)$ 令 $\mathcal{V} = \mathbb{C}^{3 \times 3}$。我們考慮 $\mathcal{V}$ 的標準內積。令

$$\mathbf{A} = \begin{bmatrix} 1+i & 3 \\ 2 & 1-i \end{bmatrix}, \mathbf{B} = \begin{bmatrix} 2 & 4 \\ 1 & 3 \end{bmatrix},$$

試計算 $\langle \mathbf{A}, \mathbf{B} \rangle$, $\|\mathbf{A}\|$, $\|\mathbf{B}\|$。

解答：

$$\langle \mathbf{A}, \mathbf{B} \rangle = \mathrm{tr}(\mathbf{B}^* \mathbf{A}) = \mathrm{tr}(\begin{bmatrix} 2 & 1 \\ 4 & 3 \end{bmatrix} \begin{bmatrix} 1+i & 3 \\ 2 & 1-i \end{bmatrix})$$

$$= \mathrm{tr}(\begin{bmatrix} 4+2i & 7-i \\ 10+4i & 15-3i \end{bmatrix}) = 19 - i,$$

$$\|\mathbf{A}\| = \sqrt{\langle \mathbf{A}, \mathbf{A} \rangle} = \sqrt{\mathrm{tr}(\mathbf{A}^* \mathbf{A})} = \sqrt{\mathrm{tr}(\begin{bmatrix} 6 & 5-5i \\ 5+5i & 11 \end{bmatrix})} = \sqrt{17},$$

$$\|\mathbf{B}\| = \sqrt{\langle \mathbf{B}, \mathbf{B} \rangle} = \sqrt{\mathrm{tr}(\mathbf{B}^* \mathbf{B})} = \sqrt{\mathrm{tr}(\begin{bmatrix} 5 & 11 \\ 11 & 25 \end{bmatrix})} = \sqrt{30}。$$

習題 **6.6** $(*)$ 令 $\mathcal{V}$ 是內積空間，試證明對所有 $\mathbf{x}, \mathbf{y} \in \mathcal{V}$, $\|\mathbf{x} + \mathbf{y}\|^2 + \|\mathbf{x} - \mathbf{y}\|^2 = 2\|\mathbf{x}\|^2 + 2\|\mathbf{y}\|^2$。

解答：

對所有 $\mathbf{x}, \mathbf{y} \in \mathcal{V}$, 由計算可得

$$\begin{aligned} & \|\mathbf{x} + \mathbf{y}\|^2 + \|\mathbf{x} - \mathbf{y}\|^2 \\ = \ & \langle \mathbf{x} + \mathbf{y}, \mathbf{x} + \mathbf{y} \rangle + \langle \mathbf{x} - \mathbf{y}, \mathbf{x} - \mathbf{y} \rangle \\ = \ & \langle \mathbf{x}, \mathbf{x} \rangle + \langle \mathbf{x}, \mathbf{y} \rangle + \langle \mathbf{y}, \mathbf{x} \rangle + \langle \mathbf{y}, \mathbf{y} \rangle + \langle \mathbf{x}, \mathbf{x} \rangle - \langle \mathbf{x}, \mathbf{y} \rangle \\ & - \ \langle \mathbf{y}, \mathbf{x} \rangle + \langle \mathbf{y}, \mathbf{y} \rangle \\ = \ & 2\langle \mathbf{x}, \mathbf{x} \rangle + 2\langle \mathbf{y}, \mathbf{y} \rangle \\ = \ & 2\|\mathbf{x}\|^2 + 2\|\mathbf{y}\|^2。 \end{aligned}$$

習題 **6.7** (**) 令$\mathcal{V}$是內積空間。證明以下性質。

1. 若$\mathcal{V}$佈於$\mathbb{R}$, 則對所有$\mathbf{x}, \mathbf{y} \in \mathcal{V}$,

$$\langle \mathbf{x}, \mathbf{y} \rangle = \frac{1}{4}\|\mathbf{x}+\mathbf{y}\|^2 - \frac{1}{4}\|\mathbf{x}-\mathbf{y}\|^2,$$

2. 若$\mathcal{V}$佈於$\mathbb{C}$, 則對所有$\mathbf{x}, \mathbf{y} \in \mathcal{V}$,

$$\langle \mathbf{x}, \mathbf{y} \rangle = \frac{1}{4}\sum_{k=1}^{4} i^k \|\mathbf{x}+i^k\mathbf{y}\|^2。$$

解答：

1. 設$\mathcal{V}$佈於$\mathbb{R}$, 則對所有$\mathbf{x}, \mathbf{y} \in \mathcal{V}$

$$
\begin{aligned}
&\frac{1}{4}\|\mathbf{x}+\mathbf{y}\|^2 - \frac{1}{4}\|\mathbf{x}-\mathbf{y}\|^2 \\
=& \frac{1}{4}\langle \mathbf{x}+\mathbf{y}, \mathbf{x}+\mathbf{y}\rangle - \frac{1}{4}\langle \mathbf{x}-\mathbf{y}, \mathbf{x}-\mathbf{y}\rangle \\
=& \frac{1}{4}((\langle \mathbf{x}, \mathbf{x}\rangle + \langle \mathbf{x}, \mathbf{y}\rangle + \langle \mathbf{y}, \mathbf{x}\rangle + \langle \mathbf{y}, \mathbf{y}\rangle) \\
& - (\langle \mathbf{x}, \mathbf{x}\rangle - \langle \mathbf{x}, \mathbf{y}\rangle - \langle \mathbf{y}, \mathbf{x}\rangle + \langle \mathbf{y}, \mathbf{y}\rangle)) \\
=& \langle \mathbf{x}, \mathbf{y}\rangle。
\end{aligned}
$$

2.

$$
\begin{aligned}
& i\|\mathbf{x}+i\mathbf{y}\|^2 + i^2\|\mathbf{x}+i^2\mathbf{y}\|^2 + i^3\|\mathbf{x}+i^3\mathbf{y}\|^2 \\
+\ & i^4\|\mathbf{x}+i^4\mathbf{y}\|^2 \\
=\ & i\langle \mathbf{x}+i\mathbf{y}, \mathbf{x}+i\mathbf{y}\rangle + (-1)\langle \mathbf{x}-\mathbf{y}, \mathbf{x}-\mathbf{y}\rangle \\
& - i\langle \mathbf{x}-i\mathbf{y}, \mathbf{x}-i\mathbf{y}\rangle + \langle \mathbf{x}+\mathbf{y}, \mathbf{x}+\mathbf{y}\rangle \\
=\ & 4\langle \mathbf{x}, \mathbf{y}\rangle,
\end{aligned}
$$

所以

$$\langle \mathbf{x}, \mathbf{y} \rangle = \frac{1}{4}\sum_{k=1}^{4} i^k \|\mathbf{x}+i^k\mathbf{y}\|^2。$$

習題 **6.8** (∗ ∗ ∗) 令$\mathcal{V}$是內積空間, $\mathbf{L} \in \mathcal{L}(\mathcal{V})$。若對所有$\mathbf{x} \in \mathcal{V}$, $||\mathbf{Lx}|| = ||\mathbf{x}||$, 試證L是單射。

解答：

設對所有$\mathbf{x} \in \mathcal{V}$, $||\mathbf{Lx}|| = ||\mathbf{x}||$, 則$||\mathbf{Lx}||^2 = ||\mathbf{x}||^2$, 故 $\langle \mathbf{Lx}, \mathbf{Lx} \rangle = \langle \mathbf{x}, \mathbf{x} \rangle$。這表示若$\mathbf{y} \in Ker\mathbf{L}$, 則$0 = \langle \mathbf{Ly}, \mathbf{Ly} \rangle = \langle \mathbf{y}, \mathbf{y} \rangle$。因此$\mathbf{y} = \mathbf{0}$, 這表示L是單射。

習題 **6.9** (∗∗) 令$\mathcal{V} = C[0, 2\pi]$, 並對所有$f, g \in \mathcal{V}$定義$\mathcal{V}$上的內積函數爲$\langle f, g \rangle = \int_0^{2\pi} f(t)g(t)dt$, 試利用Cauchy − Schwarz不等式找到$\int_0^{2\pi} \sqrt{t \sin t}dt$的下限。

解答：

由 Cauchy-Schwarz不等式我們知道

$$|\int_0^{2\pi} \sqrt{t \sin t}dt| \leq \sqrt{\int_0^{2\pi} tdt}\sqrt{\int_0^{2\pi} \sin tdt} = 2\pi \cdot 1,$$

所以 $-2\pi \leq \int_0^{2\pi} \sqrt{t \sin t}dt \leq 2\pi$。

習題 **6.10** 令$\mathcal{V}$是佈於$\mathbb{R}$的向量空間, $\mathcal{W}$是佈於$\mathbb{R}$的內積空間。若 $\mathbf{L} \in \mathcal{L}(\mathcal{V}, \mathcal{W})$, 試證明$f(\mathbf{x}, \mathbf{y}) \triangleq \langle \mathbf{Lx}, \mathbf{Ly} \rangle$是$\mathcal{V}$的內積函數若且唯若L是單射。

解答：

設$f(\mathbf{x}, \mathbf{y}) \triangleq \langle \mathbf{Lx}, \mathbf{Ly} \rangle$ 是$\mathcal{V}$的內積函數, 令$\mathbf{z} \in Ker\mathbf{L}$, 則$f(\mathbf{z}, \mathbf{z}) = \langle \mathbf{Lz}, \mathbf{Lz} \rangle = 0$。因爲$f$是$\mathcal{V}$的內積函數, 所以$\mathbf{z} = \mathbf{0}$, 這表示L是單射。反過來, 我們假設L是單射, 則對所有的$\mathbf{x}, \mathbf{y}, \mathbf{z} \in \mathcal{V}$

1.

$$f(\mathbf{x} + \mathbf{y}, \mathbf{z}) = \langle \mathbf{L}(\mathbf{x} + \mathbf{y}), \mathbf{Lz} \rangle$$
$$= \langle \mathbf{Lx} + \mathbf{Ly}, \mathbf{Lz} \rangle = \langle \mathbf{Lx}, \mathbf{Lz} \rangle + \langle \mathbf{Ly}, \mathbf{Lz} \rangle$$
$$= f(\mathbf{x}, \mathbf{z}) + f(\mathbf{y}, \mathbf{z})。$$

2. 直接用計算可得,

$$f(c\mathbf{x}, \mathbf{y}) = \langle \mathbf{L}(c\mathbf{x}), \mathbf{Ly} \rangle = \langle c\mathbf{Lx}, \mathbf{Ly} \rangle$$
$$= c\langle \mathbf{Lx}, \mathbf{Ly} \rangle = cf(\mathbf{x}, \mathbf{y})。$$

3. $f(\mathbf{x}, \mathbf{y}) = \langle \mathbf{Lx}, \mathbf{Ly} \rangle = \overline{\langle \mathbf{Ly}, \mathbf{Lx} \rangle} = \overline{f(\mathbf{y}, \mathbf{x})}$。

4. 若 $\mathbf{x} \neq \mathbf{0}$, 則 $f(\mathbf{x}, \mathbf{x}) = \langle \mathbf{Lx}, \mathbf{Lx} \rangle$, 因爲$\mathbf{L}$是單射, 因此$\mathbf{Lx} \neq \mathbf{0}$, 所以$f(\mathbf{x}, \mathbf{x})$ > 0。

由以上討論我們可以得到f是$\mathcal{V}$的内積函數。

6.3節習題

習題 **6.11** $(**)$ 證明定理6.24。

解答 :

設$\{\mathbf{u}_1, \cdots \mathbf{u}_n\}$是$(\mathbb{C}^n, \mathbb{C})$ 上之一組正則基底, 令$\mathbf{U} = [\mathbf{u}_1, \cdots \mathbf{u}_n]$, 則$\mathbf{U}^*\mathbf{U} = [a_{ij}]$, 其中

$$a_{ij} = \mathbf{u}_i^*\mathbf{u}_j = \begin{cases} 1 & i = j, \\ 0 & i \neq j。 \end{cases}$$

所以$\mathbf{U}^*\mathbf{U} = \mathbf{I}$, 這也表示$\det(\mathbf{U}^*\mathbf{U}) \neq 0$, 根據第一章的定理1.79, 我們知道$\det(\mathbf{U}\mathbf{U}^*)$ $\neq 0$, 故$\mathbf{U}\mathbf{U}^*$可逆。又因爲$(\mathbf{U}\mathbf{U}^*)(\mathbf{U}\mathbf{U}^*) = \mathbf{U}(\mathbf{U}^*\mathbf{U})\mathbf{U}^* = \mathbf{U}\mathbf{U}^*$, 兩邊同乘$(\mathbf{U}\mathbf{U}^*)^{-1}$, 得到$\mathbf{U}\mathbf{U}^* = \mathbf{I}$。故$\mathbf{U}^*\mathbf{U} = \mathbf{U}\mathbf{U}^* = \mathbf{I}$, 所以$\mathbf{U}^* = \mathbf{U}^{-1}$。

反過來, 若$\mathbf{U}^* = \mathbf{U}^{-1}$, 則$\mathbf{U}^*\mathbf{U} = \mathbf{I}$。令$\mathbf{U} = [\mathbf{u}_1, \cdots \mathbf{u}_n]$, 則$\mathbf{U}^*\mathbf{U} = \mathbf{I}$表示

$$\mathbf{u}_i^*\mathbf{u}_j = \begin{cases} 1 & 若 i = j, \\ 0 & 若 i \neq j, \end{cases}$$

故$\{\mathbf{u}_1, \cdots \mathbf{u}_n\}$是$\mathbb{C}^n$的一組正則基底。

習題 **6.12** $(*)$ 令$\mathcal{V} = C[0,1]$, 我們定義$\mathcal{V}$上的内積函數爲$\langle f, g \rangle = \int_0^1 f(t) \ g(t) dt$。令$\mathcal{W} = \text{span}(\{1, t, t^2\})$, 試求$\mathcal{W}$的一組正則基底。

解答 :

我們利用Gram-Schmidt正交化程序求出$\mathcal{W}$的正則基底。

$$\mathbf{u}_1 = \frac{1}{||1||} = \frac{1}{\int_0^1 1dt} = 1,$$

$$\mathbf{u}_2 = \frac{t - (\int_0^1 t dt)1}{||t - (\int_0^1 t dt)1||} = \frac{t - \frac{1}{2}}{||t - \frac{1}{2}||} = 2\sqrt{3}(t - \frac{1}{2}),$$

$$\mathbf{u}_3 = \frac{t^2 - (\int_0^1 t^2 \cdot 1 dt)1 - (\int_0^1 t^2 \cdot 2\sqrt{3}(t - \frac{1}{2}dt))2\sqrt{3}(t - \frac{1}{2})}{||t^2 - (\int_0^1 t^2 \cdot 1 dt)1 - (\int_0^1 t^2 \cdot 2\sqrt{3}(t - \frac{1}{2}dt))2\sqrt{3}(t - \frac{1}{2})||}$$
$$= \sqrt{180}(t^2 - t + \frac{1}{6})。$$

習題 6.13 (**) 令$\mathcal{V} = \mathbb{R}^{2\times 2}$, $\mathcal{W} = \text{span}(\{\begin{bmatrix} 0 & 0 \\ 1 & 0 \end{bmatrix}, \frac{1}{\sqrt{2}}\begin{bmatrix} 1 & 1 \\ 0 & 0 \end{bmatrix}\})$。若$\mathbf{A} = \begin{bmatrix} 1 & 2 \\ 3 & 4 \end{bmatrix}$, 試求$\mathbf{P}_\mathcal{W}(\mathbf{A})$。

解答:

很明顯地, $(\{\begin{bmatrix} 0 & 0 \\ 1 & 0 \end{bmatrix}, \frac{1}{\sqrt{2}}\begin{bmatrix} 1 & 1 \\ 0 & 0 \end{bmatrix}\})$ 是$\mathcal{W}$的一組正則基底, 所以

$$\mathbf{P}_\mathcal{W}(\mathbf{A})$$
$$= \langle \mathbf{A}, \begin{bmatrix} 0 & 0 \\ 1 & 0 \end{bmatrix}\rangle \begin{bmatrix} 0 & 0 \\ 1 & 0 \end{bmatrix} + \langle \mathbf{A}, \frac{1}{\sqrt{2}}\begin{bmatrix} 1 & 1 \\ 0 & 0 \end{bmatrix}\rangle \frac{1}{\sqrt{2}}\begin{bmatrix} 1 & 1 \\ 0 & 0 \end{bmatrix}$$
$$= (\text{tr}\begin{bmatrix} 0 & 1 \\ 0 & 0 \end{bmatrix}\begin{bmatrix} 1 & 2 \\ 3 & 4 \end{bmatrix})\begin{bmatrix} 0 & 0 \\ 1 & 0 \end{bmatrix}$$
$$+ (\text{tr}\frac{1}{\sqrt{2}}\begin{bmatrix} 1 & 0 \\ 1 & 0 \end{bmatrix}\begin{bmatrix} 1 & 2 \\ 3 & 4 \end{bmatrix})\frac{1}{\sqrt{2}}\begin{bmatrix} 1 & 1 \\ 0 & 0 \end{bmatrix}$$
$$= 3\begin{bmatrix} 0 & 0 \\ 1 & 0 \end{bmatrix} + \frac{3}{2}\begin{bmatrix} 1 & 1 \\ 0 & 0 \end{bmatrix}$$
$$= \begin{bmatrix} \frac{3}{2} & \frac{3}{2} \\ 3 & 0 \end{bmatrix}。$$

習題 6.14 (**) 令$\mathcal{V} = \mathbb{R}^{2\times 2}$, 並考慮$\mathcal{V}$的正則基底。

 1. 試找到一個與$\begin{bmatrix} 1 & 0 \\ 0 & 1 \end{bmatrix}$正交的非零矩陣。

2. 利用 Gram $-$ Schmidt 正交化程序, 將 V 的基底 $\left\{ \begin{bmatrix} 1 & 1 \\ 0 & 0 \end{bmatrix}, \begin{bmatrix} 1 & 0 \\ 1 & 0 \end{bmatrix}, \begin{bmatrix} 1 & 0 \\ 0 & 1 \end{bmatrix}, \begin{bmatrix} 0 & 1 \\ 1 & 1 \end{bmatrix} \right\}$ 轉爲正則基底。

解答:

1. 因爲 $\mathrm{tr}(\begin{bmatrix} 1 & 0 \\ 0 & 1 \end{bmatrix} \begin{bmatrix} 0 & 1 \\ 1 & 0 \end{bmatrix}) = \mathrm{tr}\begin{bmatrix} 0 & 1 \\ 1 & 0 \end{bmatrix} = 0,$

   所以 $\begin{bmatrix} 0 & 1 \\ 1 & 0 \end{bmatrix}$ 與 $\begin{bmatrix} 1 & 0 \\ 0 & 1 \end{bmatrix}$ 正交。

2. 我們利用 *Gram-Schmidt* 正交化程序。由計算可以得到

$$\mathbf{u}_1 = \frac{\begin{bmatrix} 1 & 1 \\ 0 & 0 \end{bmatrix}}{\left\| \begin{bmatrix} 1 & 1 \\ 0 & 0 \end{bmatrix} \right\|} = \frac{\begin{bmatrix} 1 & 1 \\ 0 & 0 \end{bmatrix}}{\sqrt{2}} = \frac{1}{\sqrt{2}} \begin{bmatrix} 1 & 1 \\ 0 & 0 \end{bmatrix},$$

$$\mathbf{u}_2 = \frac{\begin{bmatrix} 1 & 0 \\ 1 & 0 \end{bmatrix} - \langle \begin{bmatrix} 1 & 0 \\ 1 & 0 \end{bmatrix}, \frac{1}{\sqrt{2}} \begin{bmatrix} 1 & 1 \\ 0 & 0 \end{bmatrix} \rangle \frac{1}{\sqrt{2}} \begin{bmatrix} 1 & 1 \\ 0 & 0 \end{bmatrix}}{\left\| \begin{bmatrix} 1 & 0 \\ 1 & 0 \end{bmatrix} - \langle \begin{bmatrix} 1 & 0 \\ 1 & 0 \end{bmatrix}, \frac{1}{\sqrt{2}} \begin{bmatrix} 1 & 1 \\ 0 & 0 \end{bmatrix} \rangle \frac{1}{\sqrt{2}} \begin{bmatrix} 1 & 1 \\ 0 & 0 \end{bmatrix} \right\|}$$

$$= \frac{\begin{bmatrix} \frac{1}{2} & -\frac{1}{2} \\ 1 & 0 \end{bmatrix}}{\left\| \begin{bmatrix} \frac{1}{2} & -\frac{1}{2} \\ 1 & 0 \end{bmatrix} \right\|} = \sqrt{\frac{2}{3}} \begin{bmatrix} \frac{1}{2} & -\frac{1}{2} \\ 1 & 0 \end{bmatrix},$$

$$\mathbf{u}_3 = \frac{\begin{bmatrix} 1 & 0 \\ 0 & 1 \end{bmatrix} - \langle \begin{bmatrix} 1 & 0 \\ 0 & 1 \end{bmatrix}, \mathbf{u}_1 \rangle \mathbf{u}_1 - \langle \begin{bmatrix} 1 & 0 \\ 0 & 1 \end{bmatrix}, \mathbf{u}_2 \rangle \mathbf{u}_2}{\left\| \begin{bmatrix} 1 & 0 \\ 0 & 1 \end{bmatrix} - \langle \begin{bmatrix} 1 & 0 \\ 0 & 1 \end{bmatrix}, \mathbf{u}_1 \rangle \mathbf{u}_1 - \langle \begin{bmatrix} 1 & 0 \\ 0 & 1 \end{bmatrix}, \mathbf{u}_2 \rangle \mathbf{u}_2 \right\|}$$

$$= \sqrt{\frac{3}{4}} \begin{bmatrix} \frac{1}{3} & -\frac{1}{3} \\ -\frac{1}{3} & 1 \end{bmatrix},$$

以及

$$\mathbf{u}_4 = \frac{2}{3} \begin{bmatrix} -\frac{3}{4} & \frac{3}{4} \\ \frac{3}{4} & \frac{3}{4} \end{bmatrix}。$$

習題 6.15 (∗) 令 $\mathcal{V} = \text{span}(\{e^{-t}, e^t\})$，$\mathcal{V}$ 的內積函數定義爲 $\langle f, g \rangle = \int_0^1 f(t)\, g(t) dt$，其中 $f, g \in \mathcal{V}$。試利用 $\text{Gram} - \text{Schmidt}$ 正交化程序將 $\mathcal{V}$ 的基底 $\{e^{-t}, e^t\}$ 轉爲正則基底。

解答：

由計算我們可以得到，$\mathbf{u}_1 = \frac{e^{-t}}{\|e^{-t}\|} = \frac{e^{-t}}{\sqrt{\int_0^1 e^{-2t} dt}} = \frac{e^{-t}}{\sqrt{\frac{1}{2}(-e^{-2}+1)}}$，$\mathbf{v}_2 = e^t - \langle e^t, \mathbf{u}_1 \rangle \mathbf{u}_1 = e^t - (\int_0^1 \frac{e^{-t}}{\sqrt{\frac{1}{2}(e^{-2}+1)}} e^t dt) \frac{e^{-t}}{\sqrt{\frac{1}{2}(-e^{-2}+1)}} = e^t - \frac{e^{-t}}{\frac{1}{2}(-e^{-2}+1)}$。$\mathbf{u}_2 = \frac{\mathbf{v}_2}{\|\mathbf{v}_2\|}$ $= e^t - \frac{e^{-t}}{\frac{1}{2}(-e^{-2}+1)} / (\sqrt{\frac{1}{2}(e^2 - 1) - \frac{2}{1-e^{-2}}})$。因此，$\{\mathbf{u}_1, \mathbf{u}_2\}$ 是 $\text{span}\{e^{-t}, e^t\}$ 中的一組正則基底。

習題 6.16 (∗∗) 令 $\mathcal{V}$ 爲有限維度內積空間，$\mathcal{W}$ 是 $\mathcal{V}$ 的子空間。令 $\mathbf{P}_{\mathcal{W}}$ 定義如定義6.28，試證明 $\mathbf{P}_{\mathcal{W}}^2 = \mathbf{P}_{\mathcal{W}}$。

解答：

設 $\{\mathbf{u}_1, \cdots, \mathbf{u}_m\}$ 是 $\mathcal{W}$ 的正則基底，則對所有的 $\mathbf{v} \in \mathcal{V}$，$\mathbf{P}_{\mathcal{W}}^2(\mathbf{v}) = \mathbf{P}_{\mathcal{W}}(\sum_{i=1}^m \langle \mathbf{v}, \mathbf{u}_i \rangle \mathbf{u}_i) = \sum_{j=1}^m \langle \sum_{i=1}^m \langle \mathbf{v}, \mathbf{u}_i \rangle \mathbf{u}_i, \mathbf{u}_j \rangle \mathbf{u}_j = \sum_{j=1}^m \langle \mathbf{v}, \mathbf{u}_j \rangle \mathbf{u}_j = \mathbf{P}_{\mathcal{W}}(\mathbf{v})$。

習題 6.17 (∗) 承上題，試求 $\mathcal{K}er\mathbf{P}_{\mathcal{W}}$ 及 $\mathcal{I}m\mathbf{P}_{\mathcal{W}}$。

解答：

直接由 $\mathbf{P}_{\mathcal{W}}$ 的定義，我們知道 $\mathbf{P}_{\mathcal{W}}(\mathcal{W}) \subset \mathcal{W}$，並且對所有 $\mathcal{W}$ 中的元素 $\mathbf{u}$，$\mathbf{P}_{\mathcal{W}}(\mathbf{u}) = \mathbf{u}$，所以 $\mathcal{I}m\mathbf{P}_{\mathcal{W}} = \mathcal{W}$。考慮集合 $\overline{\mathcal{W}} = \{\mathbf{v} \in \mathbf{V} \mid$ 對所有 $\mathbf{w} \in \mathcal{W}, \langle \mathbf{v}, \mathbf{w} \rangle = 0\}$。則很顯地，$\overline{\mathcal{W}} \subset \mathcal{K}er\mathbf{P}_{\mathcal{W}}$。令 $\mathbf{v} \in \mathcal{K}er\mathbf{P}_{\mathcal{W}}(\mathcal{W}), \mathbf{w} \in \mathcal{W}$。則存在 $a_1, \cdots, a_m \in \mathbf{F}$，使得 $\mathbf{w} = a_1\mathbf{u}_1 + \cdots + a_m\mathbf{u}_m \in \mathbf{F}$。則 $\langle \mathbf{v}, \mathbf{w} \rangle = \langle \mathbf{v}, a_1\mathbf{u}_1 + \cdots + a_m\mathbf{u}_m \rangle = \overline{a_1}\langle \mathbf{v}, \mathbf{u}_1 \rangle + \cdots + \overline{a_m}\langle \mathbf{v}, \mathbf{u}_m \rangle = 0$，這表示 $\mathbf{v} \in \overline{\mathcal{W}}$。因此 $\mathcal{K}er\mathbf{P}_{\mathcal{W}} = \overline{\mathcal{W}}$。

習題 6.18 (∗) 令 $\mathcal{V}$ 是有限維度實內積空間，$\mathcal{B} = \{\mathbf{v}_1, \cdots, \mathbf{v}_n\}$ 是 $\mathcal{V}$ 中任意的基底。若令 $g_{ij} = \langle \mathbf{v}_i, \mathbf{v}_j \rangle$，$\mathbf{G} = [g_{ij}]$，其中 $1 \le i, j \le n$。試證明 $\det \mathbf{G} > 0$。

解答:

令 $\mathcal{B}' = \{\mathbf{u}_1, \cdots, \mathbf{u}_n\}$ 為 $\mathcal{V}$ 之一組正則基底。再令 $\mathbf{v}_j = \displaystyle\sum_{i=1}^{n} q_{ij}\mathbf{u}_i$, 則由 3.6 節的討論我們知道 $\mathbf{Q} = [q_{ij}]$, 其中 $1 \le i, j \le n$, 是從 $\mathcal{B}$ 到 $\mathcal{B}'$ 的轉移矩陣, 所以 $\det\mathbf{Q} \ne 0$。又因為

$$
\begin{aligned}
g_{ij} &= \langle \mathbf{v}_i, \mathbf{v}_j \rangle \\
&= \langle \sum_{k=1}^{n} q_{ki}\mathbf{u}_k, \sum_{l=1}^{n} q_{lj}\mathbf{u}_l \rangle \\
&= \sum_{k=1}^{n} q_{ki}q_{kj}\langle \mathbf{u}_k, \mathbf{u}_k \rangle \\
&= \sum_{k=1}^{n} q_{ki}q_{kj}。
\end{aligned}
$$

這表示 $\mathbf{G} = \mathbf{Q}^T\mathbf{Q}$, 因此

$$
\begin{aligned}
\det\mathbf{G} &= \det(\mathbf{Q}^T\mathbf{Q}) \\
&= \det(\mathbf{Q}^T)\det(\mathbf{Q}) \\
&= (\det\mathbf{Q})^2 > 0。
\end{aligned}
$$

6.4 節習題

習題 **6.19** $(**)$ 試完成定理 6.40 第 3 部分的證明。

解答:

我們先證明 $(\operatorname{span}\mathcal{S})^\perp = \mathcal{S}^\perp$。很明顯地, $(\operatorname{span}\mathcal{S})^\perp \subset \mathcal{S}^\perp$。所以我們只需再證明 $\mathcal{S}^\perp \subset (\operatorname{span}\mathcal{S})^\perp$, 令 $\mathbf{v} \in \mathcal{S}^\perp$, 則對所有 $\mathbf{s} \in \mathcal{S}$, $\langle \mathbf{v}, \mathbf{s} \rangle = 0$。若 $\mathbf{u} = a_1\mathbf{s}_1 + \cdots + a_n\mathbf{s}_n \in \operatorname{span}\mathcal{S}$, 其中 $\mathbf{s}_1, \cdots, \mathbf{s}_n \in \mathcal{S}$, 則 $\langle \mathbf{v}, \mathbf{u} \rangle = \langle \mathbf{v}, a_1\mathbf{s}_1 + \cdots + a_n\mathbf{s}_n \rangle = \overline{a_1}\langle \mathbf{v}, \mathbf{s}_1 \rangle + \cdots + \overline{a_n}\langle \mathbf{v}, \mathbf{s}_n \rangle = 0$。所以 $\mathbf{v} \in (\operatorname{span}\mathcal{S})^\perp$, 因此 $\mathcal{S}^\perp \subset (\operatorname{span}\mathcal{S})^\perp$, 這表示 $\mathcal{S}^\perp = (\operatorname{span}\mathcal{S})^\perp$, 故 $(\mathcal{S}^\perp)^\perp = ((\operatorname{span}\mathcal{S})^\perp)^\perp = \operatorname{span}\mathcal{S}$。

習題 6.20 (∗) 設 $\mathcal{V} = \mathbb{R}^3$, 並令 $\mathcal{V}$的內積爲標準內積。若 $\mathcal{W} = \mathrm{span}(\{(1,1,0)\})$, 試求$\mathcal{W}^\perp$, 並驗證$\mathcal{V} = \mathcal{W} \oplus \mathcal{W}^\perp$。

解答：

$\mathcal{W}^\perp = \mathrm{span}(\{(1,-1,0),(0,0,1)\})$。很明顯地, $\{(1,-1,0),(0,0,1),(1,1,0)\}$ 是$\mathbb{R}^3$ 的線性獨立子集, 所以也是 $\mathbb{R}^3$的基底, 因此 $\mathcal{V} = \mathcal{W}+\mathcal{W}^\perp$, 也因爲$\{(1,-1,0),(0,0,1),(1,1,0)\}$是線性獨立子集, 所以$\mathcal{W} \cap \mathcal{W}^\perp = \{\mathbf{0}\}$, 故 $\mathbb{R}^3 = \mathcal{W} \oplus \mathcal{W}^\perp$。

習題 6.21 (∗∗) 令 $\mathcal{B} = \{\mathbf{v}_1, \mathbf{v}_2, \cdots, \mathbf{v}_n\}$ 是內積空間中的正則子集, 若在對 $\mathcal{B}$ 做Gram − Schmidt正交化程序後得到 $\mathbf{w}_1, \mathbf{w}_2, \cdots, \mathbf{w}_n$, 試證明 $\mathbf{v}_1 = \mathbf{w}_1, \mathbf{v}_2 = \mathbf{w}_2, \cdots, \mathbf{v}_n = \mathbf{w}_n$。

解答：

若 $\mathcal{B} = \{\mathbf{v}_1, \mathbf{v}_2, \cdots, \mathbf{v}_n\}$是內積空間中的正則子集, 並令 $\mathcal{W}_j = \mathrm{span}\{\mathbf{v}_1, \mathbf{v}_2, \cdots, \mathbf{v}_j\}$, 其中 $j = 1, 2, \cdots, n$, 則對所有$k > j$, $\mathbf{P}_{\mathcal{W}_j}(\mathbf{v}_k) = \mathbf{0}$, 很明顯地, $\mathbf{w}_1 = \frac{\mathbf{v}_1}{\|\mathbf{v}_1\|} = \mathbf{v}_1$。對所有$k = 2, \cdots, n$, $\mathbf{w}_k = \frac{\mathbf{v}_k - \mathbf{P}_{\mathcal{W}_{k-1}}(\mathbf{v}_k)}{\|\mathbf{v}_k - \mathbf{P}_{\mathcal{W}_{k-1}}(\mathbf{v}_k)\|} = \frac{\mathbf{v}_k}{\|\mathbf{v}_k\|} = \mathbf{v}_k$。

習題 6.22 (∗∗) 令$\mathcal{V}$是有限維度內積空間, $\mathcal{W}_1$和$\mathcal{W}_2$是$\mathcal{V}$的子空間, 試證明

1. $(\mathcal{W}_1 + \mathcal{W}_2)^\perp = \mathcal{W}_1^\perp \cap \mathcal{W}_2^\perp$。

2. $(\mathcal{W}_1 \cap \mathcal{W}_2)^\perp = \mathcal{W}_1^\perp + \mathcal{W}_2^\perp$。

解答：

1. 令$\mathbf{v} \in \mathcal{W}_1^\perp \cap \mathcal{W}_2^\perp$, 則$\mathbf{v} \in \mathcal{W}_1^\perp$及$\mathbf{v} \in \mathcal{W}_2^\perp$。故對所有$\mathbf{w} = \mathbf{w}_1 + \mathbf{w}_2 \in \mathcal{W}_1 + \mathcal{W}_2$, 其中$\mathbf{w}_1 \in \mathcal{W}_1, \mathbf{w}_2 \in \mathcal{W}_2$, $\langle \mathbf{v}, \mathbf{w}_1 + \mathbf{w}_2 \rangle = \langle \mathbf{v}, \mathbf{w}_1 \rangle + \langle \mathbf{v}, \mathbf{w}_2 \rangle = 0$。所以 $\mathbf{v} \in (\mathcal{W}_1 + \mathcal{W}_2)^\perp$。反過來, 令$\mathbf{v} \in (\mathcal{W}_1 + \mathcal{W}_2)^\perp$, 則對所有$\mathbf{w}_1 \in \mathcal{W}_1 \subset \mathcal{W}_1 + \mathcal{W}_2$, $\langle \mathbf{v}, \mathbf{w}_1 \rangle = 0$。這表示$\mathbf{v} \in \mathcal{W}_1^\perp$。同理, $\mathbf{v} \in \mathcal{W}_2^\perp$。這表示$\mathbf{v} \in \mathcal{W}_1^\perp \bigcap \mathcal{W}_2^\perp$。

   綜合以上所述, 我們可以證得$(\mathcal{W}_1 + \mathcal{W}_2)^\perp = \mathcal{W}_1^\perp \bigcap \mathcal{W}_2^\perp$。

2. 直接由1我們知道 $(\mathcal{W}_1^\perp + \mathcal{W}_2^\perp)^\perp = (\mathcal{W}_1^\perp)^\perp \cap (\mathcal{W}_2^\perp)^\perp$, 故 $(\mathcal{W}_1^\perp + \mathcal{W}_2^\perp)^\perp = \mathcal{W}_1 \cap \mathcal{W}_2$, 因此 $\mathcal{W}_1^\perp + \mathcal{W}_2^\perp = (\mathcal{W}_1 \cap \mathcal{W}_2)^\perp$。

習題 6.23 $(*)$ 設 $\mathcal{V} = \mathbb{F}_3[t]$，並令 $\mathcal{V}$ 的內積定義為 $\langle f, g \rangle = \int_0^1 f(t)\, g(t)dt$。若 $\mathcal{W} = \text{span}(\{1, t\})$，試求 $\mathcal{W}^\perp$，並找到 $\mathcal{W}$ 與 $\mathcal{W}^\perp$ 的正交基底。

解答：

由 Gram − Schmidt 程序我們知道 $\mathcal{B} = \{1, 2t-1, 6t^2 - 6t + 1\}$ 是 $\mathcal{V}$ 的一組正則基底, 而且 $\text{span}(\{1, t\}) = \text{span}(\{1, 2t-1\})$, 所以 $\mathcal{W}^\perp = \text{span}(\{6t^2 - 6t + 1\})$。並且 $\mathcal{B}_1 = \{1, 2t-1\}$, $\mathcal{B}_2 = \{6t^2 - 6t + 1\}$ 是 $\mathcal{W}$ 和 $\mathcal{W}^\perp$ 的正交基底。

6.5節習題

習題 6.24 $(*)$ 令 $\mathcal{V} = \mathbb{R}^2$ 並考慮 $\mathcal{V}$ 的標準內積。令 $\mathbf{f}, \mathbf{g} \in (\mathbb{R}^2)^*$ 定義為 $\mathbf{f}(a_1, a_2) = 2a_1 + a_2$, $\mathbf{g}(a_1, a_2) = a_1 + 2a_2$。試找到 $\mathbf{f}$ 和 $\mathbf{g}$ 的 Riesz 向量。

解答：

因為 $\mathbf{f}(a_1, a_2) = 2a_1 + a_2$, 所以 $Ker\mathbf{f} = \text{span}\{(-1, 2)\}$, 故 $(Ker\mathbf{f})^\perp = \text{span}\{(2, 1)\}$。因此, 若令 $\mathbf{x} = \dfrac{\mathbf{f}(2, 1)}{||(2, 1)||^2}(2, 1) = (2, 1)$, 則 $\mathbf{x}$ 是 $\mathbf{f}$ 的 Riesz 向量。同理, $\mathbf{g}$ 的 Riesz 向量是 $(1, 2)$。

習題 6.25 $(**)$ 令 $\mathcal{V} = \mathbb{R}_3[t]$ 並定義內積函數如例 6.5 對所有 $f \in \mathcal{V}$ 我們定義 $\mathbf{v}_1^*, \mathbf{v}_2^* \in \mathcal{V}^*$ 為 $\mathbf{v}_1^*(f) = \int_0^1 f(t)dt$, $\mathbf{v}_2^*(f) = \int_0^2 f(t)dt$。試求 $\mathbf{v}_1^*$ 和 $\mathbf{v}_2^*$ 的 Riesz 向量。

解答：

因為對所有的 $\mathbf{f}(t) = at^2 + bt + c \in \mathbb{R}_3[t]$, 其中 $a, b, c \in \mathbb{R}$, 皆有 $\mathbf{v}_1^*(\mathbf{f}) = \dfrac{1}{3}a + \dfrac{1}{2}b + c$, 所以 $Ker\mathbf{v}_1^* = \text{span}(\{\dfrac{-1}{2}t^2 + \dfrac{1}{3}t, t - \dfrac{1}{2}\})$, 故 $(Ker\mathbf{v}_1^*)^\perp = \text{span}(\{1\})$, 因此 $\mathbf{v}_1^*$ 的 Riesz 向量為 1。由相似的概念, $\mathbf{v}_2^*(\mathbf{f}) = \dfrac{8}{3}a + 2b + 2c$, 故 $Ker\mathbf{v}_2^* = \text{span}\{-3t^2 + 4t, t - 1\}$, 所以 $(Ker\mathbf{v}_2^*)^\perp = \text{span}\{t^2 - \dfrac{14}{15}t + \dfrac{13}{90}\}$, 因此 $\mathbf{v}_2^*$ 的 Riesz 向量為

$$\dfrac{\frac{98}{90}}{\frac{49}{8100}}(t^2 - \dfrac{14}{15}t + \dfrac{13}{90}) = 180(t^2 - \dfrac{14}{15}t + \dfrac{13}{90})$$
$$= 180t^2 - 168t + 26。$$

習題 6.26 $(***)$ 令 $\mathcal{V} = \mathbb{R}^{2\times 2}$ 並定義內積函數如習題 6.5 題。我們知道 $f(\mathbf{A}) = \text{tr}\mathbf{A}$, 其中 $\mathbf{A} \in \mathcal{V}$, 是 $\mathcal{V}^*$ 中的向量。試求 f 的 Riesz 向量。

解答:

很明顯地, $\mathcal{K}er\mathbf{f} = \mathrm{span}(\{\begin{bmatrix} 1 & 0 \\ 0 & -1 \end{bmatrix}, \begin{bmatrix} 0 & 1 \\ 0 & 0 \end{bmatrix}, \begin{bmatrix} 0 & 0 \\ 1 & 0 \end{bmatrix}\})$。這表示$(\mathcal{K}er\mathbf{f})^{\perp} = \mathrm{span}(\{\begin{bmatrix} 1 & 0 \\ 0 & 1 \end{bmatrix}\})$, 所以$\mathbf{f}$的Riesz向量為$\begin{bmatrix} 1 & 0 \\ 0 & 1 \end{bmatrix}$。

6.6節習題

習題 **6.27** $(**)$ 證明定理6.42中$\mathbf{L}^{\dagger}$的唯一性。

解答:

設 $\mathbf{M} : \mathcal{W} \rightarrow \mathcal{V}$是另一個滿足$\langle \mathbf{Lv}, \mathbf{w} \rangle = \langle \mathbf{v}, \mathbf{Mw} \rangle$的線性映射。則對所有$\mathbf{v} \neq \mathbf{0}, \mathbf{w} \in \mathcal{W}$, $\langle \mathbf{Lv}, \mathbf{w} \rangle = \langle \mathbf{v}, \mathbf{L}^{\dagger}\mathbf{w} \rangle = \langle \mathbf{v}, \mathbf{Mw} \rangle$, 故$\langle \mathbf{v}, \mathbf{L}^{\dagger}\mathbf{w} - \mathbf{Mw} \rangle = \langle \mathbf{v}, (\mathbf{L}^{\dagger} - \mathbf{M})\mathbf{w} \rangle = 0$, 所以$\mathbf{L}^{\dagger} - \mathbf{M} = 0$, 這表示$\mathbf{L}^{\dagger} = \mathbf{M}$。這證明了$\mathbf{L}^{\dagger}$的唯一性。

習題 **6.28** $(**)$ 試完成定理6.45的證明。

解答:

2. 對所有$\mathbf{v} \in \mathcal{V}$,

$$
\begin{aligned}
\langle \mathbf{v}, (a\mathbf{L})^{\dagger}\mathbf{w} \rangle &= \langle (a\mathbf{L})\mathbf{v}, \mathbf{w} \rangle = \langle a\mathbf{Lv}, \mathbf{w} \rangle \\
&= \langle \mathbf{L}(a\mathbf{v}), \mathbf{w} \rangle = \langle (a\mathbf{v}, \mathbf{L}^{\dagger}\mathbf{w}) \\
&= a\langle \mathbf{v}, \mathbf{L}^{\dagger}\mathbf{w} \rangle = \langle \mathbf{v}, \overline{a}\mathbf{L}^{\dagger}\mathbf{w} \rangle,
\end{aligned}
$$

所以 $(a\mathbf{L})^{\dagger} - \overline{a}\mathbf{L}^{\dagger}$。

3. 對所有的$\mathbf{v}, \mathbf{w}$,

$$
\begin{aligned}
\langle \mathbf{L}^{\dagger}\mathbf{w}, \mathbf{v} \rangle &= \overline{\langle \mathbf{v}, \mathbf{L}^{\dagger}\mathbf{w} \rangle} = \overline{\langle \mathbf{Lv}, \mathbf{w} \rangle} \\
&= \langle \mathbf{w}, \mathbf{Lv} \rangle,
\end{aligned}
$$

則由Hilbert伴隨算子的唯一性, 我們可以得到$(\mathbf{L}^{\dagger})^{\dagger} = \mathbf{L}$。

4. 對所有 $\mathbf{v}, \mathbf{w} \in \mathcal{V}$,

$$\langle \mathbf{v}, (\mathbf{LM})^\dagger \mathbf{w} \rangle = \langle \mathbf{LMv}, \mathbf{w} \rangle = \langle \mathbf{Mv}, \mathbf{L}^\dagger \mathbf{w} \rangle$$
$$= \langle \mathbf{v}, \mathbf{M}^\dagger \mathbf{L}^\dagger \mathbf{w} \rangle,$$

所以 $(\mathbf{LM})^\dagger = \mathbf{M}^\dagger \mathbf{L}^\dagger$。

5. 因爲 $\mathbf{I} = \mathbf{I}^\dagger = (\mathbf{LL}^{-1})^\dagger = (\mathbf{L}^{-1})^\dagger \mathbf{L}^\dagger$, 所以 $(\mathbf{L}^\dagger)^{-1} = (\mathbf{L}^{-1})^\dagger$。

習題 **6.29** $(**)$ 試完成定理6.47的證明。
解答:

6. 用 $\mathbf{L}^\dagger$ 取代定理6.47第5部分, 我們可以得到 $\mathcal{I}m(\mathbf{LL}^\dagger) = \mathcal{I}m(\mathbf{L})$。

習題 **6.30** $(**)$ 試證明推論6.50。
解答:

1. 若 $\mathbf{L}$ 是單射, 則 $\mathcal{K}er\mathbf{L} = \{\mathbf{0}\}$, 由推論6.47第2部分我們知道 $\mathcal{I}m(\mathbf{L}^\dagger) = (\mathcal{K}er\mathbf{L})^\perp = \mathcal{V}$, 故$\mathbf{L}^\dagger$是蓋射。反之, 若$\mathbf{L}^\dagger$是蓋射, 則再由推論6.47第2部分, $\mathcal{K}er\mathbf{L} = (\mathcal{I}m\mathbf{L}^\dagger)^\perp = \{\mathbf{0}\}$, 故$\mathbf{L}$是單射。

2. 若$\mathbf{L}$是蓋射, 則$\mathcal{I}m\mathbf{L} = \mathcal{W}$, 故由推論6.47第1部分我們知道 $\mathcal{K}er\mathbf{L}^\dagger = \{\mathbf{0}\}$, 故 $\mathbf{L}^\dagger$是單射。反之, 若 $\mathbf{L}^\dagger$是單射, 則再引用推論6.47第1部分, 我們可以得到 $\mathcal{I}m\mathbf{L} = \mathcal{W}$, 故$\mathbf{L}$是蓋射。

習題 **6.31** $(*)$ 令 $\mathcal{V} = \mathbb{R}^2$並定義其內積函數爲 $\mathbb{R}^2$標準內積。令 $\mathbf{L} \in \mathcal{L}(\mathcal{V})$ 定義爲 $\mathbf{L}(a_1, a_2) = (2a_1 + 3a_2, 3a_1 + 2a_2)$。試計算$\mathbf{L}^\dagger(3, 2)$。
解答:
因爲$\mathbf{L}(a_1, a_2) = (2a_1 + 3a_2, 3a_1 + 2a_2)$, 由例6.43我們知道$\mathbf{L}^\dagger(a_1, a_2) = (2a_1 + 3a_2, 3a_1 + 2a_2)$, 所以$\mathbf{L}^\dagger(3, 2) = (12, 13)$。

習題 **6.32** $(*)$ 令$\mathcal{V} = \mathbb{C}^2$並定義其內積函數爲$\mathbb{C}^2$的標準內積。令$\mathbf{L} \in \mathcal{L}(\mathcal{V})$定義爲$\mathbf{L}(z_1, z_2) = (z_1 + iz_2, iz_1 + z_2)$。試計算$\mathbf{L}^\dagger(3, i)$。
解答:
由例6.43我們知道 $\mathbf{L}^\dagger(z_1, z_2) = (z_1 - iz_2, -iz_1 + z_2)$ 所以 $\mathbf{L}^\dagger(3, i) = (4, -2i)$。

習題 6.33 $(*)$ 令 $\mathcal{V} = \mathbb{R}_2[t]$ 並定義其內積函數爲 $\langle f, g \rangle = \int_{-1}^{1} f(t)g(t)dt$。令 $\mathbf{L} \in \mathcal{L}(\mathcal{V})$ 定義爲 $\mathbf{L}(f) = \frac{df}{dt} + 2f$。試計算 $\mathbf{L}^\dagger(2t + 3)$。

解答：
由於 $\mathbf{L}$ 的定義域是 $\mathbb{R}_2[t]$，所以我們無法如前兩題直接寫出 $\mathbf{L}^\dagger$ 的形式。因此在這一題中我們使用定理6.42中建構 $\mathbf{L}^\dagger$ 的方法計算 $\mathbf{L}^\dagger(2t + 3)$。由 $\mathbf{L}^\dagger$ 的建構法，我們需要找到 $\mathbf{f}_{2t+3}$ 的Riesz向量。首先，我們先計算 $\mathcal{K}er\mathbf{f}_{2t+3}$，令 $f = at + b \in \mathbb{R}_2[t]$。則

$$
\begin{aligned}
\mathbf{f}_{2t+3}(f) &= \langle \frac{df}{dt} + 2f, 2t + 3 \rangle = \int_{-1}^{1} (\frac{df}{dt} + 2f)(2t + 3)dt \\
&= \int_{-1}^{1} (a + 2at + 2b)(2t + 3)dt = \frac{8}{3}a + 6(a + 2b),
\end{aligned}
$$

令 $\frac{8}{3}a + 6(a + 2b) = 0$，得到 $13a + 18b = 0$，所以 $\mathcal{K}er\mathbf{f}_{2t+3} = \mathrm{span}(\{t - \frac{13}{18}\})$。
接下來，我們計算 $(\mathcal{K}er\mathbf{f}_{2t+3})^\perp$，因爲對所有的 $at + b \in \mathbb{R}_2[t]$，

$$
\int_{-1}^{1} (t - \frac{13}{18})(at + b)dt = \frac{2}{3}a - \frac{13}{9}b,
$$

所以若 $\frac{2}{3}a - \frac{13}{9}b = 0$，則 $b = \frac{6}{13}a$，因此 $(\mathcal{K}er\mathbf{f}_{2t+3})^\perp = \mathrm{span}(\{t + \frac{6}{13}\})$。
又 $\|t + \frac{6}{13}\|^2 = \langle t + \frac{6}{13}, t + \frac{6}{13} \rangle = \frac{554}{507}$，$\mathbf{f}_{2t+3}(t + \frac{6}{13}) = \frac{554}{39}$，因此

$$
\mathbf{L}^\dagger(2t + 3) = \frac{\frac{554}{39}}{\frac{554}{507}}(t + \frac{6}{13}) = 13t + 6。
$$

習題 6.34 $(**)$ 設 $\mathcal{V}$ 是有限維度內積空間，$\mathbf{L} \in \mathcal{L}(\mathcal{V})$。令 $\mathbf{M} = \mathbf{L} + \mathbf{L}^\dagger$，$\mathbf{N} = \mathbf{L}\mathbf{L}^\dagger$，試證明 $\mathbf{M}^\dagger = \mathbf{M}$ 及 $\mathbf{N}^\dagger = \mathbf{N}$。

解答：
由定理6.45我們知道

$$
\mathbf{M}^\dagger = (\mathbf{L} + \mathbf{L}^\dagger)^\dagger = \mathbf{L}^\dagger + (\mathbf{L}^\dagger)^\dagger = \mathbf{L}^\dagger + \mathbf{L} = \mathbf{M},
$$

以及

$$
\mathbf{N}^\dagger = (\mathbf{L}\mathbf{L}^\dagger)^\dagger = (\mathbf{L}^\dagger)^\dagger \mathbf{L}^\dagger = \mathbf{L}\mathbf{L}^\dagger = \mathbf{N},
$$

故 $\mathbf{M}, \mathbf{N}$ 皆是自伴算子。

習題 **6.35** $(*)$ 試建立一個內積空間上的線性算子**L**使得$Ker\mathbf{L} \neq Ker\mathbf{L}^\dagger$。

解答：

這一題其實非常簡單，令 $\mathbf{L} \in \mathcal{L}(\mathcal{V}, \mathcal{W})$, 則 $\mathbf{L}^\dagger \in \mathcal{L}(\mathcal{W}, \mathcal{V})$, 若 $\mathcal{V} \neq \mathcal{W}$, 則 $Ker\mathbf{L} \neq Ker\mathbf{L}^\dagger$。

習題 **6.36** $(**)$ 令$\mathcal{V}$是有限維度內積空間, $\mathbf{u}, \mathbf{w} \in \mathcal{V}$。對所有$\mathbf{v} \in \mathcal{V}$, 令$\mathbf{L}(\mathbf{v}) = \langle \mathbf{v}, \mathbf{u} \rangle \mathbf{w}$。

 1. 試證明**L**是線性算子。

 2. 寫出$\mathbf{L}^\dagger$的型式。

解答：

 1. 令$\mathbf{v}_1, \mathbf{v}_2 \in \mathcal{V}$, $a, b \in \mathbb{F}$, 則

$$\mathbf{L}(a\mathbf{v}_1 + b\mathbf{v}_2) = \langle a\mathbf{v}_1 + b\mathbf{v}_2, \mathbf{u} \rangle \mathbf{w}$$
$$= a\langle \mathbf{v}_1, \mathbf{u} \rangle \mathbf{w} + b\langle \mathbf{v}_2, \mathbf{u} \rangle \mathbf{w},$$

故**L**是線性算子。

 2. 對任意的 $\mathbf{y} \in \mathcal{W}$,

$$\begin{aligned} \mathbf{f_y}(\mathbf{v}) &= \langle \mathbf{Lv}, \mathbf{y} \rangle = \langle \langle \mathbf{v}, \mathbf{u} \rangle \mathbf{w}, \mathbf{y} \rangle \text{\textit{(根據L的定義)}} \\ &= \langle \mathbf{v}, \mathbf{u} \rangle \langle \mathbf{w}, \mathbf{y} \rangle = \langle \mathbf{v}, \overline{\langle \mathbf{w}, \mathbf{y} \rangle} \mathbf{u} \rangle \\ &= \langle \mathbf{v}, \langle \mathbf{y}, \mathbf{w} \rangle \mathbf{u} \rangle \end{aligned}$$

因此$\langle \mathbf{y}, \mathbf{w} \rangle \mathbf{u}$是$\mathbf{f_y}$的Riesz向量, 故對所有的$\mathbf{y} \in \mathcal{W}$, $\mathbf{L}^\dagger \mathbf{y} = \langle \mathbf{y}, \mathbf{w} \rangle \mathbf{u}$。

6.7節習題

習題 **6.37** $(*)$ 試找到一個實向量空間$\mathcal{V}$及$\mathbf{L} \in \mathcal{L}(\mathcal{V})$, 使得$\mathbf{L} \neq \mathbf{0}$, 但$\mathbf{Q_L} = \mathbf{0}$。

解答：

令$\mathcal{V} = \mathbb{R}^2$, 並定義$\mathbf{L} : \mathcal{V} \to \mathcal{V}$為 $\mathbf{L}(\mathbf{x}, \mathbf{y}) = (-\mathbf{y}, \mathbf{x})$, 則$\mathbf{L} \neq \mathbf{0}$, 但$\mathbf{Q_L}(\mathbf{x}, \mathbf{y}) = \langle \mathbf{L}(\mathbf{x}, \mathbf{y}), (\mathbf{x}, \mathbf{y}) \rangle = 0$。

習題 **6.38** (*) 試建構一個正規算子但並不是自伴算子。

解答：

令 $\mathbf{A} = \begin{bmatrix} 1 & -3 \\ 3 & 1 \end{bmatrix}$，則 $\mathbf{AA}^T = \mathbf{A}^T\mathbf{A} = \begin{bmatrix} 10 & 0 \\ 0 & 10 \end{bmatrix}$，故 $\mathbf{L_A} \circ \mathbf{L_A}^\dagger = \mathbf{L_A}^\dagger \circ \mathbf{L_A}$。
但 $\mathbf{L_A}^\dagger \neq \mathbf{L_A}$。

習題 **6.39** (*) 試考慮下列線性算子，指出何者是正規算子，何者是自伴算子，何者皆非。

1. $\mathbf{L}: \mathbb{R}^2 \longrightarrow \mathbb{R}^2$，其中 $\mathbf{L}$ 定義為 $\mathbf{L}(a_1, a_2) = (a_1 - a_2, -a_1 + \frac{5}{2}a_2)$。

2. $\mathbf{L}: \mathbb{C}^2 \longrightarrow \mathbb{C}^2$，其中 $\mathbf{L}$ 定義為 $\mathbf{L}(z_1, z_2) = (\frac{2}{5}z_1 + \frac{i}{5}z_2, \frac{1}{5}z_1 + \frac{2}{5}z_2)$。

3. $\mathbf{L}: \mathbb{R}_3[t] \longrightarrow \mathbb{R}_3[t]$，其中 $\mathbf{L}$ 定義為 $\mathbf{L}(f) = \frac{df}{dt}$ 而 $\mathbb{F}_3[t]$ 的內積定義為 $\langle g, h \rangle = \int_0^1 g(t)h(t)dt$。

解答：

1. 令 $\mathbf{A} = \begin{bmatrix} 1 & -1 \\ -1 & \frac{5}{2} \end{bmatrix}$。很明顯地，$\mathbf{L} = \mathbf{L_A}$。但 $\mathbf{A}^* = \mathbf{A}$，故 $\mathbf{L}$ 是自伴算子。

2. 令 $\mathbf{A} = \begin{bmatrix} \frac{2}{5} & \frac{i}{5} \\ \frac{1}{5} & \frac{2}{5} \end{bmatrix}$，則 $\mathbf{L} = \mathbf{L_A}$，但 $\mathbf{A}^* \neq \mathbf{A}$，故 $\mathbf{L}$ 不是自伴算子。但 $\mathbf{A}^*\mathbf{A} = \mathbf{AA}^*$，故 $\mathbf{L}^\dagger\mathbf{L} = \mathbf{L_{A^*}} \circ \mathbf{L_A} = \mathbf{L_{A^*A}} = \mathbf{L_{AA^*}} = \mathbf{L_A} \circ \mathbf{L_{A^*}} = \mathbf{LL}^\dagger$，所以 $\mathbf{L}$ 是正規算子。

3. 對於 $\mathbb{R}_3[t]$ 上的線性映射 $\mathbf{L}$，我們沒有一個一般的方法去決定 $\mathbf{L}$ 是否是正規算子或自伴算子。所以在這一題中，我們藉由找到 $f \in \mathbb{R}_3[t]$ 使得 $\mathbf{L}^\dagger\mathbf{L}(f) \neq \mathbf{LL}^\dagger(f)$ 去證明 $\mathbf{L}$ 不是正規算子，以及找到 $\mathbf{L}^\dagger(f) \neq \mathbf{L}(f)$ 去證明 $\mathbf{L}(f) = \frac{df}{dt}$ 不是自伴算子。很明顯地，$\mathbf{L}(1) = 0$，故 $\mathbf{L}^\dagger\mathbf{L}(1) = 0$。因此，我們只要證明 $\mathbf{LL}^\dagger(1) \neq 0$ 以及 $\mathbf{L}^\dagger(1) \neq 0$ 即可。令 $\mathbf{f} = at^2 + bt + c$，則 $\mathbf{f}_1(f) = \langle \mathbf{L}(f), 1 \rangle = \int_0^1 \frac{df}{dt}dt = f(1) - f(0) = a + b$，故 $\mathcal{K}er\mathbf{f}_1 = \text{span}(\{-t^2 + t, 1\})$。
   接下來我們試著計算 $(\mathcal{K}er\mathbf{f}_1)^\perp$。令 $\mathbf{g} = gt^2 + et + h$，我們從 $\langle -t^2 + t, \mathbf{g} \rangle = 0$ 中可以得到 $3g + 5e + 10h = 0$。同理，從 $\langle 1, \mathbf{g} \rangle = 0$ 中我們得到 $2g + 3e + 6h = 0$，

因此$(\mathcal{K}er\mathbf{f}_1)^{\perp} = \text{span}(\{-2t+1\})$。故$\mathbf{x} = \frac{\mathbf{f}_1(-2t+1)}{\|-2t+1\|^2}(-2t+1) = 12t-6$ 是$\mathbf{f}_1$的Riesz向量，因此$\mathbf{L}^{\dagger}(1) = 12t-6$。故$\mathbf{L}^{\dagger}(1) \neq \mathbf{L}(1)$，所以$\mathbf{L}$不是自伴算子；又因為$\mathbf{L}\mathbf{L}^{\dagger}(1) = 12 \neq \mathbf{L}\mathbf{L}^{\dagger}(1)$，所以$\mathbf{L}$也不是正規算子。

習題 **6.40** $(**)$ 令$\mathcal{V}$是有限維度內積空間，$\mathbf{L}, \mathbf{M} \in \mathcal{L}(\mathcal{V})$是自伴算子，試證明$\mathbf{L}\mathbf{M}$是自伴算子若且唯若$\mathbf{L}\mathbf{M} = \mathbf{M}\mathbf{L}$。

解答：

設$\mathbf{L}\mathbf{M}$是自伴算子，則$(\mathbf{L}\mathbf{M})^{\dagger} = \mathbf{L}\mathbf{M}$，故$\mathbf{M}^{\dagger}\mathbf{L}^{\dagger} = \mathbf{L}\mathbf{M}$。又$\mathbf{M}, \mathbf{L}$皆是自伴算子，所以$\mathbf{M}\mathbf{L} = \mathbf{L}\mathbf{M}$。反過來，若$\mathbf{M}\mathbf{L} = \mathbf{L}\mathbf{M}$，則$\mathbf{M}^{\dagger}\mathbf{L}^{\dagger} = \mathbf{L}\mathbf{M}$，因此$(\mathbf{L}\mathbf{M})^{\dagger} = \mathbf{L}\mathbf{M}$，故$\mathbf{L}\mathbf{M}$是自伴算子。

習題 **6.41** $(***)$ 令$\mathcal{V}$是複內積空間，$\mathbf{L} \in \mathcal{L}(\mathcal{V})$。我們定義

$$\mathbf{L}_1 = \frac{1}{2}(\mathbf{L} + \mathbf{L}^{\dagger}), \ \mathbf{L}_2 = \frac{1}{2i}(\mathbf{L} - \mathbf{L}^{\dagger})。$$

1. 試證明$\mathbf{L}_1, \mathbf{L}_2$皆是自伴算子，並且$\mathbf{L} = \mathbf{L}_1 + i\mathbf{L}_2$。

2. 若$\mathbf{L}$可分解成$\mathbf{L} = \mathbf{M}_1 + i\mathbf{M}_2$，其中$\mathbf{M}_1, \mathbf{M}_2$是自伴算子，則$\mathbf{M}_1 = \mathbf{L}_1$, $\mathbf{M}_2 = \mathbf{L}_2$。

3. $\mathbf{L}$是正規算子若且唯若$\mathbf{L}_1\mathbf{L}_2 = \mathbf{L}_2\mathbf{L}_1$。

解答：

1. $\mathbf{L}_1^{\dagger} = (\frac{1}{2}(\mathbf{L}+\mathbf{L}^{\dagger}))^{\dagger} = \frac{1}{2}(\mathbf{L}^{\dagger}+\mathbf{L}) = \mathbf{L}_1$, $\mathbf{L}_2^{\dagger} = (\frac{1}{2i}(\mathbf{L}-\mathbf{L}^{\dagger}))^{\dagger} = \frac{-1}{2i}(\mathbf{L}^{\dagger}-\mathbf{L}) = \frac{1}{2i}(\mathbf{L}-\mathbf{L}^{\dagger}) = \mathbf{L}_2$。很明顯地，$\mathbf{L}_1 + i\mathbf{L}_2 = \frac{1}{2}(\mathbf{L}+\mathbf{L}^{\dagger}) + \frac{1}{2}(\mathbf{L}-\mathbf{L}^{\dagger}) = \mathbf{L}$。

2. 令 $\mathbf{L} = \mathbf{M}_1 + i\mathbf{M}_2$, 則 $\mathbf{L}^{\dagger} = \mathbf{M}_1^{\dagger} - i\mathbf{M}_2^{\dagger} = \mathbf{M}_1 - i\mathbf{M}_2$, 故
$$\mathbf{M}_1 = \frac{1}{2}(\mathbf{L}+\mathbf{L}^{\dagger}) = \mathbf{L}_1, \ \mathbf{M}_2 = \frac{1}{2i}(\mathbf{L}-\mathbf{L}^{\dagger}) = \mathbf{L}_2。$$

3.

$$\begin{aligned}
\mathbf{L}\mathbf{L}^{\dagger} &= (\mathbf{L}_1 + i\mathbf{L}_2)(\mathbf{L}_1^{\dagger} - i\mathbf{L}_2^{\dagger}) \\
&= \mathbf{L}_1\mathbf{L}_1^{\dagger} - i\mathbf{L}_1\mathbf{L}_2^{\dagger} + i\mathbf{L}_2\mathbf{L}_1^{\dagger} + \mathbf{L}_2\mathbf{L}_2^{\dagger}。
\end{aligned}$$

同理

$$\mathbf{L}_1^\dagger\mathbf{L} = \mathbf{L}_1^\dagger\mathbf{L}_1 + i\mathbf{L}_1^\dagger\mathbf{L}_2 - i\mathbf{L}_2^\dagger\mathbf{L}_1 + \mathbf{L}_2^\dagger\mathbf{L}_2。$$

若$\mathbf{L}$是正規算子, 因為$\mathbf{L}_1, \mathbf{L}_2$都是自伴算子, 故由上兩式可得 $\mathbf{L}_2\mathbf{L}_1 - \mathbf{L}_1\mathbf{L}_2 = \mathbf{L}_1\mathbf{L}_2 - \mathbf{L}_2\mathbf{L}_1$, 這表示 $\mathbf{L}_2\mathbf{L}_1 = \mathbf{L}_1\mathbf{L}_2$。

反之, 若$\mathbf{L}_1\mathbf{L}_2 = \mathbf{L}_2\mathbf{L}_1$可得$\mathbf{L}\mathbf{L}^\dagger = \mathbf{L}_1\mathbf{L}_1 + \mathbf{L}_2\mathbf{L}_2 = \mathbf{L}^\dagger\mathbf{L}$。

習題 **6.42** (∗∗∗) 令$\mathcal{V}$是有限維度複內積空間, $\mathbf{L} \in \mathcal{L}(\mathcal{V})$是自伴算子。試證明對所有$\mathbf{v} \in \mathcal{V}$

$$||\mathbf{L}(\mathbf{v}) \pm i\mathbf{v}||^2 = ||\mathbf{L}(\mathbf{v})||^2 + ||\mathbf{v}||^2。$$

並由此導出$(\mathbf{L} - i\mathbf{I}_\mathcal{V})$是可逆並且$((\mathbf{L} - i\mathbf{I}_\mathcal{V})^{-1})^\dagger = (\mathbf{L} + i\mathbf{I}_\mathcal{V})^{-1}$。

解答:

$$\langle\mathbf{Lv} \pm i\mathbf{v}, \mathbf{Lv} \pm i\mathbf{v}\rangle$$
$$= \langle\mathbf{Lv}, \mathbf{Lv} \pm i\mathbf{v}\rangle \pm \langle i\mathbf{v}, \mathbf{Lv} \pm i\mathbf{v}\rangle$$
$$= \langle\mathbf{Lv}, \mathbf{Lv}\rangle \mp i\langle\mathbf{Lv}, \mathbf{v}\rangle \pm i\langle\mathbf{v}, \mathbf{Lv}\rangle + \langle\mathbf{v}, \mathbf{v}\rangle$$
$$= \langle\mathbf{Lv}, \mathbf{Lv}\rangle \mp i\langle\mathbf{Lv}, \mathbf{v}\rangle \pm i\langle\mathbf{v}, \mathbf{Lv}\rangle + \langle\mathbf{v}, \mathbf{v}\rangle$$
$$= \langle\mathbf{Lv}, \mathbf{Lv}\rangle \mp i\langle\mathbf{Lv}, \mathbf{v}\rangle \pm i\langle\mathbf{L}^\dagger\mathbf{v}, \mathbf{v}\rangle + \langle\mathbf{v}, \mathbf{v}\rangle$$
$$= \langle\mathbf{Lv}, \mathbf{Lv}\rangle \mp i\langle\mathbf{Lv}, \mathbf{v}\rangle \pm i\langle\mathbf{Lv}, \mathbf{v}\rangle + \langle\mathbf{v}, \mathbf{v}\rangle$$
$$= ||\mathbf{Lv}||^2 + ||\mathbf{v}||^2。$$

由上式我們知道, 若$\mathbf{L} - i\mathbf{I}_\mathcal{V} \neq 0$, 則$\mathbf{v} \neq 0$表示$\mathbf{L} - i\mathbf{I}_\mathcal{V}\mathbf{v} \neq 0$, 故$(\mathbf{L} - i\mathbf{I}_\mathcal{V})$是單射。因為$\mathbf{L} - i\mathbf{I}_\mathcal{V} \in \mathcal{L}(\mathcal{V})$, 並且$\mathcal{V}$是有限維度向量空間, 所以$\mathbf{L} - i\mathbf{I}_\mathcal{V}$是蓋射。這表示$\mathbf{L} - i\mathbf{I}_\mathcal{V}$是可逆線性映射。

習題 **6.43** (∗∗) 令$\mathbf{L} : \mathbb{R}^3 \longrightarrow \mathbb{R}^3$定義為 $\mathbf{L}(a_1, a_2, a_3) = (2a_1 + 3a_2 - a_3, a_1 + a_2 + a_3, a_1 + 2a_2 + 3a_3)$, 試求$\mathbf{L}^\dagger$。(提示: 求$\mathbf{L}$對標準基底的代表矩陣)

解答:

令 $\mathbf{A} = \begin{bmatrix} 2 & 3 & -1 \\ 1 & 1 & 1 \\ 1 & 2 & 3 \end{bmatrix}$, 則很明顯地 $\mathbf{L} = \mathbf{L_A}$, 故 $\mathbf{L}^\dagger = \mathbf{L}_{\mathbf{A}^T}$。

175

習題 **6.44** (∗∗) 令 $\mathbf{L} : \mathbb{C}^3 \longrightarrow \mathbb{C}^3$ 定義爲 $\mathbf{L}(z_1, z_2, z_3) = (iz_1 + (1-i)z_2 + z_3, (1-i)z_1 + iz_2 + z_3, z_3)$, 試求 $\mathbf{L}^\dagger$。(提示: 同上)

解答:

令 $\mathbf{A} = \begin{bmatrix} i & 1-i & 1 \\ 1-i & i & 1 \\ 0 & 0 & 1 \end{bmatrix}$, 則 $\mathbf{L} = \mathbf{L_A}$, 故 $\mathbf{L}^\dagger = \mathbf{L_{A^*}}$。

6.8節習題

習題 **6.45** (∗∗) 試完成定理6.73的證明。

解答:

2. 由1, 我們知道 $\mathcal{I}m(\mathbf{P}) = \mathcal{U}$, $\mathcal{K}er(\mathbf{P}) = \mathcal{W}$, 再由定義6.72知 $\mathcal{V} = \mathcal{U} \bigoplus \mathcal{W}$, 故 $\mathcal{V} = \mathcal{I}m(\mathbf{P}) \bigoplus \mathcal{K}er(\mathbf{P})$。

3. 若 $\mathbf{v} \in \mathcal{I}m(\mathbf{P})$, 則 $\mathbf{v} \in \mathcal{U}$。故由 $\mathbf{P}$ 的定義我們知道 $\mathbf{Pv} = \mathbf{v}$。反過來, 若 $\mathbf{Pv} = \mathbf{v}$, 則可直接由定義知道 $\mathbf{v} \in \mathcal{I}m\mathbf{P}$。

習題 **6.46** (∗) 試證明定理6.77。

解答:

若 $\mathcal{I}m(\mathbf{P}') \subset \mathcal{K}er(\mathbf{P})$ 及 $\mathcal{I}m(\mathbf{P}) \subset \mathcal{K}er(\mathbf{P}')$, 則 $\mathbf{PP}' = \mathbf{P}'\mathbf{P} = \mathbf{0}$, 故 $\mathbf{P} \perp \mathbf{P}'$。反過來, 若 $\mathbf{P} \perp \mathbf{P}'$, 則由定義我們知道 $\mathbf{PP}' = \mathbf{P}'\mathbf{P} = \mathbf{0}$, 故 $\mathcal{I}m(\mathbf{P}) \subset \mathcal{K}er(\mathbf{P}')$ 及 $\mathcal{I}m(\mathbf{P}') \subset \mathcal{K}er(\mathbf{P})$。

習題 **6.47** (∗∗) 試證明定理6.84。

解答:

假設 $\mathbf{P}$ 是正交投影算子, 由定義我們知道 $\mathbf{P}$ 沿著 $\mathcal{K}er(\mathbf{P})$ 投影在 $\mathcal{I}m(\mathbf{P})$ 上, 並且 $\mathcal{I}m(\mathbf{P}) \perp \mathcal{K}er(\mathbf{P})$。反過來, 假設 $\mathcal{I}m(\mathbf{P}) \perp \mathcal{K}er(\mathbf{P})$, 由定理6.73我們知道 $\mathbf{P}$ 沿著 $\mathcal{K}er(\mathbf{P})$ 投影在 $\mathcal{I}m(\mathbf{P})$ 上, 故由定義得到 $\mathbf{P}$ 是正交投影算子。

習題 **6.48** (∗) 試計算下列矩陣所定義左乘映射的正交譜解析分解, 並指明每一個投影算子在哪一個空間上。

1. $\mathbf{A} = \begin{bmatrix} 1 & 0 \\ 0 & 2 \end{bmatrix} \in \mathbb{R}^{2 \times 2}$。

2. $\mathbf{A} = \begin{bmatrix} 1 & 1 & 0 \\ 0 & 2 & 3 \\ 0 & 0 & 3 \end{bmatrix} \in \mathbb{R}^{3 \times 3}$。

3. $\mathbf{A} = \begin{bmatrix} 1 & -1 \\ 2 & -1 \end{bmatrix} \in \mathbb{C}^{2 \times 2}$。

解答：

很明顯地，

1. $\mathbf{A} = 1 \cdot \begin{bmatrix} 1 & 0 \\ 0 & 0 \end{bmatrix} + 2 \cdot \begin{bmatrix} 0 & 0 \\ 0 & 1 \end{bmatrix}$，故 $\mathbf{L_A} = 1 \cdot \mathbf{L_{P_1}} + 2 \cdot \mathbf{L_{P_2}}$，其中

$\mathbf{P_1} = \begin{bmatrix} 1 & 0 \\ 0 & 0 \end{bmatrix}$，$\mathbf{P_2} = \begin{bmatrix} 0 & 0 \\ 0 & 1 \end{bmatrix}$。而 $\mathbf{L_{P_1}}$ 投影在 $\mathrm{span}(\{\begin{bmatrix} 1 \\ 0 \end{bmatrix}\})$ 上，$\mathbf{L_{P_2}}$ 投影在 $\mathrm{span}(\{\begin{bmatrix} 0 \\ 1 \end{bmatrix}\})$ 上。

2. 很明顯地，$\mathbf{A}$ 的特徵值為 $1, 2, 3$，而對應 1 的特徵向量為 $\begin{bmatrix} 1 \\ 0 \\ 0 \end{bmatrix}$，對應 2 的特徵

向量為 $\begin{bmatrix} 1 \\ 1 \\ 0 \end{bmatrix}$，對應 3 的特徵向量為 $\begin{bmatrix} 3 \\ 6 \\ 2 \end{bmatrix}$。又對所有 $\begin{bmatrix} a_1 \\ a_2 \\ a_3 \end{bmatrix} \in \mathbb{R}^3$ 皆有

$\begin{bmatrix} a_1 \\ a_2 \\ a_3 \end{bmatrix} = (a_1 - a_2 + \frac{3}{2}a_3) \begin{bmatrix} 1 \\ 0 \\ 0 \end{bmatrix} + (a_2 - 3a_3) \begin{bmatrix} 1 \\ 1 \\ 0 \end{bmatrix} + \frac{a_3}{2} \begin{bmatrix} 3 \\ 6 \\ 2 \end{bmatrix}$，故若令

$\mathbf{P_1} = \begin{bmatrix} 1 \\ 0 \\ 0 \end{bmatrix} \begin{bmatrix} 1 & -1 & \frac{3}{2} \end{bmatrix}$，$\mathbf{P_2} = \begin{bmatrix} 1 \\ 1 \\ 0 \end{bmatrix} \begin{bmatrix} 0 & 1 & -3 \end{bmatrix}$，$\mathbf{P_3} = \begin{bmatrix} 3 \\ 6 \\ 2 \end{bmatrix}$

$\begin{bmatrix} 0 & 0 & \frac{1}{2} \end{bmatrix}$，則 $\mathbf{L_{P_1}}, \mathbf{L_{P_2}}, \mathbf{L_{P_3}}$ 是互相正交的投影算子，並且 $\mathbf{L_A} = \mathbf{L_{P_1}} +$

$2\mathbf{L_{P_2}} + 3\mathbf{L_{P_3}}$。其中 $\mathbf{L_{P_1}}$ 投影在 $\mathrm{span}(\{\begin{bmatrix} 1 \\ 0 \\ 0 \end{bmatrix}\})$，$\mathbf{L_{P_2}}$ 投影在 $\mathrm{span}(\{\begin{bmatrix} 1 \\ 1 \\ 0 \end{bmatrix}\})$，

$\mathbf{L_{P_3}}$投影在 $\mathrm{span}(\{\begin{bmatrix} 3 \\ 6 \\ 2 \end{bmatrix}\})$。

3. $\mathbf{A}$的特徵多項式為$t^2 + 1 = (t-i)(t+i)$。對應i的特徵向量為$\begin{bmatrix} 1 \\ 1-i \end{bmatrix}$，對應$-i$的特徵向量為$\begin{bmatrix} 1 \\ 1+i \end{bmatrix}$。對所有 $\begin{bmatrix} c_1 \\ c_2 \end{bmatrix} \in \mathbb{C}^2$皆有

$$\begin{bmatrix} c_1 \\ c_2 \end{bmatrix} = (\frac{1-i}{2}c_1 + \frac{i}{2}c_2)\begin{bmatrix} 1 \\ 1-i \end{bmatrix} + (\frac{i+1}{2}c_1 - \frac{i}{2}c_2)\begin{bmatrix} 1 \\ 1+i \end{bmatrix},$$

故若令 $\mathbf{P_1} = \begin{bmatrix} 1 \\ 1-i \end{bmatrix}\begin{bmatrix} \frac{1-i}{2} & \frac{i}{2} \end{bmatrix}$, $\mathbf{P_2} = \begin{bmatrix} 1 \\ 1+i \end{bmatrix}\begin{bmatrix} \frac{i+1}{2} & \frac{-i}{2} \end{bmatrix}$，則 $\mathbf{L_{P_1}}, \mathbf{L_{P_2}}$是互相正交的投影算子，且$\mathbf{L_A} = i\mathbf{L_{P_1}} + (-i)\mathbf{L_{P_2}}$。其中 $\mathbf{L_{P_1}}$投影在 $\mathrm{span}(\{\begin{bmatrix} 1 \\ 1-i \end{bmatrix}\})$, $\mathbf{L_{P_2}}$投影在 $\mathrm{span}(\{\begin{bmatrix} 1 \\ 1+i \end{bmatrix}\})$。

習題 6.49 (**) 設$\mathbf{A} \in \mathbb{C}^{n \times n}$是正規矩陣，並具有相異的特徵值 $\lambda_1, \cdots \lambda_n$, $\mathbf{v}_1 \cdots \mathbf{v}_n$ 是相對應的單位特徵向量。令矩陣 $\mathbf{V}_i = \mathbf{v}_i\mathbf{v}_i^*$。

1. 試證明$\mathbf{P}_i \triangleq \mathbf{L_{V_i}}$是投影在$\mathcal{E}_i$上的投影算子。

2. 試證明$\mathbf{P}_1 + \cdots + \mathbf{P}_n = \mathbf{I}_{\mathbb{C}^n}$是同值映射的解析分解。

3. 試證明$\mathbf{L_A} = \lambda_1\mathbf{P}_1 + \cdots + \lambda_n\mathbf{P}_n$。

這3個性質可視為正規矩陣的譜定理。

解答：

1. 對所有$\mathbf{v} \in \mathbb{C}^n$,

$$\begin{aligned} (\mathbf{L_{V_i}} \circ \mathbf{L_{V_i}})\mathbf{v} &= (\mathbf{v}_i\mathbf{v}_i^*)(\mathbf{v}_i\mathbf{v}_i^*)\mathbf{v} = \mathbf{v}_i(\mathbf{v}_i^*\mathbf{v}_i)\mathbf{v}_i^*\mathbf{v} \\ &= (\mathbf{v}_i\mathbf{v}_i^*)\mathbf{v} = \mathbf{L_{V_i}}\mathbf{v}, \end{aligned}$$

又 $\mathbf{L_{V_i}}\mathbf{v} = (\mathbf{v}_i\mathbf{v}_i^*)\mathbf{v} = (\mathbf{v}_i^*\mathbf{v})\mathbf{v}_i$, 其中$\mathbf{v}_i^*\mathbf{v} \in \mathbb{C}$, 故$\mathbf{L_{V_i}}\mathbf{v} \in \mathcal{E}_i$, 因此由定理6.74我們知道$\mathbf{L_{V_i}}$是投影在$\mathcal{E}_i$上的投影算子。

2. 對所有 $i \neq j$, 及對所有 $\mathbf{v} \in \mathbb{C}$, $(\mathbf{L}_{\mathbf{V}_i} \circ \mathbf{L}_{\mathbf{V}_j})\mathbf{v} = (\mathbf{v}_i\mathbf{v}_i^*)(\mathbf{v}_j\mathbf{v}_j^*)\mathbf{v} = \mathbf{v}_i(\mathbf{v}_i^*\mathbf{v}_j)$
$\mathbf{v}_j^*\mathbf{v} = \mathbf{0}$ 並且 $(\mathbf{L}_{\mathbf{V}_j} \circ \mathbf{L}_{\mathbf{V}_i})\mathbf{v} = (\mathbf{v}_j\mathbf{v}_j^*)(\mathbf{v}_i\mathbf{v}_i^*)\mathbf{v} = \mathbf{0}$, 因此對所有 $i \neq j$, $\mathbf{P}_i \perp \mathbf{P}_j$。又 $\{\mathbf{v}_1, \ldots, \mathbf{v}_n\}$ 構成 $\mathbb{C}^n$ 的一組正則基底, 所以對所有 $\mathbf{v} \in \mathbb{C}^n$,

$$
\begin{aligned}
\mathbf{v} &= \langle \mathbf{v}, \mathbf{v}_1 \rangle \mathbf{v}_1 + \ldots + \langle \mathbf{v}, \mathbf{v}_n \rangle \mathbf{v}_n \\
&= (\mathbf{v}_1^*\mathbf{v})\mathbf{v}_1 + \ldots + (\mathbf{v}_n^*\mathbf{v})\mathbf{v}_n \\
&= \mathbf{v}_1(\mathbf{v}_1^*\mathbf{v}) + \ldots + \mathbf{v}_n(\mathbf{v}_n^*\mathbf{v}) \\
&= (\mathbf{v}_1\mathbf{v}_1^*)\mathbf{v} + \ldots + (\mathbf{v}_n\mathbf{v}_n^*)\mathbf{v} \\
&= \mathbf{P}_1\mathbf{v} + \ldots + \mathbf{P}_n\mathbf{v} \\
&= (\mathbf{P}_1 + \ldots + \mathbf{P}_n)\mathbf{v},
\end{aligned}
$$

故 $\mathbf{P}_1 + \ldots + \mathbf{P}_n = \mathbf{I}_{\mathbb{C}^n}$ 是同值映射的解析分解。

3. 由2我們知道所有的 $\mathbf{v} \in \mathbb{C}^n$, 而 $\mathbf{v} = (\mathbf{P}_1 + \ldots + \mathbf{P}_n)\mathbf{v}$, 故

$$
\begin{aligned}
\mathbf{L}_{\mathbf{A}}\mathbf{v} &= \mathbf{L}_{\mathbf{A}}((\mathbf{P}_1 + \ldots + \mathbf{P}_n)\mathbf{v}) \\
&= \mathbf{L}_{\mathbf{A}}((\mathbf{v}_1\mathbf{v}_1^*)\mathbf{v} + \ldots + (\mathbf{v}_n\mathbf{v}_n^*)\mathbf{v}) \\
&= \mathbf{A}(\mathbf{v}_1\mathbf{v}_1^*)\mathbf{v} + \ldots + \mathbf{A}(\mathbf{v}_n\mathbf{v}_n^*)\mathbf{v} \\
&= \lambda_1(\mathbf{v}_1\mathbf{v}_1^*)\mathbf{v} + \ldots + \lambda_n(\mathbf{v}_n\mathbf{v}_n^*)\mathbf{v} \\
&= \lambda_1\mathbf{P}_1\mathbf{v} + \ldots + \lambda_n\mathbf{P}_n\mathbf{v} \\
&= (\lambda_1\mathbf{P}_1 + \ldots + \lambda_n\mathbf{P}_n)\mathbf{v},
\end{aligned}
$$

故 $\mathbf{L}_{\mathbf{A}} = \lambda_1\mathbf{P}_1 + \ldots + \lambda_n\mathbf{P}_n$。

習題 **6.50** (**) 設 $\mathcal{V}$ 是有限維度內積空間, $\mathbf{L} \in \mathcal{L}(\mathcal{V})$ 是正規算子。證明若 $\mathbf{L}$ 是投影算子則 $\mathbf{L}$ 必是正交投影算子。

解答:

由定理6.47我們知道 $\mathcal{K}er(\mathbf{L}^\dagger) = \mathcal{I}m(\mathbf{L})^\perp$, 又因為 $\mathbf{L}$ 是正規算子, 則由定理6.55 知道 $\mathcal{K}er(\mathbf{L}^\dagger) = \mathcal{K}er(\mathbf{L})$。所以 $\mathcal{K}er(\mathbf{L}) = \mathcal{I}m(\mathbf{L})^\perp$, 由定義我們知道 $\mathbf{L}$ 是正交投影算子。

179

習題 **6.51** (∗∗) 設$\mathcal{V}$是有限維度複內積空間, $\mathbf{L} \in \mathcal{L}(\mathcal{V})$且爲正規算子。利用正交譜解析分解$\mathbf{L} = \lambda_1\mathbf{P}_1 + \cdots + \lambda_k\mathbf{P}_k$證明:

    1. $\mathbf{L}$可逆若且唯若對$i = 1, \cdots, k$, $\lambda_i \neq 0$。

    2. $\mathbf{L}$是投影算子若且唯若所有$\mathbf{L}$的特徵值皆爲0或1。

解答:

    1. 若所有的$i = 1, \ldots, k$, $\lambda_i \neq 0$,

$$\mathbf{L}(\lambda_1{}^{-1}\mathbf{P}_1 + \ldots + \lambda_k{}^{-1}\mathbf{P}_k)$$
$$= (\lambda_1\mathbf{P}_1 + \ldots + \lambda_k\mathbf{P}_k)(\lambda_1{}^{-1}\mathbf{P}_1 + \ldots + \lambda_k{}^{-1}\mathbf{P}_k)$$
$$= \mathbf{P}_1\mathbf{P}_1 + \ldots + \mathbf{P}_k\mathbf{P}_k = \mathbf{P}_1 + \ldots + \mathbf{P}_k = \mathbf{I}_\mathcal{V},$$

    所以$\mathbf{L}$可逆。反之, 若$\mathbf{L}$可逆, 則由習題4.15得知所有$\mathbf{L}$的特徵值皆非零。再由定理6.88, 我們知道$\lambda_1, \ldots, \lambda_k$皆不等於零。

    2. 若$\mathbf{L}$是投影算子, 則$\mathbf{L} \circ \mathbf{L} = \mathbf{L}$。這表示

$$(\lambda_1\mathbf{P}_1 + \ldots + \lambda_k\mathbf{P}_k)(\lambda_1\mathbf{P}_1 + \ldots + \lambda_k\mathbf{P}_k)$$
$$= \lambda_1{}^2\mathbf{P}_1 + \ldots + \lambda_k{}^2\mathbf{P}_k = \lambda_1\mathbf{P}_1 + \ldots + \lambda_k\mathbf{P}_k,$$

    故$\lambda_1{}^2 = \lambda_1, \ldots, \lambda_k{}^2 = \lambda_k$。這表示所有的$j$, $\lambda_j = 0$或1, 由定理6.88我們知道$\mathbf{L}$所有的特徵值皆爲0或1。反過來, 若$\mathbf{L}$的特徵值皆爲0或1, 則由定理6.88我們知道對所有的j, $\lambda_j = 0$或1, 故$\lambda_j{}^2 = \lambda_j$。因此

$$\mathbf{L} \circ \mathbf{L} = (\lambda_1\mathbf{P}_1 + \ldots + \lambda_k\mathbf{P}_k) \circ (\lambda_1\mathbf{P}_1 + \ldots + \lambda_k\mathbf{P}_k)$$
$$= \lambda_1^2\mathbf{P}_1 + \ldots + \lambda_k^2\mathbf{P}_k = \lambda_1\mathbf{P}_1 + \ldots + \lambda_k\mathbf{P}_k = \mathbf{L},$$

故$\mathbf{L}$是投影算子。

習題 **6.52** (∗∗) 令$\mathcal{V}$是有限維度複內積空間。若$\mathbf{L} \in \mathcal{L}(\mathcal{V})$是正規算子, f是有限階數多項式, $\mathbf{L} = \lambda_1\mathbf{P}_1 + \ldots + \lambda_k\mathbf{P}_k$ 是$\mathbf{L}$的正交譜解析分解, 試證明

$$f(\mathbf{L}) = \mathbf{f}(\lambda_1)\mathbf{P}_1 + \ldots + \mathbf{f}(\lambda_k)\mathbf{P_k}。$$

解答：

我們只需要證明對$f(t) = at^n$這個情況成立即可。很明顯地，

$$f(\mathbf{L})$$
$$= a\mathbf{L}^n = a(\lambda_1\mathbf{P}_1 + \ldots + \lambda_k\mathbf{P}_k)^n = a\lambda_1^n\mathbf{P}_1^n + \ldots + a\lambda_k^n\mathbf{P}_k^n$$
$$= a\lambda_1^n\mathbf{P}_1 + \ldots + a\lambda_k^n\mathbf{P}_k = f(\lambda_1)\mathbf{P}_1 + \ldots + f(\lambda_k)\mathbf{P}_k,$$

故得證。

習題 6.53 ($***$) 令$\mathcal{V}$是有限維度複內積空間，$\mathbf{L} \in \mathcal{L}(\mathcal{V})$是正規算子。試利用正規算子的譜分解定理證明若$\mathbf{U} \in \mathcal{L}(\mathcal{V})$並且$\mathbf{LU} = \mathbf{UL}$, 則$\mathbf{L}^\dagger\mathbf{U} = \mathbf{UL}^\dagger$。(提示:利用上題並考慮 *Lagrange* 內插公式)

解答：

由$\mathbf{L}$的正交譜解析分解

$\mathbf{L} = \lambda_1\mathbf{P}_1 + \ldots + \lambda_k\mathbf{P}_k$ 知道 $\mathbf{L}^\dagger = \overline{\lambda}_1\mathbf{P}_1 + \ldots + \overline{\lambda}_k\mathbf{P}_k$, 再由Lagrange內差公式，我們知道必然存在有限階數的多項式f使得對$1 \leq i \leq k$, 也使得$f(\lambda_i) = \overline{\lambda}_i$。故

$$f(\mathbf{L}) = f(\lambda_1)\mathbf{P}_1 + \ldots + f(\lambda_k)\mathbf{P}_k = \overline{\lambda}_1\mathbf{P}_1 + \ldots + \overline{\lambda}_k\mathbf{P}_k = \mathbf{L}^\dagger.$$

所以若$\mathbf{LU} = \mathbf{UL}$, 則$\mathbf{L}^\dagger\mathbf{U} = f(\mathbf{L})\mathbf{U} = \mathbf{U}f(\mathbf{L}) = \mathbf{UL}^\dagger$。

6.9節習題

習題 6.54 ($**$) 試證明命題6.92。

解答：

1. 設$\mathbf{L_A}$是正算子, 則對所有的$\mathbf{v} \in \mathbb{F}^n$, $\langle \mathbf{L_A v}, \mathbf{v} \rangle \geq 0$。這表示 $\langle \mathbf{Av}, \mathbf{v} \rangle \geq 0$, 因此$\mathbf{v}^*\mathbf{Av} \geq 0$, 故$\mathbf{A}$是半正定。反過來, 若對所有的$\mathbf{v} \in \mathbb{F}^n$, $\mathbf{v}^*\mathbf{Av} \geq 0$, 這表示$\langle \mathbf{L_A v}, \mathbf{v} \rangle \geq 0$, 故$\mathbf{L_A}$是正算子。

2. 設$\mathbf{L_A}$是正定算子, 則對所有$\mathbf{v} \neq 0$, $\langle \mathbf{L_A v}, \mathbf{v} \rangle > 0$。這表示$\langle \mathbf{Av}, \mathbf{v} \rangle = \mathbf{v}^*\mathbf{Av} > 0$。故$\mathbf{A}$是正定。反過來, 若所有$\mathbf{v} \neq 0, \mathbf{v}^*\mathbf{Av} > 0$。這表示對所有$\mathbf{v} \neq 0$, $\langle \mathbf{L_A v}, \mathbf{v} \rangle > 0$。所以$\mathbf{L_A}$是正定算子。

習題 **6.55** (∗∗) 試完成定理6.93的證明。

解答：

『必要性』設對所有 $\mathbf{x} \neq \mathbf{0}$, $\mathbf{Q_L(x)} > 0$, 且設 $(\lambda, \mathbf{v})$ 爲 $\mathbf{L}$ 之特徵序對，則 $0 < \langle \mathbf{Lv}, \mathbf{v} \rangle = \langle \lambda \mathbf{v}, \mathbf{v} \rangle = \lambda \langle \mathbf{v}, \mathbf{v} \rangle$。因爲 $\langle \mathbf{v}, \mathbf{v} \rangle > 0$, 所以 $\lambda > 0$。

『充分性』反過來，若 $\mathbf{L}$ 所有的特徵值皆爲正數，則 $\mathbf{L}$ 可分解成 $\mathbf{L} = \lambda_1 \mathbf{P}_1 + \ldots + \lambda_k \mathbf{P}_k$, 其中對所有 $i = 1, 2, \ldots, k$, $\lambda_i > 0$。又因爲 $\mathbf{I}_\mathcal{V} = \mathbf{P}_1 + \ldots, \mathbf{P}_k$, 所以對所有 $\mathbf{v} \neq \mathbf{0}$,

$$
\begin{aligned}
\langle \mathbf{Lv}, \mathbf{v} \rangle &= \sum_i \langle \lambda_i \mathbf{P}_i \mathbf{v}, \mathbf{v} \rangle = \sum_i \lambda_i \langle \mathbf{P}_i \mathbf{v}, \mathbf{v} \rangle \\
&= \sum_i \sum_j \lambda_i \langle \mathbf{P}_i \mathbf{v}, \mathbf{P}_j \mathbf{v} \rangle = \sum_i \lambda_i \| \mathbf{P}_i \mathbf{v} \|^2 > 0
\end{aligned}
$$

所以 $\mathbf{L}$ 是正定算子。

習題 **6.56** (∗∗) 試證明推論6.96。解答：

設 $\mathcal{B_U} = \{ \mathbf{u}_1, \ldots, \mathbf{u}_r, \mathbf{u}_{r+1}, \ldots, \mathbf{u}_n \}$ 和 $\mathcal{B_V} = \{ \mathbf{v}_1, \ldots, \mathbf{v}_r, \mathbf{v}_{r+1}, \ldots, \mathbf{v}_m \}$ 爲 $\mathbf{L}$ 的左與右奇異向量所成的正則有序基底，並且 $\mathrm{rank}(\mathbf{L}) = r$。則由定理6.95 的證明，我們有以下關係

$$
\mathbf{Lu}_i = \begin{cases} \sigma_i \mathbf{v}_i & , \quad \text{當} i \leq r, \\ 0 & , \quad \text{當} i > r。 \end{cases}
$$

故 $[\mathbf{L}]_{\mathcal{B_U}}^{\mathcal{B_V}} = \mathrm{diag}[\sigma_1, \sigma_2, \ldots, \sigma_r, 0, \ldots, 0]$。

習題 **6.57** (∗∗) 試利用定理6.93證明正定矩陣的特徵值恆爲正數。

解答：

令 $\mathbf{A}$ 是正定矩陣，則根據命題6.92, $\mathbf{L_A}$ 是正定算子。再根據定理 6.93, $\mathbf{L_A}$ 的特徵值恆爲正數。故 $\mathbf{A}$ 的特徵值恆爲正數。

習題 **6.58** (∗) 試判斷下列哪些矩陣的左乘映射是正算子，哪些是正定算子。

1. $\begin{bmatrix} 2 & 2 \\ 2 & 2 \end{bmatrix}$。

2. $\begin{bmatrix} 0 & -i \\ i & 0 \end{bmatrix}$。

3. $\begin{bmatrix} 1 & 0 \\ 0 & 1 \end{bmatrix}$。

4. $\begin{bmatrix} 3 & 2 \\ 2 & 3 \end{bmatrix}$。

5. $\begin{bmatrix} 2 & 3 \\ 3 & 2 \end{bmatrix}$。

解答：

1. 因為 $\sigma(\begin{bmatrix} 2 & 2 \\ 2 & 2 \end{bmatrix}) = \{4, 0\}$，所以 $\begin{bmatrix} 2 & 2 \\ 2 & 2 \end{bmatrix}$ 的左乘映射是正算子。

2. 因為 $\sigma(\begin{bmatrix} 0 & -i \\ i & 0 \end{bmatrix}) = \{-1, 1\}$，所以 $\begin{bmatrix} 0 & -i \\ i & 0 \end{bmatrix}$ 的左乘映射並非正算子或正定算子。

3. 因為 $\sigma(\begin{bmatrix} 1 & 0 \\ 0 & 1 \end{bmatrix}) = \{1, 1\}$，所以 $\begin{bmatrix} 1 & 0 \\ 0 & 1 \end{bmatrix}$ 的左乘映射是正定算子。

4. 因為 $\sigma(\begin{bmatrix} 3 & 2 \\ 2 & 3 \end{bmatrix}) = \{5, 1\}$，所以 $\begin{bmatrix} 3 & 2 \\ 2 & 3 \end{bmatrix}$ 的左乘映射是正定算子。

5. 因為 $\sigma(\begin{bmatrix} 2 & 3 \\ 3 & 2 \end{bmatrix}) = \{5, -1\}$，所以 $\begin{bmatrix} 2 & 3 \\ 3 & 2 \end{bmatrix}$ 的左乘映射並非正算子或正定算子。

習題 **6.59** (**) 設 $\mathcal{V}$ 是有限維度內積空間，$\mathbf{L} \in \mathcal{L}(\mathcal{V})$。若 $\mathbf{L}$ 同時是正算子與么正算子，試證明 $\mathbf{L}$ 是 $\mathcal{V}$ 上的同值映射，即 $\mathbf{L} = \mathbf{I}_{\mathcal{V}}$。

解答：

令 $\mathbf{L} = \lambda_1 \mathbf{P}_1 + \ldots + \lambda_k \mathbf{P}_k$ 是 $\mathbf{L}$ 的正交譜解析分解。因為 $\mathbf{L}$ 是么正算子，所以對所有的 $i = 1, 2, \ldots, k$，$|\lambda_i| = 1$，又 $\mathbf{L}$ 是正算子，所以 $\lambda_i = 1$。故 $\mathbf{L} = \mathbf{P}_1 + \ldots + \mathbf{P}_k = \mathbf{I}_{\mathcal{V}}$。

習題 **6.60** (**) 設 $\mathcal{V}$ 是有限維度內積空間，$\mathbf{L} \in \mathcal{L}(\mathcal{V})$。令 $f : \mathcal{V} \times \mathcal{V} \longrightarrow \mathbb{F}(\mathbb{F} = \mathbb{R}$ 或 $\mathbb{F} = \mathbb{C})$ 定義為 $f(\mathbf{u}, \mathbf{v}) = \langle \mathbf{Lu}, \mathbf{v} \rangle$。試證明 f 是 $\mathcal{v}$ 的內積函數若且唯若 $\mathbf{L}$ 是正定算子。

解答：
若$f(\mathbf{u}, \mathbf{v}) = \langle \mathbf{L}\mathbf{u}, \mathbf{v} \rangle$ 是$\mathcal{V}$的內積函數，則對所有$\mathbf{v} \in \mathcal{V}$, $f(\mathbf{v}, \mathbf{v}) = \langle \mathbf{L}\mathbf{v}, \mathbf{v} \rangle \geq 0$, 又若$\langle \mathbf{L}\mathbf{v}, \mathbf{v} \rangle = 0$, 則$f(\mathbf{v}, \mathbf{v}) = 0$。因為$f$是$\mathcal{V}$的內積函數，所以$\mathbf{v} = \mathbf{0}$, 故$\mathbf{L}$是正定算子。反之，若$\mathbf{L}$是正定算子，則對所有$\mathbf{v} \neq \mathbf{0}$, $f(\mathbf{v}, \mathbf{v}) = \langle \mathbf{L}\mathbf{v}, \mathbf{v} \rangle > 0$, 故內積的條件4成立。又

$$f(\mathbf{u} + \mathbf{v}, \mathbf{w}) = \langle \mathbf{L}(\mathbf{u} + \mathbf{v}), \mathbf{w} \rangle = \langle \mathbf{L}\mathbf{u} + \mathbf{L}\mathbf{v}, \mathbf{w} \rangle$$
$$= \langle \mathbf{L}\mathbf{u}, \mathbf{w} \rangle + \langle \mathbf{L}\mathbf{v}, \mathbf{w} \rangle = f(\mathbf{u}, \mathbf{w}) + f(\mathbf{v}, \mathbf{w}),$$

並且

$$f(c\mathbf{u}, \mathbf{v}) = \langle \mathbf{L}(c\mathbf{u}), \mathbf{v} \rangle = \langle c\mathbf{L}\mathbf{u}, \mathbf{v} \rangle$$
$$= c\langle \mathbf{L}\mathbf{u}, \mathbf{v} \rangle = cf(\mathbf{u}, \mathbf{v})。$$

故內積條件$1, 2$成立。最後對所有的$\mathbf{u}, \mathbf{v} \in \mathcal{V}$,

$$f(\mathbf{u}, \mathbf{v}) = \langle \mathbf{L}\mathbf{u}, \mathbf{v} \rangle = \overline{\langle \mathbf{v}, \mathbf{L}\mathbf{u} \rangle} = \overline{\langle \mathbf{L}^\dagger \mathbf{v}, \mathbf{u} \rangle}$$
$$= \overline{\langle \mathbf{L}\mathbf{v}, \mathbf{u} \rangle} = \overline{f(\mathbf{v}, \mathbf{u})},$$

故內積條件3成立，所以我們可以知道f是$\mathcal{V}$的一個內積函數。

習題 **6.61** ($**$) 設$\mathcal{V}$是有限維度內積空間，$\mathbf{P} \in \mathcal{L}(\mathcal{V})$是投影在$\mathcal{V}$的子空間$\mathcal{W}$的投影算子。試證明對任意$k > 0$, $k\mathbf{I}_\mathcal{V} + \mathbf{P}$是正定算子。

解答：
由習題6.51及定理6.93我們知道$\mathbf{P}$為正算子。故對於所有$\mathbf{v} \neq 0$,

$$\langle (k\mathbf{I}_\mathcal{V} + \mathbf{P})\mathbf{v}, \mathbf{v} \rangle = \langle k\mathbf{v}, \mathbf{v} \rangle + \langle \mathbf{P}\mathbf{v}, \mathbf{v} \rangle = k\langle \mathbf{v}, \mathbf{v} \rangle + \langle \mathbf{P}\mathbf{v}, \mathbf{v} \rangle$$

因為$\mathbf{P}$是正算子以及$k > 0$, 所以$\langle (k\mathbf{I}_\mathcal{V} + \mathbf{P})\mathbf{v}, \mathbf{v} \rangle > 0$, 故$k\mathbf{I}_\mathcal{V} + \mathbf{P}$是正定算子。

習題 **6.62** ($**$) 試計算下列線性映射的奇異值與左、右奇異向量：

　　1. $\mathbf{L} : \mathbb{R}^3 \longrightarrow \mathbb{R}^2$, 其中$\mathbf{L}$的定義為$\mathbf{L}(a_1, a_2, a_3) = (2a_1 + a_2, a_1 + a_3)$。

2. $\mathbf{L} : \mathbb{R}^2 \longrightarrow \mathbb{R}^3$, 其中 $\mathbf{L}$ 的定義為 $\mathbf{L}(a_1, a_2) = (a_1 + a_2, -a_1 + a_2, a_1)$。

(註: 在這一題中, 我們假設 $\mathbb{R}^2$ 與 $\mathbb{R}^3$ 的內積為其標準內積。)

解答:

1. 我們知道 $\mathbf{L}^\dagger(a_1, a_2) = (2a_1 + a_2, a_1, a_2)$, 所以 $\mathbf{L}^\dagger\mathbf{L}(a_1, a_2, a_3) = (5a_1 + 2a_2 + a_3, 2a_1 + a_2, a_1 + a_3)$, 而 $\mathbf{L}$ 的左奇異向量為 $\mathbf{L}^\dagger\mathbf{L}$ 的特徵向量, 也就是 $\mathcal{B}_{\mathcal{U}} = $

$$\left\{ \begin{bmatrix} \frac{5}{\sqrt{30}} \\ \frac{2}{\sqrt{30}} \\ \frac{1}{\sqrt{30}} \end{bmatrix}, \begin{bmatrix} 0 \\ \frac{1}{\sqrt{5}} \\ \frac{-2}{\sqrt{5}} \end{bmatrix}, \begin{bmatrix} \frac{-1}{\sqrt{6}} \\ \frac{2}{\sqrt{6}} \\ \frac{1}{\sqrt{6}} \end{bmatrix} \right\},$$

$\mathbf{L}$ 的右奇異向量為 $\left\{ \begin{bmatrix} \frac{2}{\sqrt{5}} \\ \frac{1}{\sqrt{5}} \end{bmatrix}, \begin{bmatrix} \frac{1}{\sqrt{5}} \\ \frac{-2}{\sqrt{5}} \end{bmatrix} \right\}$。$\mathbf{L}$ 的奇異值為 $\sqrt{6}$ 與 1。

2. 我們知道 $\mathbf{L}^\dagger(a_1, a_2, a_3) = (a_1 - a_2 + a_3, a_1 + a_2)$, 所以 $\mathbf{L}^\dagger\mathbf{L}(a_1, a_2) = (3a_1, 2a_2)$。 而 $\mathbf{L}$ 的左奇異向量為 $\mathbf{L}^\dagger\mathbf{L}$ 的特徵向量, 也就是 $\mathcal{B}_{\mathcal{U}} = \left\{ \begin{bmatrix} 1 \\ 0 \end{bmatrix}, \right.$

$\left. \begin{bmatrix} 0 \\ 1 \end{bmatrix} \right\}$。 所以 $\mathbf{L}$ 的右奇異向量為 $\left\{ \begin{bmatrix} \frac{-1}{\sqrt{3}} \\ \frac{1}{\sqrt{3}} \\ \frac{-1}{\sqrt{3}} \end{bmatrix}, \begin{bmatrix} \frac{1}{\sqrt{2}} \\ \frac{1}{\sqrt{2}} \\ 0 \end{bmatrix}, \begin{bmatrix} \frac{-1}{\sqrt{6}} \\ \frac{1}{\sqrt{6}} \\ \frac{2}{\sqrt{6}} \end{bmatrix} \right\}$。 $\mathbf{L}$ 的奇異值為 $\sqrt{3}$ 與 $\sqrt{2}$。

習題 **6.63** $(\ast)$ 試計算矩陣 $\begin{bmatrix} 1 & 1 & 0 & 0 \\ 1 & 0 & 1 & 0 \end{bmatrix}$ 的奇異值分解。

解答:

令 $\mathbf{A} = \begin{bmatrix} 1 & 1 & 0 & 0 \\ 1 & 0 & 1 & 0 \end{bmatrix}$, 則 $\mathbf{L}_\mathbf{A}^\dagger \circ \mathbf{L}_\mathbf{A} = \mathbf{L}_{\mathbf{A}^T\mathbf{A}}$, 其中 $\mathbf{A}^T\mathbf{A} = \begin{bmatrix} 2 & 1 & 1 & 0 \\ 1 & 1 & 0 & 0 \\ 1 & 0 & 1 & 0 \\ 0 & 0 & 0 & 0 \end{bmatrix}$,

故 $\mathbf{L}_\mathbf{A}$ 的左奇異向量為 $\mathcal{B}_{\mathcal{U}} = \left\{ \begin{bmatrix} \frac{2}{\sqrt{6}} \\ \frac{1}{\sqrt{6}} \\ \frac{1}{\sqrt{6}} \\ 0 \end{bmatrix}, \begin{bmatrix} 0 \\ \frac{-1}{\sqrt{2}} \\ \frac{1}{\sqrt{2}} \\ 0 \end{bmatrix}, \begin{bmatrix} \frac{-1}{\sqrt{3}} \\ \frac{1}{\sqrt{3}} \\ \frac{1}{\sqrt{3}} \\ 0 \end{bmatrix}, \begin{bmatrix} 0 \\ 0 \\ 0 \\ 1 \end{bmatrix} \right\}$。 $\mathbf{L}_\mathbf{A}$ 的右

奇異向量為 $\mathcal{B}_{\mathcal{V}} = \left\{ \begin{bmatrix} \frac{1}{\sqrt{2}} \\ \frac{1}{\sqrt{2}} \end{bmatrix}, \begin{bmatrix} \frac{-1}{\sqrt{2}} \\ \frac{1}{\sqrt{2}} \end{bmatrix} \right\}$。

$\mathbf{L_A}$的奇異值爲$\sqrt{3}$與1, 所以$\mathbf{A}$的奇異分解爲

$$\begin{bmatrix} 1 & 1 & 0 & 0 \\ 1 & 0 & 1 & 0 \end{bmatrix} = \begin{bmatrix} \frac{1}{\sqrt{2}} & \frac{-1}{\sqrt{2}} \\ \frac{1}{\sqrt{2}} & \frac{1}{\sqrt{2}} \end{bmatrix} \begin{bmatrix} \sqrt{3} & 0 & 0 & 0 \\ 0 & 1 & 0 & 0 \end{bmatrix} \begin{bmatrix} \frac{2}{\sqrt{6}} & 0 & \frac{-1}{\sqrt{3}} & 0 \\ \frac{1}{\sqrt{6}} & \frac{-1}{\sqrt{2}} & \frac{1}{\sqrt{3}} & 0 \\ \frac{1}{\sqrt{6}} & \frac{1}{\sqrt{2}} & \frac{1}{\sqrt{3}} & 0 \\ 0 & 0 & 0 & 1 \end{bmatrix}^T 。$$

國家圖書館出版品預行編目資料

線性代數學習手冊暨習題解答／容志輝，吳
柏鋒著. ――初版. ――臺北市：五南，
2010.12
　　面；　公分
ISBN 978-957-11-6146-4（平裝）
1.線性代數　2.問題集
313.3022　　　　　　　　99021603

5BE5

線性代數學習手冊暨習題解答
Solutions Manual of Linear Algebra

作　　者 ― 容志輝（468）　吳柏鋒（71.5）

發 行 人 ― 楊榮川

總 編 輯 ― 龐君豪

主　　編 ― 穆文娟

責任編輯 ― 陳俐穎

封面設計 ― 簡愷立

出 版 者 ― 五南圖書出版股份有限公司

地　　址：106台北市大安區和平東路二段339號4樓

電　　話：(02)2705-5066　　傳　　真：(02)2706-6100

網　　址：http://www.wunan.com.tw

電子郵件：wunan@wunan.com.tw

劃撥帳號：01068953

戶　　名：五南圖書出版股份有限公司

台中市駐區辦公室/台中市中區中山路6號

電　　話：(04)2223-0891　　傳　　真：(04)2223-3549

高雄市駐區辦公室/高雄市新興區中山一路290號

電　　話：(07)2358-702　　傳　　真：(07)2350-236

法律顧問　元貞聯合法律事務所　張澤平律師

出版日期　2010年12月初版一刷

定　　價　新臺幣180元